高等院校应用型本科“十三五”规划教材·数学类

线性代数

XIANXING DAISHU

（第二版）

主　编　蒋　磊　吴小霞　肖　
编　委　（按姓氏笔画排序）
马建新　朱家砚　李丽容
陈　芬　孟晓华　黄　敏
程淑芳　童丽珍　强静仁

华中科技大学出版社
http://www.hustp.com
中国·武汉

图书在版编目(CIP)数据

线性代数/蒋磊，吴小霞，肖艳主编. —2 版. —武汉：华中科技大学出版社，2017.4(2024.7 重印)
ISBN 978-7-5680-2715-1

Ⅰ.①线… Ⅱ.①蒋… ②吴… ③肖… Ⅲ.①线性代数-高等学校-教材 Ⅳ.①O151.2

中国版本图书馆 CIP 数据核字(2017)第 068115 号

线性代数(第二版) 蒋 磊 吴小霞 肖 艳 主编

Xianxing Daishu

策划编辑：曾 光
责任编辑：史永霞
封面设计：抱 子
责任监印：朱 玢
出版发行：华中科技大学出版社(中国·武汉) 电话：(027)81321913
武汉市东湖新技术开发区华工科技园 邮编：430223
录 排：华中科技大学惠友文印中心
印 刷：武汉市洪林印务有限公司
开 本：710mm×1000mm 1/16
印 张：15.5
字 数：274 千字
版 次：2024 年 7 月第 2 版第 7 次印刷
定 价：38.00 元

序

课本乃一课之“本”。虽然高校的教材一般不会被称为“课本”，其分量也没有中小学课本那么重，但教材建设实为高校的基本建设之一，这大概是多数人都接受或认可的。

无论是教还是学，教材都是不可或缺的。一本好的教材，既是学生的良师益友，亦是教师之善事利器。应该说，这些年来，我国的高校教材建设工作取得了很大的成绩。其中，举全国之力而编写的“统编教材”和“规划教材”，为千百万人的成才做出了突出的贡献。这些“统编教材”和“规划教材”无疑具有权威性；但客观地说，随着我国社会改革的深入发展，随着高校的扩招和办学层次的增多，以往编写的各种“统编教材”和“规划教材”，就日益显露出其弊端和不尽如人意之处。其中最为突出的表现在于两个方面。一是内容过于庞杂。无论是“统编教材”还是“规划教材”，由于过分强调系统性与全面性，以至于每本教材都是章节越编越长，内容越写越多，不少教材在成书时接近百万字，甚至超过百万字，其结果既不利于学，也不便于教，还增加了学生的经济负担。二是重理论轻技能。很多“统编教材”和“规划教材”都有一个通病，即理论知识的分量相当重甚至太重，技能训练较少涉及。这样的教材，不要说“二本”、“三本”的学生不宜使用，就是一些“一本”的学生也未必合适。

现代高等教育背景下的本专科合格毕业生应该同时具备知识素质和技能素质。改革开放以后，人们都很重视素质教育；毫无疑问，素质教育中少不了知识素质的培养，但是仅注重学生知识素质的培养而轻视实际技能的获得肯定是不对的。我们都知道，在任何国家和任何社会，高端的研究型人才毕竟是少数，应用型、操作型的人才才是社会所需的大量人才。因此，对于“二本”尤其是“三本”及高职高专的学生来说，在大学阶段的学习中，其知识素质与技能素质的培养具有同等的重要性。从一定意义上说，为了使其动手能力和实践能力明显强于少数日后从事高端研究的人才，这类学生技能素质的培养甚至比知识素质的培养还要重要。

学生技能素质的培养涉及方方面面，教材的选择与使用便是其中重要的一环。正是基于上述考虑，在贯彻落实科学发展观的活动中，我们结合“二本”尤其是“三本”及高职高专学生培养的实际，组织编写了这一套教材。这一套教材与以往的“统编教材”和“规划教材”有很大的不同。不同在哪里？其一，体例与内容有所不同。每本教材一般不超过40万字。这样，既利于学，亦便于教。其二，理论与技能并重。在确保基本理论与基本知识不能少的前提下，注重专业技能的训练，增加专业技能训练的内容，让“二本”、“三本”及高职高专的学生通过本、专科阶段的学习，在动手能力上明显强于研究生和“一本”的学生。当然，我们的这些努力无疑也是一种摸索。既然是一种摸索，其中的不足和疏漏甚至谬误就在所难免。

武汉学院在本套教材的组织编写活动中，为了确保质量，成立了以主管教学的副院长徐仁璋教授为主任的教材建设委员会，并动员校内外上百位专家学者参加教材的编写工作。在这些学者中，既有曾经担任国家“规划教材”、“统编教材”的主编或撰写人的老专家，也有教学经验丰富、参与过多部教材编写的年富力强的中年学者，还有很多硕士、博士及博士后等青年才俊。他们之中不少人都已硕果累累，因而仅就个人的名利而言，编写这样的教材对他们并无多大意义。但为了教育事业，他们都能不计个人得失，甘愿牺牲大量的宝贵时间来编写这套教材，精神实为可嘉。在教材的编写和出版过程中，我们还得到了众多前辈、同人及方方面面人士的关心、支持和帮助。在此，对为本套教材的面世而付出辛勤劳动的所有单位和个人表示衷心的感谢。

最后，恳请学界同人和读者对本套教材提出宝贵的批评和建议。

武汉学院院长

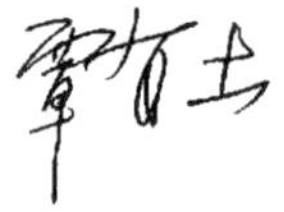

2011.7.16

前言

随着高等院校的教育教学观念的不断更新、教学改革的不断深入和办学规模的不断扩大，作为数学教学三大基础之一的线性代数开设的专业覆盖面也在不断扩大. 针对这一发展现状，本教材在编写时，既做到教学内容在深度和广度方面达到教育部高等学校“线性代数”教学的基本要求，又注重线性代数概念的直观性引入，加强学生分析和解决实际问题能力的培养，力求做到易教、易学.

本书主要特点如下.

· 理论与实际应用有机结合. 大量的实际应用贯穿于理论讲解的始终，体现了线性代数在各个领域中的广泛应用.

· 习题安排科学合理. 每一节的后面给出了同步习题，并做了分类，其中＜A＞为基础题，＜B＞为提高题，每一章（第 6 章除外）后面还有涵盖全章内容重难点的总习题，学生可根据自身基础和教学要求进行针对性练习，达到触类旁通的效果.

· 紧密结合数学软件 Matlab. 最后一章介绍了目前国际公认的最优秀的工程应用开发软件——Matlab 的基本用法及与线性代数相关的基本命令，并更新为主流的 R2013b 版本.

· 数学名家介绍. 每章最后都介绍了一位数学名家的故事，以增强读者的学习兴趣，丰富读者的数学修养.

· 考研真题. 附录 A 收集了 2007—2016 年硕士研究生入学考试（数学三）试题（线性代数部分），并给出了参考答案，供有更高要求的学生进行选择性练习.

本书是对武汉学院强静仁主编的《线性代数》的修订，改正了一些错误和不妥之处，并对内容做了重新调整；每章内容均有一些增删，在原版的风格与体系基础上做了进一步完善和更新，力求结构严谨、叙述清晰、例题典型、习题丰富，可供高等学校经管类专业和工科学生选作教材或参考书。通过修订，读者使用起来会更加方便、实用。

本书共 6 章，参加本次修订的有武汉学院蒋磊（第 1 章、第 2 章并统稿）、吴小霞（第 4 章、第 6 章）、肖艳（第 3 章）、孟晓华（第 5 章）、朱家砚（附录 A）. 在教材的修订过程中，我们得到了武汉学院校领导给予的大力支持，也得到了许多同行的热切帮助，在此表示衷心感谢！

教材中难免有疏漏和不足之处，欢迎广大读者、专家批评指正。

编　者

2016 年 12 月

目录

CONTENTS

第1章 行列式

一门科学，只有当它成功地运用数学时，才能达到真正完善的地步.

—— 马克思

行列式是在求解线性方程组的过程中产生的，现已成为线性代数的一个重要组成部分. 行列式不仅是研究矩阵和线性方程组等数学问题的重要工具，而且在经济、管理及工程技术等领域也有着极其广泛的应用.

本章以2阶与3阶行列式为基础，引入n阶行列式的概念，研究其性质并给出利用行列式求解线性方程组的克莱姆(Cramer)法则.

1.1 2阶、3阶行列式

1.1.1 2阶行列式

称

$$D=\begin{vmatrix} a_{11} & a_{12} \\ a_{21} & a_{22} \end{vmatrix}=a_{11}\cdot a_{22}-a_{12}\cdot a_{21}$$

为**2阶行列式**，其中$a_{11}, a_{12}, a_{21}, a_{22}$称为2阶行列式$D$的**元素**，横排称为**行**，竖排称为**列**. 元素$a_{ij}(i,j=1,2)$的第一个下标称为**行标**，第二个下标称为**列标**，表明该元素位于行列式的第i行第j列.

例如，元素a_{12}位于行列式的第1行第2列，元素a_{22}位于行列式的第2行第2列.

从左上角到右下角的实线称为行列式的**主对角线**，从右上角到左下角的虚线称为行列式的**次对角线**. 2阶行列式等于主对角线上元素的乘积减去次对角线上元素的乘积，这种计算方法称为**对角线法则**(见图1-1).

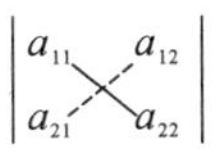

图1-1

例 1 计算 2 阶行列式 $D=\begin{vmatrix}3&4\\2&3\end{vmatrix}$.

解 $D=\begin{vmatrix}3&4\\2&3\end{vmatrix}=3\times3-4\times2=1.$

例 2 试问 x 取何值时，2 阶行列式 $D=\begin{vmatrix}x&x-1\\2&x+5\end{vmatrix}=0$?

解 由 $D=\begin{vmatrix}x&x-1\\2&x+5\end{vmatrix}=x\cdot(x+5)-2\cdot(x-1)=0$

得一元二次方程

$$x^2+3x+2=0,\quad 即\quad (x+1)(x+2)=0,$$

故当 $x_1=-1$ 或 $x_2=-2$ 时，有 $D=\begin{vmatrix}x&x-1\\2&x+5\end{vmatrix}=0$ 成立.

1.1.2 3 阶行列式

称

$$D=\begin{vmatrix}a_{11}&a_{12}&a_{13}\\a_{21}&a_{22}&a_{23}\\a_{31}&a_{32}&a_{33}\end{vmatrix}=a_{11}\cdot a_{22}\cdot a_{33}+a_{12}\cdot a_{23}\cdot a_{31}+a_{13}\cdot a_{21}\cdot a_{32}$$
$$-a_{13}\cdot a_{22}\cdot a_{31}-a_{12}\cdot a_{21}\cdot a_{33}-a_{11}\cdot a_{23}\cdot a_{32}\quad(1.1.1)$$

为 **3 阶行列式**.

式(1.1.1)所确定的3阶行列式可以利用“对角线法则”(见图 1-2)或“沙路法则”(见图 1-3)来描述，每条实线上的三个元素的乘积带正号，每条虚线上的三个元素的乘积带负号.

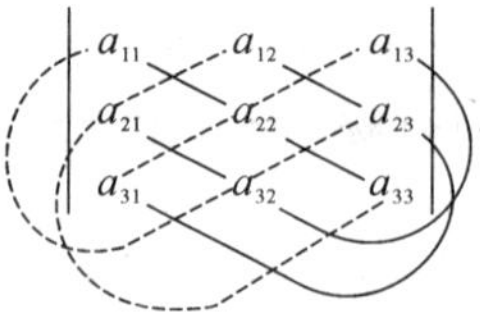

图 1-2

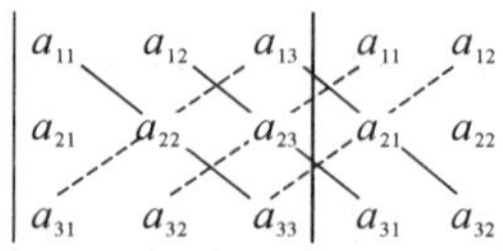

图 1-3

例 3 计算 3 阶行列式 $D=\begin{vmatrix}1&3&-1\\2&2&1\\1&3&3\end{vmatrix}$的值.

解 利用“沙路法则”计算，有

$$D=\begin{vmatrix}1&3&-1\\2&2&1\\1&3&3\end{vmatrix}=1\times2\times3+3\times1\times1+(-1)\times2\times3$$
$$-(-1)\times2\times1-1\times1\times3-3\times2\times3=-16.$$

例 4 解方程 $\begin{vmatrix}x&1&1\\1&x&1\\1&1&3\end{vmatrix}=0.$

解 由 3 阶行列式的定义得

$$\begin{vmatrix}x&1&1\\1&x&1\\1&1&3\end{vmatrix}=3x^2-2x-1=0,$$

即
$$(x-1)(3x+1)=0,$$

故
$$x=1 \quad 或 \quad x=-\frac{1}{3}.$$

习题 1.1

＜A＞

1. 计算下列 2 阶行列式：

(1) $\begin{vmatrix}3&2\\2&3\end{vmatrix}$；　(2) $\begin{vmatrix}0&2\\0&2\end{vmatrix}$；

(3) $\begin{vmatrix}\cos\alpha&-\sin\alpha\\\sin\alpha&\cos\alpha\end{vmatrix}$；　(4) $\begin{vmatrix}1&0\\0&2\end{vmatrix}$；

(5) $\begin{vmatrix}0&-2\\2&0\end{vmatrix}$；　(6) $\begin{vmatrix}3&2\\6&4\end{vmatrix}$；

(7) $\begin{vmatrix}a&b\\0&c\end{vmatrix}$；　(8) $\begin{vmatrix}a&0\\b&c\end{vmatrix}$.

2. 计算下列 3 阶行列式：

(1) $\begin{vmatrix}1&0&0\\0&2&0\\0&0&3\end{vmatrix}$；　(2) $\begin{vmatrix}1&2&3\\0&1&2\\0&0&1\end{vmatrix}$；

(3) $\begin{vmatrix}1&0&0\\2&1&0\\3&2&1\end{vmatrix}$；　(4) $\begin{vmatrix}1&0&0\\0&2&2\\0&1&2\end{vmatrix}$；

(5) $\begin{vmatrix} 0 & 2 & -1 \\ -1 & 1 & 0 \\ 2 & 0 & 1 \end{vmatrix}$；　　(6) $\begin{vmatrix} 1 & 3 & 2 \\ 2 & 1 & 3 \\ 3 & 2 & 1 \end{vmatrix}$；

(7) $\begin{vmatrix} 1 & 2 & 1 \\ 2 & 4 & 2 \\ 2 & 0 & 1 \end{vmatrix}$；　　(8) $\begin{vmatrix} 0 & a & 0 \\ b & 0 & c \\ 0 & d & 0 \end{vmatrix}$.

3. 试问 x 为何值时，3 阶行列式 $\begin{vmatrix} 0 & 2 & -1 \\ x & 1 & 0 \\ 1 & 0 & x \end{vmatrix} = 0$？

＜B＞

1. 计算下列行列式：

(1) $\begin{vmatrix} \dfrac{t+2}{1-t} & \dfrac{1}{1+t} \\ 1+t^3 & 1-t^2 \end{vmatrix}$；

(2) $\begin{vmatrix} 1 & 0 & 0 \\ 0 & 0 & \log_b a \\ 0 & \log_a b & 0 \end{vmatrix}$ $(a>0, b>0$ 且 $a\neq 1, b\neq 1)$.

2. 解下列方程：

(1) $\begin{vmatrix} x+1 & 2 \\ 1 & x \end{vmatrix} = 0$；　　(2) $\begin{vmatrix} x-1 & x-2 \\ x+1 & x+2 \end{vmatrix} = 0$；

(3) $\begin{vmatrix} x & 1 & 2 \\ 0 & x+1 & 2 \\ 0 & 0 & x+2 \end{vmatrix} = 0$；　　(4) $\begin{vmatrix} 1 & 1 & 1 \\ 2 & 3 & x \\ 4 & 9 & x^2 \end{vmatrix} = 0$.

3. 证明等式：

$$D = \begin{vmatrix} a_{11} & a_{12} & a_{13} \\ a_{21} & a_{22} & a_{23} \\ a_{31} & a_{32} & a_{33} \end{vmatrix} = a_{11} \cdot \begin{vmatrix} a_{22} & a_{23} \\ a_{32} & a_{33} \end{vmatrix} - a_{12} \cdot \begin{vmatrix} a_{21} & a_{23} \\ a_{31} & a_{33} \end{vmatrix} + a_{13} \cdot \begin{vmatrix} a_{21} & a_{22} \\ a_{31} & a_{32} \end{vmatrix}.$$

1.2 n 阶行列式

为了定义 n 阶行列式，首先引入排列的相关概念.

1.2.1 排列与逆序

定义 1.2.1 由正整数 $1,2,\cdots,n$ 组成的不重复的有序数组 $i_1 i_2 \cdots i_n$ 称为一个 n **级排列**(简称**排列**).

例如,2314 和 4123 都是 4 级排列,6732415 是一个 7 级排列.

定义 1.2.2 在一个 n 级排列 $i_1 \cdots i_s \cdots i_t \cdots i_n$ 中,若数 $i_s > i_t$(前面的数大于后面的数),则称 i_s 与 i_t 构成一个**逆序**.一个排列中逆序的总数称为这个排列的**逆序数**,记为 $\tau(i_1 i_2 \cdots i_n)$.

例 1 计算 5 级排列 41253 和排列 35124 的逆序数.

解 排在 4 后且比 4 小的数有 3 个,排在 1 后比 1 小的数有 0 个,排在 2 后比 2 小的数有 0 个,排在 5 后比 5 小的数有 1 个,3 在最后不需考虑,故该排列的逆序数

$$\tau(41253) = 3 + 0 + 0 + 1 = 4.$$

同理可得 $$\tau(35124) = 5.$$

定义 1.2.3 逆序数为偶数的排列称为**偶排列**,逆序数为奇数的排列称为**奇排列**.

例如,例 1 中的排列 41253 是偶排列,排列 35124 是奇排列.

定义 1.2.4 将排列 $i_1 \cdots i_s \cdots i_t \cdots i_n$ 中的某两个数 i_s 与 i_t 的位置互换,其余的数不动,即可得到一个新的排列 $i_1 \cdots i_t \cdots i_s \cdots i_n$,这一变换称为**对换**,记为对换 (i_s, i_t).

例如,对排列 41253 施以对换 $(1,5)$ 后,得到新的排列 45213,其逆序数为 7,它是一个奇排列.

定理 1.2.1 任意一个排列经过一次对换后奇偶性改变.

定理 1.2.2 n 级排列共有 $n!$ 个,且奇偶排列各占一半.

1.2.2 n 阶行列式的定义

观察 3 阶行列式

$$\begin{vmatrix} a_{11} & a_{12} & a_{13} \\ a_{21} & a_{22} & a_{23} \\ a_{31} & a_{32} & a_{33} \end{vmatrix} = a_{11} \cdot a_{22} \cdot a_{33} + a_{12} \cdot a_{23} \cdot a_{31} + a_{13} \cdot a_{21} \cdot a_{32}$$
$$- a_{13} \cdot a_{22} \cdot a_{31} - a_{12} \cdot a_{21} \cdot a_{33} - a_{11} \cdot a_{23} \cdot a_{32},$$

易见:

(1) 左端由 3^2 个数排成 3 行 3 列;

(2) 右端共有 3!项，每项都是不同行不同列的 3 个元素的乘积；

(3) 带正号的项和带负号的项的个数相同，且所带符号与下标有关——每一项的 3 个元素的行标所成的排列都是 123，列标所成的排列是偶排列则带正号，否则带负号.

于是，3 阶行列式可以写成

$$\begin{vmatrix} a_{11} & a_{12} & a_{13} \\ a_{21} & a_{22} & a_{23} \\ a_{31} & a_{32} & a_{33} \end{vmatrix} = \sum_{j_1j_2j_3}(-1)^{\tau(j_1j_2j_3)}a_{1j_1}a_{2j_2}a_{3j_3},$$

其中，$j_1j_2j_3$ 为 3 级排列.

由此，给出 n 阶行列式的定义.

定义 1.2.5 将 n^2 个数 $a_{ij}(i=1,2,\cdots,n;j=1,2,\cdots,n)$ 排成 n 行 n 列，称

$$D_n = \begin{vmatrix} a_{11} & a_{12} & \cdots & a_{1n} \\ a_{21} & a_{22} & \cdots & a_{2n} \\ \vdots & \vdots & & \vdots \\ a_{n1} & a_{n2} & \cdots & a_{nn} \end{vmatrix} = \sum_{j_1j_2\cdots j_n}(-1)^{\tau(j_1j_2\cdots j_n)}a_{1j_1}a_{2j_2}\cdots a_{nj_n} \tag{1.2.1}$$

为 n **阶行列式**，记为 $D_n=|a_{ij}|$ 或 $D_n=\det(a_{ij})$. 数 a_{ij} 称为行列式的**元素**，位于行列中的第 i 行第 j 列. 不需要指出行列式的阶数时，可省略下标 n，即 $D=|a_{ij}|$.

n 阶行列式表示取自不同行不同列的 n 个元素的代数和，$(-1)^{\tau(j_1j_2\cdots j_n)}a_{1j_1}a_{2j_2}\cdots a_{nj_n}$ 称为行列式 D 的一般**项**，其中 $j_1j_2\cdots j_n$ 为 n 级排列，即当这一项的元素的行标按顺序排列时，该项的符号取决于相应列标排列的奇偶性，偶排列取正号，奇排列取负号；$\sum\limits_{j_1j_2\cdots j_n}$ 表示对自然数 $1,2,\cdots,n$ 的所有 n 级排列对应的项进行求和. 当 $n=1$ 时，规定 $|a|=a$.

例 2 判断 $-a_{11}a_{23}a_{34}a_{45}a_{56}a_{62}$ 和 $a_{14}a_{23}a_{31}a_{42}a_{56}a_{65}$ 是否为 6 阶行列式 $D=|a_{ij}|$ 中的项.

解 显然 $a_{11}a_{23}a_{34}a_{45}a_{56}a_{62}$ 是 6 阶行列式中不同行不同列的 6 个元素的乘积，且行标组成的排列为 123456，列标组成的排列为 134562，该排列为偶排列，故 $-a_{11}a_{23}a_{34}a_{45}a_{56}a_{62}$ 不是 6 阶行列式中的项. 同理可得，$a_{14}a_{23}a_{31}a_{42}a_{56}a_{65}$ 是 6 阶行列式中的项.

例 3 计算 4 阶行列式 $D=\begin{vmatrix} 0 & 0 & 0 & 1 \\ 0 & 2 & 0 & 0 \\ -1 & 2 & 0 & 0 \\ 0 & 0 & 4 & 3 \end{vmatrix}$.

解　由定义 1.2.5 得

$$D=\sum_{j_1j_2j_3j_4}(-1)^{\tau(j_1j_2j_3j_4)}a_{1j_1}a_{2j_2}a_{3j_3}a_{4j_4},$$

和式中只有当 $j_1=4,j_2=2,j_3=1,j_4=3$ 时，$a_{1j_1}a_{2j_2}a_{3j_3}a_{4j_4}\neq 0$，所以

$$D=(-1)^{\tau(4213)}a_{14}a_{22}a_{31}a_{43}=(-1)^4\times 1\times 2\times(-1)\times 4=-8.$$

例 4　证明下三角行列式 $D=\begin{vmatrix} a_{11} & 0 & \cdots & 0 \\ a_{21} & a_{22} & \cdots & 0 \\ \vdots & \vdots & & \vdots \\ a_{n1} & a_{n2} & \cdots & a_{nn} \end{vmatrix}=a_{11}a_{22}\cdots a_{nn}$.

证明　由定义 1.2.5 得

$$D=\sum_{j_1j_2\cdots j_n}(-1)^{\tau(j_1j_2\cdots j_n)}a_{1j_1}a_{2j_2}\cdots a_{nj_n},$$

和式中只有 $j_1=1,j_2=2,\cdots,j_n=n$ 时，$a_{1j_1}a_{2j_2}\cdots a_{nj_n}\neq 0$，所以

$$D=(-1)^{\tau(12\cdots n)}a_{11}a_{22}\cdots a_{nn}=a_{11}a_{22}\cdots a_{nn}.$$

类似地，上三角行列式 $\begin{vmatrix} a_{11} & a_{12} & \cdots & a_{1n} \\ 0 & a_{22} & \cdots & a_{2n} \\ \vdots & \vdots & & \vdots \\ 0 & 0 & \cdots & a_{nn} \end{vmatrix}=a_{11}a_{22}\cdots a_{nn}$.

特别地，对角行列式 $\begin{vmatrix} \lambda_1 & 0 & \cdots & 0 \\ 0 & \lambda_2 & \cdots & 0 \\ \vdots & \vdots & & \vdots \\ 0 & 0 & \cdots & \lambda_n \end{vmatrix}=\lambda_1\lambda_2\cdots\lambda_n$.

利用排列对换的性质，得到行列式的等价定义.

定义 1.2.5′　n 阶行列式 $D=|a_{ij}|$ 还可以写成

$$\begin{aligned} D=|a_{ij}| &=\sum_{i_1i_2\cdots i_n}(-1)^{\tau(i_1i_2\cdots i_n)+\tau(j_1j_2\cdots j_n)}a_{i_1j_1}a_{i_2j_2}\cdots a_{i_nj_n} \\ &=\sum_{j_1j_2\cdots j_n}(-1)^{\tau(i_1i_2\cdots i_n)+\tau(j_1j_2\cdots j_n)}a_{i_1j_1}a_{i_2j_2}\cdots a_{i_nj_n} \\ &=\sum_{i_1i_2\cdots i_n}(-1)^{\tau(i_1i_2\cdots i_n)}a_{i_11}a_{i_22}\cdots a_{i_nn}. \end{aligned} \tag{1.2.2}$$

其中 $i_1i_2\cdots i_n$ 与 $j_1j_2\cdots j_n$ 为 n 级排列.

例 5　分别计算下列行列式的值：

(1) $\begin{vmatrix} 1 & 2 & 0 & 3 & 1 \\ 2 & 1 & 4 & 0 & 5 \\ -4 & 0 & -3 & 2 & 0 \\ 0 & 0 & 2 & 0 & 0 \\ 4 & 0 & 1 & 0 & 0 \end{vmatrix}$；　　(2) $\begin{vmatrix} 1 & 0 & 0 & 0 & 1 \\ 2 & 1 & 4 & -5 & 5 \\ -4 & 0 & 0 & 2 & 0 \\ -1 & 0 & 2 & 3 & 1 \\ 4 & 0 & 0 & 0 & 1 \end{vmatrix}$.

解　(1) 由定义1.2.5′知，只有当 $a_{i_1j_1}a_{i_2j_2}a_{i_3j_3}a_{i_4j_4}a_{i_5j_5}$ 中的每一个元素都不为零时，该项才不等于零，故我们从含有零元素最多的行开始选取元素，得到

$\begin{vmatrix} 1 & 2 & 0 & 3 & 1 \\ 2 & 1 & 4 & 0 & 5 \\ -4 & 0 & -3 & 2 & 0 \\ 0 & 0 & 2 & 0 & 0 \\ 4 & 0 & 1 & 0 & 0 \end{vmatrix}$ 不等于零的项是 $(-1)^{\tau(45321)+\tau(31425)}a_{43}a_{51}a_{34}a_{22}a_{15}$ 和 $(-1)^{\tau(45321)+\tau(31452)}a_{43}a_{51}a_{34}a_{25}a_{12}$，因此

$$\begin{aligned}\begin{vmatrix} 1 & 2 & 0 & 3 & 1 \\ 2 & 1 & 4 & 0 & 5 \\ -4 & 0 & -3 & 2 & 0 \\ 0 & 0 & 2 & 0 & 0 \\ 4 & 0 & 1 & 0 & 0 \end{vmatrix} &= (-1)^{\tau(45321)+\tau(31425)}a_{43}a_{51}a_{34}a_{22}a_{15} \\ &\quad + (-1)^{\tau(45321)+\tau(31452)}a_{43}a_{51}a_{34}a_{25}a_{12} \\ &= 2\times4\times2\times1\times1-2\times4\times2\times5\times2=-144.\end{aligned}$$

(2) 类似(1)的解法，从含有零元素最多的列开始选取元素，可以得到

$\begin{vmatrix} 1 & 0 & 0 & 0 & 1 \\ 2 & 1 & 4 & -5 & 5 \\ -4 & 0 & 0 & 2 & 0 \\ -1 & 0 & 2 & 3 & 1 \\ 4 & 0 & 0 & 0 & 1 \end{vmatrix}$ 不等于零的项是 $(-1)^{\tau(24315)+\tau(23415)}a_{22}a_{43}a_{34}a_{11}a_{55}$ 和 $(-1)^{\tau(24315)+\tau(23451)}a_{22}a_{43}a_{34}a_{15}a_{51}$，因此

$$\begin{aligned}\begin{vmatrix} 1 & 0 & 0 & 0 & 1 \\ 2 & 1 & 4 & -5 & 5 \\ -4 & 0 & 0 & 2 & 0 \\ -1 & 0 & 2 & 3 & 1 \\ 4 & 0 & 0 & 0 & 1 \end{vmatrix} &= (-1)^{\tau(24315)+\tau(23415)}a_{22}a_{43}a_{34}a_{11}a_{55} \\ &\quad + (-1)^{\tau(24315)+\tau(23451)}a_{22}a_{43}a_{34}a_{15}a_{51}\end{aligned}$$

$$=-1\times2\times2\times1\times1+1\times2\times2\times1\times4=12.$$

利用行列式的等价定义很容易证明：一行或者一列的元素全是零的行列式必等于零.进一步，若 n 阶行列式中零的个数多于 n^2-n，则行列式的值等于零.

习题 1.2

〈A〉

1. 判断下列排列的奇偶性：

(1)523614；(2)52341；(3)625134；(4)$n(n-1)\cdots21$.

2. 确定 k 与 s 使得 $-a_{11}a_{2k}a_{34}a_{4s}a_{56}a_{62}$ 为 6 阶行列式的项.

3. 利用定义计算下列行列式的值：

(1) $\begin{vmatrix}0&4&0&0\\0&2&1&0\\3&0&0&0\\0&0&4&3\end{vmatrix}$； (2) $\begin{vmatrix}0&0&2&0\\0&0&0&1\\3&2&0&0\\1&2&0&0\end{vmatrix}$；

(3) $\begin{vmatrix}0&0&1&0\\0&2&1&0\\3&1&0&1\\0&0&4&3\end{vmatrix}$； (4) $\begin{vmatrix}0&\cdots&0&1\\0&\cdots&2&0\\\vdots&&\vdots&\vdots\\n&\cdots&0&0\end{vmatrix}$；

(5) $\begin{vmatrix}0&2&1&3&1\\2&1&4&4&5\\0&0&0&2&1\\0&0&2&3&-2\\0&0&0&0&1\end{vmatrix}$； (6) $\begin{vmatrix}-1&2&2&3&-1\\2&1&4&0&5\\4&0&-3&2&0\\4&0&2&0&0\\0&0&1&0&0\end{vmatrix}$.

〈B〉

1. 利用定义计算下列行列式：

(1) $\begin{vmatrix}0&2&0&\cdots&0\\0&0&3&\cdots&0\\\vdots&\vdots&\vdots&&\vdots\\0&0&0&\cdots&n\\1&0&0&\cdots&0\end{vmatrix}$； (2) $\begin{vmatrix}0&0&y&x\\0&y&x&0\\y&x&0&0\\x&3&2&1\end{vmatrix}$.

2. 试求函数 $f(x)=\begin{vmatrix} 0 & 2x & x & -x \\ 2x & 2 & 1 & 5x \\ x & 0 & 2 & 0 \\ 0 & 1 & x & 3x \end{vmatrix}$ 中 x^4 的系数.

1.3 行列式的性质

当行列式的阶数较大时，直接利用定义计算行列式的值变得非常困难. 以计算一个15阶行列式为例，要做乘法运算 $14\times 15!\approx 1.83\times 10^{13}$ 次以上，用一台计算速度很快的计算机进行计算，也需要十几年的时间，因此有必要找到计算行列式更为行之有效的方法. 本节将讨论行列式的性质并利用这些性质简化行列式的计算.

1.3.1 行列式的性质

定义 1.3.1 将行列式 $D=|a_{ij}|_{n\times n}$ 的各行换为同序号的列得到的新行列式称为 D 的**转置行列式**，记为 D^{T} 或 D'，即如果

$$D=\begin{vmatrix} a_{11} & a_{12} & \cdots & a_{1n} \\ a_{21} & a_{22} & \cdots & a_{2n} \\ \vdots & \vdots & & \vdots \\ a_{n1} & a_{n2} & \cdots & a_{nn} \end{vmatrix},\text{则 } D^{\mathrm{T}}=\begin{vmatrix} a_{11} & a_{21} & \cdots & a_{n1} \\ a_{12} & a_{22} & \cdots & a_{n2} \\ \vdots & \vdots & & \vdots \\ a_{1n} & a_{2n} & \cdots & a_{nn} \end{vmatrix}.$$

性质 1 行列式与其转置行列式相等，即 $D=D^{\mathrm{T}}$.

证明 设 $D=|a_{ij}|$ 的转置行列式 $D^{\mathrm{T}}=|b_{ij}|$，则 $b_{ij}=a_{ji}(i,j=1,2,\cdots,n)$. 由式(1.2.1)和式(1.2.2)得，

$$D^{\mathrm{T}}=\sum_{j_1j_2\cdots j_n}(-1)^{\tau(j_1j_2\cdots j_n)}b_{1j_1}b_{2j_2}\cdots b_{nj_n}=\sum_{j_1j_2\cdots j_n}(-1)^{\tau(j_1j_2\cdots j_n)}a_{j_11}a_{j_22}\cdots a_{j_nn}=D.$$

该性质表明，行列式中行和列具有相同的地位，即行列式的性质对行成立时，对列也成立，反之亦然. 因此，本书只讨论行列式关于行的性质.

性质 2 互换行列式的任意两行(列)，行列式变号.

例如，$\begin{vmatrix} 1 & 2 \\ 2 & 3 \end{vmatrix}=-1$，$\begin{vmatrix} 2 & 3 \\ 1 & 2 \end{vmatrix}=1$，$\begin{vmatrix} 2 & 1 \\ 3 & 2 \end{vmatrix}=1$.

为了方便以后的叙述和运算，用 r_i 表示行列式 D 的第 i 行，用 c_j 表示 D 的第 j 列. 于是，$r_i\leftrightarrow r_j$ 表示交换 D 的第 i 行与第 j 行，$c_i\leftrightarrow c_j$ 表示交换 D 的第 i 列与第 j 列.

推论 若行列式有两行(列)完全相同,则行列式的值为零.

例 1 已知行列式$D=\begin{vmatrix} a_{11} & a_{12} & a_{13} & a_{14} \\ a_{21} & a_{22} & a_{23} & a_{24} \\ a_{31} & a_{32} & a_{33} & a_{34} \\ a_{41} & a_{42} & a_{43} & a_{44} \end{vmatrix}=2$,试计算$\begin{vmatrix} a_{13} & a_{43} & a_{23} & a_{33} \\ a_{12} & a_{42} & a_{22} & a_{32} \\ a_{11} & a_{41} & a_{21} & a_{31} \\ a_{14} & a_{44} & a_{24} & a_{34} \end{vmatrix}$的值.

解

$$\begin{vmatrix} a_{13} & a_{43} & a_{23} & a_{33} \\ a_{12} & a_{42} & a_{22} & a_{32} \\ a_{11} & a_{41} & a_{21} & a_{31} \\ a_{14} & a_{44} & a_{24} & a_{34} \end{vmatrix} \xlongequal{r_1 \leftrightarrow r_3} -\begin{vmatrix} a_{11} & a_{41} & a_{21} & a_{31} \\ a_{12} & a_{42} & a_{22} & a_{32} \\ a_{13} & a_{43} & a_{23} & a_{33} \\ a_{14} & a_{44} & a_{24} & a_{34} \end{vmatrix}$$

$$\xlongequal{c_2 \leftrightarrow c_3} \begin{vmatrix} a_{11} & a_{21} & a_{41} & a_{31} \\ a_{12} & a_{22} & a_{42} & a_{32} \\ a_{13} & a_{23} & a_{43} & a_{33} \\ a_{14} & a_{24} & a_{44} & a_{34} \end{vmatrix} \xlongequal{c_3 \leftrightarrow c_4} -\begin{vmatrix} a_{11} & a_{21} & a_{31} & a_{41} \\ a_{12} & a_{22} & a_{32} & a_{42} \\ a_{13} & a_{23} & a_{33} & a_{43} \\ a_{14} & a_{24} & a_{34} & a_{44} \end{vmatrix}$$

$$=-D^{\mathrm{T}}=-D=-2.$$

由代数线性运算的运算规律,即可得到行列式的以下性质.

性质 3 行列式中某一行(列)所有元素的公因子 k 可以提到行列式外面,即

$$\begin{vmatrix} a_{11} & a_{12} & \cdots & a_{1n} \\ \vdots & \vdots & & \vdots \\ ka_{i1} & ka_{i2} & \cdots & ka_{in} \\ \vdots & \vdots & & \vdots \\ a_{n1} & a_{n2} & \cdots & a_{nn} \end{vmatrix} = k\begin{vmatrix} a_{11} & a_{12} & \cdots & a_{1n} \\ \vdots & \vdots & & \vdots \\ a_{i1} & a_{i2} & \cdots & a_{in} \\ \vdots & \vdots & & \vdots \\ a_{n1} & a_{n2} & \cdots & a_{nn} \end{vmatrix}.$$

例如,$\begin{vmatrix} -2 & -4 & -6 \\ 1 & 0 & -1 \\ 1 & 2 & 3 \end{vmatrix}=(-2)\begin{vmatrix} 1 & 2 & 3 \\ 1 & 0 & -1 \\ 1 & 2 & 3 \end{vmatrix}=0.$

推论 1 若行列式中两行(列)的元素成比例,则行列式的值为零.

推论 2 用数 k 乘以行列式等于行列式中某一行(列)的所有元素同乘以数 k.

性质 4 若行列式中某行(列)的元素都是两个数之和,则该行列式等于两个行列式的和,即

$$\begin{vmatrix} a_{11} & a_{12} & \cdots & a_{1n} \\ \vdots & \vdots & & \vdots \\ a_{i1}+b_{i1} & a_{i2}+b_{i2} & \cdots & a_{in}+b_{in} \\ \vdots & \vdots & & \vdots \\ a_{n1} & a_{n2} & \cdots & a_{nn} \end{vmatrix} = \begin{vmatrix} a_{11} & a_{12} & \cdots & a_{1n} \\ \vdots & \vdots & & \vdots \\ a_{i1} & a_{i2} & \cdots & a_{in} \\ \vdots & \vdots & & \vdots \\ a_{n1} & a_{n2} & \cdots & a_{nn} \end{vmatrix} + \begin{vmatrix} a_{11} & a_{12} & \cdots & a_{1n} \\ \vdots & \vdots & & \vdots \\ b_{i1} & b_{i2} & \cdots & b_{in} \\ \vdots & \vdots & & \vdots \\ a_{n1} & a_{n2} & \cdots & a_{nn} \end{vmatrix}.$$

例 2　计算行列式 $D=\begin{vmatrix} 2 & 7 & 699 \\ -3 & 2 & 209 \\ 5 & -4 & -405 \end{vmatrix}$ 的值.

解　$D=\begin{vmatrix} 2 & 7 & 700-1 \\ -3 & 2 & 200+9 \\ 5 & -4 & -400-5 \end{vmatrix} = \begin{vmatrix} 2 & 7 & 700 \\ -3 & 2 & 200 \\ 5 & -4 & -400 \end{vmatrix} + \begin{vmatrix} 2 & 7 & -1 \\ -3 & 2 & 9 \\ 5 & -4 & -5 \end{vmatrix}$

$=0+260=260.$

由性质 3 和性质 4 可得到行列式的另一性质.

性质 5　若行列式的某一行(列)元素的 k 倍加到另一行(列)的对应元素上,行列式的值不变,即

$$\begin{vmatrix} a_{11} & a_{12} & \cdots & a_{1n} \\ \vdots & \vdots & & \vdots \\ a_{i1} & a_{i2} & \cdots & a_{in} \\ \vdots & \vdots & & \vdots \\ a_{j1} & a_{j2} & \cdots & a_{jn} \\ \vdots & \vdots & & \vdots \\ a_{n1} & a_{n2} & \cdots & a_{nn} \end{vmatrix} = \begin{vmatrix} a_{11} & a_{12} & \cdots & a_{1n} \\ \vdots & \vdots & & \vdots \\ a_{i1}+ka_{j1} & a_{i2}+ka_{j2} & \cdots & a_{in}+ka_{jn} \\ \vdots & \vdots & & \vdots \\ a_{j1} & a_{j2} & \cdots & a_{jn} \\ \vdots & \vdots & & \vdots \\ a_{n1} & a_{n2} & \cdots & a_{nn} \end{vmatrix}.$$

通常以 r_i+kr_j 表示第 j 行元素乘以 k 加到第 i 行的对应元素上,以 c_i+kc_j 表示第 j 列元素乘以 k 加到第 i 列的对应元素上. 该性质主要用于行列式的化简和计算.

例如,$\begin{vmatrix} 1 & 2 & 3 \\ 1 & 0 & -1 \\ 0 & 1 & 1 \end{vmatrix} \overset{r_2-r_1}{=} \begin{vmatrix} 1 & 2 & 3 \\ 0 & -2 & -4 \\ 0 & 1 & 1 \end{vmatrix}.$

1.3.2　利用“三角化”计算行列式

由于上三角行列式或者下三角行列式的值等于其主对角线上的元素乘积,所以在计算行列式时,通常利用性质 2 和性质 5 将所求行列式转化成上(或下)

三角行列式来简化计算。转化为上三角行列式的具体步骤是：如果第一列第一个元素为0，先将第一行与其他行交换，使得第一个元素不为0；然后把第一行元素乘以适当的数加到其他各行，使得第一列第一个元素下方的所有元素均为0；再用同样的方法，可将第二列第二个元素的下方所有元素变为0；如此做下去，直至转化成为上三角行列式．这时主对角线上的元素乘积就是所求行列式的值．

例 3 计算下列行列式的值：

$$(1)D=\begin{vmatrix}1&2&0&1\\-2&-3&1&0\\1&1&2&3\\2&5&4&3\end{vmatrix};\qquad (2)D=\begin{vmatrix}2&3&1&2\\1&3&1&2\\3&7&2&5\\5&6&4&12\end{vmatrix};$$

$$(3)D=\begin{vmatrix}0&0&1&2\\1&3&1&2\\2&7&2&5\\2&6&4&12\end{vmatrix}.$$

解 (1)

$$D=\begin{vmatrix}1&2&0&1\\-2&-3&1&0\\1&1&2&3\\2&5&4&3\end{vmatrix}\xlongequal[r_4-2r_1]{\substack{r_2+2r_1\\r_3-r_1}}\begin{vmatrix}1&2&0&1\\0&1&1&2\\0&-1&2&2\\0&1&4&1\end{vmatrix}$$

$$\xlongequal[r_4-r_2]{r_3+r_2}\begin{vmatrix}1&2&0&1\\0&1&1&2\\0&0&3&4\\0&0&3&-1\end{vmatrix}\xlongequal{r_4-r_3}\begin{vmatrix}1&2&0&1\\0&1&1&2\\0&0&3&4\\0&0&0&-5\end{vmatrix}=-15;$$

(2)

$$D=\begin{vmatrix}2&3&1&2\\1&3&1&2\\3&7&2&5\\5&6&4&12\end{vmatrix}\xlongequal{c_1\leftrightarrow c_3}-\begin{vmatrix}1&3&2&2\\1&3&1&2\\2&7&3&5\\4&6&5&12\end{vmatrix}$$

$$\xlongequal[r_4-4r_1]{\substack{r_2-r_1\\r_3-2r_1}}-\begin{vmatrix}1&3&2&2\\0&0&-1&0\\0&1&-1&1\\0&-6&-3&4\end{vmatrix}\xlongequal{r_2\leftrightarrow r_3}\begin{vmatrix}1&3&2&2\\0&1&-1&1\\0&0&-1&0\\0&-6&-3&4\end{vmatrix}$$

$$\xlongequal{r_4+6r_2}\begin{vmatrix}1&3&2&2\\0&1&-1&1\\0&0&-1&0\\0&0&-9&10\end{vmatrix}\xlongequal{r_4-9r_3}\begin{vmatrix}1&3&2&2\\0&1&-1&1\\0&0&-1&0\\0&0&0&10\end{vmatrix}=-10;$$

$$(3)D=\begin{vmatrix}0&0&1&2\\1&3&1&2\\2&7&2&5\\2&6&4&12\end{vmatrix}\xlongequal{r_1\leftrightarrow r_2}-\begin{vmatrix}1&3&1&2\\0&0&1&2\\2&7&2&5\\2&6&4&12\end{vmatrix}$$

$$\xlongequal[r_4-2r_1]{r_3-2r_1}-\begin{vmatrix}1&3&1&2\\0&0&1&2\\0&1&0&1\\0&0&2&8\end{vmatrix}\xlongequal{r_2\leftrightarrow r_3}\begin{vmatrix}1&3&1&2\\0&1&0&1\\0&0&1&2\\0&0&2&8\end{vmatrix}$$

$$\xlongequal{r_4-2r_3}\begin{vmatrix}1&3&1&2\\0&1&0&1\\0&0&1&2\\0&0&0&4\end{vmatrix}=4.$$

例 4　证明 $D=\begin{vmatrix}a^2&(a+1)^2&(a+2)^2&(a+3)^2\\b^2&(b+1)^2&(b+2)^2&(b+3)^2\\c^2&(c+1)^2&(c+2)^2&(c+3)^2\\d^2&(d+1)^2&(d+2)^2&(d+3)^2\end{vmatrix}=0.$

证明　$D=\begin{vmatrix}a^2&(a+1)^2&(a+2)^2&(a+3)^2\\b^2&(b+1)^2&(b+2)^2&(b+3)^2\\c^2&(c+1)^2&(c+2)^2&(c+3)^2\\d^2&(d+1)^2&(d+2)^2&(d+3)^2\end{vmatrix}$

$$\xlongequal[\substack{c_3-c_2\\c_2-c_1}]{c_4-c_3}\begin{vmatrix}a^2&2a+1&2a+3&2a+5\\b^2&2b+1&2b+3&2b+5\\c^2&2c+1&2c+3&2c+5\\d^2&2d+1&2d+3&2d+5\end{vmatrix}$$

$$\xlongequal[c_3-c_2]{c_4-c_3}\begin{vmatrix}a^2&2a+1&2&2\\b^2&2b+1&2&2\\c^2&2c+1&2&2\\d^2&2d+1&2&2\end{vmatrix}=0.$$

例 5 计算行列式 $D=\begin{vmatrix}3&1&1&1\\1&3&1&1\\1&1&3&1\\1&1&1&3\end{vmatrix}$ 的值.

解 $D=\begin{vmatrix}3&1&1&1\\1&3&1&1\\1&1&3&1\\1&1&1&3\end{vmatrix}\xlongequal{r_1+r_2+r_3+r_4}\begin{vmatrix}6&6&6&6\\1&3&1&1\\1&1&3&1\\1&1&1&3\end{vmatrix}$

$=6\begin{vmatrix}1&1&1&1\\1&3&1&1\\1&1&3&1\\1&1&1&3\end{vmatrix}\xlongequal{r_i-r_1(i=2,3,4)}6\begin{vmatrix}1&1&1&1\\0&2&0&0\\0&0&2&0\\0&0&0&2\end{vmatrix}=48.$

例 6 计算 n 阶行列式 $D_n=\begin{vmatrix}a&b&\cdots&b&b\\b&a&\cdots&0&0\\\vdots&\vdots&&\vdots&\vdots\\b&0&\cdots&a&0\\b&0&\cdots&0&a\end{vmatrix}(a\neq 0)$ 的值.

解 $D_n=\begin{vmatrix}a&b&\cdots&b&b\\b&a&\cdots&0&0\\\vdots&\vdots&&\vdots&\vdots\\b&0&\cdots&a&0\\b&0&\cdots&0&a\end{vmatrix}\xlongequal{c_1-\frac{b}{a}c_j(j=2,3,\cdots,n)}$

$$\begin{vmatrix}a-(n-1)\dfrac{b^2}{a}&b&\cdots&b&b\\0&a&\cdots&0&0\\\vdots&\vdots&&\vdots&\vdots\\0&0&\cdots&a&0\\0&0&\cdots&0&a\end{vmatrix}=a^{n-1}\left[a-(n-1)\frac{b^2}{a}\right].$$

习题 1.3

< A >

1. 填空题.

(1) 已知行列式 $D=\begin{vmatrix} a_{11} & a_{12} & a_{13} \\ a_{21} & a_{22} & a_{23} \\ a_{31} & a_{32} & a_{33} \end{vmatrix}=2$，则 $\begin{vmatrix} 6a_{31} & 2a_{21} & 2a_{11} \\ 3a_{32} & a_{22} & a_{12} \\ 3a_{33} & a_{23} & a_{13} \end{vmatrix}=$ ________.

(2) 已知行列式 $D=\begin{vmatrix} a_{11} & a_{12} & a_{13} & a_{14} \\ a_{21} & a_{22} & a_{23} & a_{24} \\ a_{31} & a_{32} & a_{33} & a_{34} \\ a_{41} & a_{42} & a_{43} & a_{44} \end{vmatrix}=1$，则

$$\begin{vmatrix} a_{11} & a_{12} & 2a_{13}-3a_{11} & a_{14} \\ a_{21} & a_{22} & 2a_{23}-3a_{21} & a_{24} \\ a_{31} & a_{32} & 2a_{33}-3a_{31} & a_{34} \\ a_{41} & a_{42} & 2a_{43}-3a_{41} & a_{44} \end{vmatrix}= \_\_\_\_\_\_.$$

(3) 已知行列式 $D=\begin{vmatrix} 1 & 2 & 3 \\ 1 & 1 & 4 \\ 2 & 4 & k \end{vmatrix}=0$，则 $k=$ ________.

2. 计算下列行列式：

(1) $\begin{vmatrix} 246 & 427 & 327 \\ 1014 & 543 & 443 \\ -342 & 721 & 621 \end{vmatrix}$；

(2) $\begin{vmatrix} 1 & 1 & 2 \\ -2 & 3 & 0 \\ 4 & 5 & -3 \end{vmatrix}$；

(3) $\begin{vmatrix} a & b & c \\ b & c & a \\ c & a & b \end{vmatrix}(a+b+c\neq 0)$；

(4) $\begin{vmatrix} 1 & -2 & 2 & 1 \\ 2 & -4 & 3 & 3 \\ 2 & 5 & 4 & 6 \\ 4 & 6 & 10 & 5 \end{vmatrix}$；

(5) $\begin{vmatrix} 1 & \frac{3}{2} & \frac{1}{2} & 0 \\ 4 & -2 & -1 & -1 \\ -2 & 1 & 2 & 1 \\ -4 & 3 & 2 & 1 \end{vmatrix}$；

(6) $D_n=\begin{vmatrix} 1 & 1 & 1 & \cdots & 1 \\ 1 & 2 & 1 & \cdots & 1 \\ 1 & 1 & 3 & \cdots & 1 \\ \vdots & \vdots & \vdots & & \vdots \\ 1 & 1 & 1 & \cdots & n \end{vmatrix}$.

<B>

1.计算下列行列式：

(1) $D_n=\begin{vmatrix} a & b & \cdots & b \\ b & a & \cdots & b \\ \vdots & \vdots & & \vdots \\ b & b & \cdots & a \end{vmatrix}$；

(2) $\begin{vmatrix} \lambda_1 & 1 & \cdots & 1 & 1 \\ 1 & \lambda_2 & \cdots & 0 & 0 \\ \vdots & \vdots & & \vdots & \vdots \\ 1 & 0 & \cdots & \lambda_{n-1} & 0 \\ 1 & 0 & \cdots & 0 & \lambda_n \end{vmatrix}$ $(\lambda_i\neq 0, i=1,2,\cdots,n)$.

2.证明下列等式：

(1) $\begin{vmatrix} a^2 & ab & b^2 \\ 2a & a+b & 2b \\ 1 & 1 & 1 \end{vmatrix}=(a-b)^3$；

(2) $\begin{vmatrix} ax+by & ay+bz & az+bx \\ ay+bz & az+bx & ax+by \\ az+bx & ax+by & ay+bz \end{vmatrix}=(a^3+b^3)\begin{vmatrix} x & y & z \\ y & z & x \\ z & x & y \end{vmatrix}$.

1.4 行列式按行(列)展开

1.4.1 引例

观察3阶行列式的定义，通过转化易得

$$\begin{vmatrix} a_{11} & a_{12} & a_{13} \\ a_{21} & a_{22} & a_{23} \\ a_{31} & a_{32} & a_{33} \end{vmatrix}=a_{11}\cdot a_{22}\cdot a_{33}+a_{12}\cdot a_{23}\cdot a_{31}+a_{13}\cdot a_{21}\cdot a_{32}$$

$$-a_{13}\cdot a_{22}\cdot a_{31}-a_{12}\cdot a_{21}\cdot a_{33}-a_{11}\cdot a_{23}\cdot a_{32}$$

$$=a_{11}(a_{22}a_{33}-a_{23}a_{32})-a_{12}(a_{21}a_{33}-a_{23}a_{31})+a_{13}(a_{21}a_{32}-a_{22}a_{31})$$

$$=a_{11}\cdot\begin{vmatrix} a_{22} & a_{23} \\ a_{32} & a_{33} \end{vmatrix}-a_{12}\cdot\begin{vmatrix} a_{21} & a_{23} \\ a_{31} & a_{33} \end{vmatrix}+a_{13}\cdot\begin{vmatrix} a_{21} & a_{22} \\ a_{31} & a_{32} \end{vmatrix}.$$

一般来说，低阶行列式比高阶行列式容易计算.因此，把高阶行列式的计算转化成低阶行列式的计算成为简化行列式计算的一个重要途径.下面介绍行列式的降阶计算法.

1.4.2 余子式和代数余子式

定义 1.4.1 在 n 阶行列式 $D=|a_{ij}|$ 中,去掉元素 a_{ij} 所在的第 i 行和第 j 列,余下的元素按原来的次序构成的 $n-1$ 阶行列式,称为元素 a_{ij} 的**余子式**,记作 M_{ij},而把 $A_{ij}=(-1)^{i+j}M_{ij}$ 称为元素 a_{ij} 的**代数余子式**.

例如,3 阶行列式 $\begin{vmatrix} 1 & 3 & -1 \\ 2 & 2 & 1 \\ 1 & 3 & 3 \end{vmatrix}$ 中元素 a_{12},a_{22},a_{32} 的余子式分别为

$$M_{12}=\begin{vmatrix} 2 & 1 \\ 1 & 3 \end{vmatrix},\quad M_{22}=\begin{vmatrix} 1 & -1 \\ 1 & 3 \end{vmatrix},\quad M_{32}=\begin{vmatrix} 1 & -1 \\ 2 & 1 \end{vmatrix};$$

其代数余子式分别为

$$A_{12}=(-1)^{1+2}M_{12}=-\begin{vmatrix} 2 & 1 \\ 1 & 3 \end{vmatrix},\quad A_{22}=(-1)^{2+2}M_{22}=\begin{vmatrix} 1 & -1 \\ 1 & 3 \end{vmatrix},$$

$$A_{32}=(-1)^{3+2}M_{32}=-\begin{vmatrix} 1 & -1 \\ 2 & 1 \end{vmatrix}.$$

1.4.3 行列式按一行(列)展开

定理 1.4.1 n 阶行列式 $D=|a_{ij}|$ 等于它的任一行(列)的各元素与其对应的代数余子式乘积之和,即

$$D=a_{i1}A_{i1}+a_{i2}A_{i2}+\cdots+a_{in}A_{in}\quad(i=1,2,\cdots,n)\tag{1.4.1}$$

或

$$D=a_{1j}A_{1j}+a_{2j}A_{2j}+\cdots+a_{nj}A_{nj}\quad(j=1,2,\cdots,n).\tag{1.4.2}$$

证明 (1) 当 $D=|a_{ij}|$ 的第 1 行只有元素 $a_{11}\neq 0$ 时,即

$$D=\begin{vmatrix} a_{11} & 0 & \cdots & 0 \\ a_{21} & a_{22} & \cdots & a_{2n} \\ \vdots & \vdots & & \vdots \\ a_{n1} & a_{n2} & \cdots & a_{nn} \end{vmatrix},$$

则

$$\begin{aligned} D &= \sum_{j_1j_2\cdots j_n}(-1)^{\tau(j_1j_2\cdots j_n)}a_{1j_1}a_{2j_2}\cdots a_{nj_n} \\ &= \sum_{j_1=1}(-1)^{\tau(j_1j_2\cdots j_n)}a_{1j_1}a_{2j_2}\cdots a_{nj_n} + \sum_{j_1\neq 1}(-1)^{\tau(j_1j_2\cdots j_n)}a_{1j_1}a_{2j_2}\cdots a_{nj_n} \\ &= a_{11}\sum_{j_2\cdots j_n}(-1)^{\tau(j_2\cdots j_n)}a_{2j_2}\cdots a_{nj_n} \\ &= a_{11}A_{11}. \end{aligned}$$

(2) 当第 i 行只有元素 $a_{ij}\neq 0$ 时，即

$$D=\begin{vmatrix} a_{11} & \cdots & a_{1j} & \cdots & a_{1n} \\ \vdots & & \vdots & & \vdots \\ 0 & \cdots & a_{ij} & \cdots & 0 \\ \vdots & & \vdots & & \vdots \\ a_{n1} & \cdots & a_{nj} & \cdots & a_{nn} \end{vmatrix},$$

将 D 中的第 i 行依次与前 $i-1$ 行交换，第 j 列依次与前 $j-1$ 列交换，即经过 $i+j-2$ 次交换后，得到的新行列式中第 1 行只有 $a_{11}\neq 0$，则

$$D=(-1)^{i+j-2}a_{ij}M_{ij}=a_{ij}A_{ij}.$$

(3) 一般地，

$$\begin{aligned} D &= \begin{vmatrix} a_{11} & a_{12} & \cdots & a_{1n} \\ \vdots & \vdots & & \vdots \\ a_{i1} & a_{i2} & \cdots & a_{in} \\ \vdots & \vdots & & \vdots \\ a_{n1} & a_{n2} & \cdots & a_{nn} \end{vmatrix} \\ &= \begin{vmatrix} a_{11} & a_{12} & \cdots & a_{1n} \\ \vdots & \vdots & & \vdots \\ a_{i1}+0+\cdots+0 & 0+a_{i2}+0+\cdots+0 & \cdots & 0+\cdots+0+a_{in} \\ \vdots & \vdots & & \vdots \\ a_{n1} & a_{n2} & \cdots & a_{nn} \end{vmatrix} \\ &= \begin{vmatrix} a_{11} & a_{12} & \cdots & a_{1n} \\ \vdots & \vdots & & \vdots \\ a_{i1} & 0 & \cdots & 0 \\ \vdots & \vdots & & \vdots \\ a_{n1} & a_{n2} & \cdots & a_{nn} \end{vmatrix} + \begin{vmatrix} a_{11} & a_{12} & \cdots & a_{1n} \\ \vdots & \vdots & & \vdots \\ 0 & a_{i2} & \cdots & 0 \\ \vdots & \vdots & & \vdots \\ a_{n1} & a_{n2} & \cdots & a_{nn} \end{vmatrix} + \cdots \end{aligned}$$

$$+\begin{vmatrix} a_{11} & a_{12} & \cdots & a_{1n} \\ \vdots & \vdots & & \vdots \\ 0 & 0 & \cdots & a_{in} \\ \vdots & \vdots & & \vdots \\ a_{n1} & a_{n2} & \cdots & a_{nn} \end{vmatrix} = a_{i1}A_{i1} + a_{i2}A_{i2} + \cdots + a_{in}A_{in}.$$

类似地可证明式(1.4.2).

例 1 计算行列式 $D=\begin{vmatrix} 2 & 4 & 5 & 0 \\ 1 & 2 & 1 & 0 \\ 3 & 0 & 0 & 0 \\ 0 & 0 & 4 & 6 \end{vmatrix}$的值.

解 $D=\begin{vmatrix} 2 & 4 & 5 & 0 \\ 1 & 2 & 1 & 0 \\ 3 & 0 & 0 & 0 \\ 0 & 0 & 4 & 6 \end{vmatrix}=3\times(-1)^{3+1}\begin{vmatrix} 4 & 5 & 0 \\ 2 & 1 & 0 \\ 0 & 4 & 6 \end{vmatrix}=3\times 6\times(-1)^{3+3}\begin{vmatrix} 4 & 5 \\ 2 & 1 \end{vmatrix}$

$=18\times(4-10)=-108.$

例 2 已知 4 阶行列式 $D=\begin{vmatrix} 2 & 4 & 2 & 6 \\ 6 & 7 & 1 & 5 \\ 3 & 12 & 3 & 34 \\ 3 & 4 & 4 & 7 \end{vmatrix}$，试求 $A_{41}+2A_{42}+A_{43}+3A_{44}$ 的值，其中 A_{ij} 为元素 a_{ij} 的代数余子式.

解 利用行列式展开定理 1.4.1，得

$$\begin{vmatrix} 2 & 4 & 2 & 6 \\ 6 & 7 & 1 & 5 \\ 3 & 12 & 3 & 34 \\ 1 & 2 & 1 & 3 \end{vmatrix}=A_{41}+2A_{42}+A_{43}+3A_{44},$$

再利用行列式性质 3 的推论 1 得

$$A_{41}+2A_{42}+A_{43}+3A_{44}=0.$$

利用此方法，得到一个重要的推论.

推论 n 阶行列式 $D=|a_{ij}|$ 的某一行(列)的各元素与另一行(列)对应元素的代数余子式的乘积之和为零，即

$$a_{i1}A_{s1}+a_{i2}A_{s2}+\cdots+a_{in}A_{sn}=0 \quad (i\neq s)$$

或

$$a_{1j}A_{1k}+a_{2j}A_{2k}+\cdots+a_{nj}A_{nk}=0 \quad (j\neq k).$$

1.4.4 降阶法计算行列式

在计算行列式时，一般先用行列式的性质将行列式的某一行(列)化成仅含一个非零元素的行，再按此行(列)展开，如此继续下去，直到化为3阶或2阶行列式.

例3 计算行列式 $D=\begin{vmatrix}1&-5&3&-3\\2&0&1&-1\\3&1&-1&2\\1&-1&3&1\end{vmatrix}$ 的值.

解
$$D=\begin{vmatrix}1&-5&3&-3\\2&0&1&-1\\3&1&-1&2\\1&-1&3&1\end{vmatrix}\xlongequal[r_4-r_1]{\substack{r_2-2r_1\\r_3-3r_1}}\begin{vmatrix}1&-5&3&-3\\0&10&-5&5\\0&16&-10&11\\0&4&0&4\end{vmatrix}$$
$$=\begin{vmatrix}10&-5&5\\16&-10&11\\4&0&4\end{vmatrix}$$
$$=20\times\begin{vmatrix}2&-1&1\\16&-10&11\\1&0&1\end{vmatrix}\xlongequal{\substack{r_1-2r_3\\r_2-16r_3}}20\times\begin{vmatrix}0&-1&-1\\0&-10&-5\\1&0&1\end{vmatrix}$$
$$=20\times\begin{vmatrix}-1&-1\\-10&-5\end{vmatrix}=-100.$$

例4 证明范德蒙德(Vandermonde)行列式
$$D_n=\begin{vmatrix}1&1&\cdots&1&1\\x_1&x_2&\cdots&x_{n-1}&x_n\\x_1^2&x_2^2&\cdots&x_{n-1}^2&x_n^2\\\vdots&\vdots&&\vdots&\vdots\\x_1^{n-1}&x_2^{n-1}&\cdots&x_{n-1}^{n-1}&x_n^{n-1}\end{vmatrix}=\prod_{1\leqslant j<i\leqslant n}(x_i-x_j),$$
其中记号 $\prod$ 表示全体同类因子的乘积.

证明 用数学归纳法.当 $n=2$ 时，
$$D_2=\begin{vmatrix}1&1\\x_1&x_2\end{vmatrix}=x_2-x_1$$
成立.假设结论对 $n-1$ 阶范德蒙德行列式成立，下面证明 n 阶范德蒙德行列式成立.

$$D_n \xlongequal{r_i - x_1 r_{i-1}(i=n,n-1,\cdots,2)} \begin{vmatrix} 1 & 1 & \cdots & 1 & 1 \\ 0 & x_2-x_1 & \cdots & x_{n-1}-x_1 & x_n-x_1 \\ 0 & x_2(x_2-x_1) & \cdots & x_{n-1}(x_{n-1}-x_1) & x_n(x_n-x_1) \\ \vdots & \vdots & & \vdots & \vdots \\ 0 & x_2^{n-2}(x_2-x_1) & \cdots & x_{n-1}^{n-2}(x_{n-1}-x_1) & x_n^{n-2}(x_n-x_1) \end{vmatrix}$$

$$\xlongequal{\text{按第 1 列展开}} \prod_{i=2}^{n}(x_i-x_1) \begin{vmatrix} 1 & 1 & \cdots & 1 \\ x_2 & x_3 & \cdots & x_n \\ \vdots & \vdots & & \vdots \\ x_2^{n-2} & x_3^{n-2} & \cdots & x_n^{n-2} \end{vmatrix} = \prod_{1\leqslant j<i\leqslant n}(x_i-x_j).$$

例 5 计算行列式 $D=\begin{vmatrix} a & b & c \\ a^2 & b^2 & c^2 \\ b+c & c+a & a+b \end{vmatrix}$.

解
$$D=\begin{vmatrix} a & b & c \\ a^2 & b^2 & c^2 \\ b+c & c+a & a+b \end{vmatrix} \xlongequal{r_3+r_1} (a+b+c)\begin{vmatrix} a & b & c \\ a^2 & b^2 & c^2 \\ 1 & 1 & 1 \end{vmatrix}$$

$$\xlongequal{r_1\leftrightarrow r_3} -(a+b+c)\begin{vmatrix} 1 & 1 & 1 \\ a^2 & b^2 & c^2 \\ a & b & c \end{vmatrix} \xlongequal{r_2\leftrightarrow r_3} (a+b+c)\begin{vmatrix} 1 & 1 & 1 \\ a & b & c \\ a^2 & b^2 & c^2 \end{vmatrix}$$

$$=(a+b+c)(b-a)(c-a)(c-b).$$

习题 1.4

〈A〉

1. 求行列式 $\begin{vmatrix} 1 & 0 & 1 \\ -1 & 6 & -4 \\ 4 & 3 & 2 \end{vmatrix}$ 中元素 -1,6 的余子式和代数余子式.

2. 已知 4 阶行列式 D 中第 3 列元素依次是 -2,1,4 -5,相应的余子式依次为 4,-2,-3,5,求行列式 D 的值.

3. 计算下列行列式的值:

(1) $\begin{vmatrix} 2 & 3 & 1 & 0 \\ 4 & -2 & -1 & -1 \\ -2 & 1 & 2 & 1 \\ -4 & 3 & 2 & 1 \end{vmatrix}$; (2) $\begin{vmatrix} 1 & 1 & 1 & 1 \\ 1 & 2 & 3 & 4 \\ 1 & 4 & 9 & 16 \\ 1 & 8 & 27 & 64 \end{vmatrix}$;

(3) $\begin{vmatrix} 1+x & 1 & 1 & 1 \\ 1 & 1-x & 1 & 1 \\ 1 & 1 & 1+y & 1 \\ 1 & 1 & 1 & 1-y \end{vmatrix}$；
(4) $\begin{vmatrix} 2 & 1 & 4 & 1 \\ 3 & -3 & 2 & 1 \\ 1 & 2 & 3 & 2 \\ 5 & 0 & 6 & 2 \end{vmatrix}$；

(5) $\begin{vmatrix} 4 & 1 & 2 & 4 \\ 1 & 2 & 0 & 2 \\ 10 & 5 & 2 & 0 \\ 0 & 1 & 1 & 7 \end{vmatrix}$；
(6) $\begin{vmatrix} a & 1 & 0 & 0 \\ -1 & b & 1 & 0 \\ 0 & -1 & c & 1 \\ 0 & 0 & -1 & d \end{vmatrix}$.

4.已知 M_{ij}，A_{ij} 分别为 4 阶行列式 $D=\begin{vmatrix} 3 & 0 & 4 & 0 \\ 2 & 2 & 2 & 2 \\ 0 & -7 & 0 & 0 \\ 5 & 3 & -2 & 2 \end{vmatrix}$ 中元素 a_{ij} 的余子式与代数余子式，试求：

(1) $A_{31}+A_{32}+A_{33}+A_{34}$；
(2) $M_{41}+M_{42}+M_{43}+M_{44}$.

<B>

1.计算行列式：

(1) $D_n=\begin{vmatrix} x & y & 0 & \cdots & 0 & 0 \\ 0 & x & y & \cdots & 0 & 0 \\ \vdots & \vdots & \vdots & & \vdots & \vdots \\ 0 & 0 & 0 & \cdots & x & y \\ y & 0 & 0 & \cdots & 0 & x \end{vmatrix}$；

(2) $D_{n+1}=\begin{vmatrix} x & a_1 & a_2 & \cdots & a_{n-1} & 1 \\ a_1 & x & a_2 & \cdots & a_{n-1} & 1 \\ a_1 & a_2 & x & \cdots & a_{n-1} & 1 \\ \vdots & \vdots & \vdots & & \vdots & \vdots \\ a_1 & a_2 & a_3 & \cdots & x & 1 \\ a_1 & a_2 & a_3 & \cdots & a_n & 1 \end{vmatrix}$.

2.证明等式：

$$\begin{vmatrix} x & -1 & 0 & \cdots & 0 & 0 \\ 0 & x & -1 & \cdots & 0 & 0 \\ \vdots & \vdots & \vdots & & \vdots & \vdots \\ 0 & 0 & 0 & \cdots & x & -1 \\ a_n & a_{n-1} & a_{n-2} & \cdots & a_2 & x+a_1 \end{vmatrix}=x^n+a_1x^{n-1}+\cdots+a_{n-1}x+a_n.$$

1.5 克莱姆(Cramer)法则

1.5.1 引例

考虑含有未知量 x_1,x_2 的二元线性方程组

$$\begin{cases}a_{11}x_1+a_{12}x_2=b_1,\\a_{21}x_1+a_{22}x_2=b_2,\end{cases}\tag{1.5.1}$$

其中:$a_{11},a_{12},a_{21},a_{22}$ 称为未知量的**系数**;b_1,b_2 称为**常数项**.

由加减消元法知:当 $D=\begin{vmatrix}a_{11}&a_{12}\\a_{21}&a_{22}\end{vmatrix}=a_{11}a_{22}-a_{12}a_{21}\neq 0$ 时,方程组(1.5.1)存在唯一的解

$$x_1=\frac{b_1a_{22}-b_2a_{12}}{a_{11}a_{22}-a_{12}a_{21}},\quad x_2=\frac{b_2a_{11}-b_1a_{21}}{a_{11}a_{22}-a_{12}a_{21}}.\tag{1.5.2}$$

则方程组(1.5.1)的解可以表示为 $x_1=\dfrac{D_1}{D},x_2=\dfrac{D_2}{D}$,其中 $D_1=\begin{vmatrix}b_1&a_{12}\\b_2&a_{22}\end{vmatrix},D_2=\begin{vmatrix}a_{11}&b_1\\a_{21}&b_2\end{vmatrix}$.

例 1 求解线性方程组$\begin{cases}x_1+2x_2=3,\\2x_1-2x_2=1.\end{cases}$

解 计算系数行列式$D=\begin{vmatrix}1&2\\2&-2\end{vmatrix}=-6\neq 0$,从而方程组存在唯一解.分别计算行列式 $D_1=\begin{vmatrix}3&2\\1&-2\end{vmatrix}=-8,D_2=\begin{vmatrix}1&3\\2&1\end{vmatrix}=-5$,可得线性方程组的解为$x_1=\dfrac{4}{3},x_2=\dfrac{5}{6}$.

类似的,含有未知量 x_1,x_2,x_3 的三元线性方程组

$$\begin{cases}a_{11}x_1+a_{12}x_2+a_{13}x_3=b_1,\\a_{21}x_1+a_{22}x_2+a_{23}x_3=b_2,\\a_{31}x_1+a_{32}x_2+a_{33}x_3=b_3,\end{cases}$$

利用消元法,可得当$D=\begin{vmatrix}a_{11}&a_{12}&a_{13}\\a_{21}&a_{22}&a_{23}\\a_{31}&a_{32}&a_{33}\end{vmatrix}\neq 0$时,存在唯一的解,该解可表示为:

$$x_1 = \frac{D_1}{D}, \quad x_2 = \frac{D_2}{D}, \quad x_3 = \frac{D_3}{D}.$$

其中 $D_1 = \begin{vmatrix} b_1 & a_{12} & a_{13} \\ b_2 & a_{22} & a_{23} \\ b_3 & a_{32} & a_{33} \end{vmatrix}, D_2 = \begin{vmatrix} a_{11} & b_1 & a_{13} \\ a_{21} & b_2 & a_{23} \\ a_{31} & b_3 & a_{33} \end{vmatrix}, D_3 = \begin{vmatrix} a_{11} & a_{12} & b_1 \\ a_{21} & a_{22} & b_2 \\ a_{31} & a_{32} & b_3 \end{vmatrix}.$

由此，我们可将上述结论推广到更为一般的 n 元线性方程组，这个结论就是接下来要介绍的克莱姆法则.

1.5.2 克莱姆法则

定理 1.5.1（克莱姆(Cramer)法则） 如果 n 元线性方程组

$$\begin{cases} a_{11}x_1 + a_{12}x_2 + \cdots + a_{1n}x_n = b_1, \\ a_{21}x_1 + a_{22}x_2 + \cdots + a_{2n}x_n = b_2, \\ \qquad\qquad\qquad\qquad \vdots \\ a_{n1}x_1 + a_{n2}x_2 + \cdots + a_{nn}x_n = b_n \end{cases} \tag{1.5.3}$$

的**系数行列式** $D = \begin{vmatrix} a_{11} & a_{12} & \cdots & a_{1n} \\ a_{21} & a_{22} & \cdots & a_{2n} \\ \vdots & \vdots & & \vdots \\ a_{n1} & a_{n2} & \cdots & a_{nn} \end{vmatrix} \neq 0$，则方程组存在唯一解

$$x_1 = \frac{D_1}{D}, x_2 = \frac{D_2}{D}, \cdots, x_n = \frac{D_n}{D}. \tag{1.5.4}$$

其中：$D_j (j = 1,2,\cdots,n)$ 是将系数行列式 D 中第 j 列元素对应换成方程组的常数项 $b_1, b_2, \cdots, b_n$，其余各列保持不变得到的 n 阶行列式，即

$$D_j = \begin{vmatrix} a_{11} & \cdots & a_{1,j-1} & b_1 & a_{1,j+1} & \cdots & a_{1n} \\ a_{21} & \cdots & a_{2,j-1} & b_2 & a_{2,j+1} & \cdots & a_{2n} \\ \vdots & & \vdots & \vdots & \vdots & & \vdots \\ a_{n1} & \cdots & a_{n,j-1} & b_n & a_{n,j+1} & \cdots & a_{nn} \end{vmatrix}.$$

证明 **存在性**，即证明式(1.5.4)是方程组(1.5.3)的解. 将 $x_j = \frac{D_j}{D} (j = 1,2,\cdots,n)$ 代入方程组(1.5.3)的第 i 个方程的左端，并将 $D_j (j = 1,2,\cdots,n)$ 按照第 j 列展开，得

$$a_{i1}x_1 + a_{i2}x_2 + \cdots + a_{in}x_n = a_{i1}\frac{D_1}{D} + a_{i2}\frac{D_2}{D} + \cdots + a_{in}\frac{D_n}{D}$$

$$= \frac{1}{D}[a_{i1}(b_1A_{11} + b_2A_{21} + \cdots + b_nA_{n1}) + a_{i2}(b_1A_{12} + b_2A_{22} + \cdots + b_nA_{n2})$$

$$+\cdots+a_{in}(b_1A_{1n}+b_2A_{2n}+\cdots+b_nA_{nn})]$$

$$=\frac{1}{D}[b_1(a_{i1}A_{11}+a_{i2}A_{12}+\cdots+a_{in}A_{1n})+b_2(a_{i1}A_{21}+a_{i2}A_{22}+\cdots+a_{in}A_{2n})$$

$$+\cdots+b_i(a_{i1}A_{i1}+a_{i2}A_{i2}+\cdots+a_{in}A_{in})+\cdots+b_n(a_{i1}A_{n1}+a_{i2}A_{n2}+\cdots+a_{in}A_{nn})]$$

$$=\frac{1}{D}b_iD=b_i,$$

即 $x_j=\frac{D_j}{D}(j=1,2,\cdots,n)$ 是方程组的解.

唯一性. 设 $x_j=k_j(j=1,2,\cdots,n)$ 为方程组(1.5.3)的解,用 k_j 乘以系数行列式 D 的第 j 列,得

$$k_jD=\begin{vmatrix} a_{11} & \cdots & k_ja_{1j} & \cdots & a_{1n} \\ a_{21} & \cdots & k_ja_{2j} & \cdots & a_{2n} \\ \vdots & & \vdots & & \vdots \\ a_{n1} & \cdots & k_ja_{nj} & \cdots & a_{nn} \end{vmatrix}$$

$$\xlongequal{c_j+k_ic_i(i\neq j)}\begin{vmatrix} a_{11} & \cdots & k_1a_{11}+\cdots+k_ja_{1j}+\cdots+k_na_{1n} & \cdots & a_{1n} \\ a_{21} & \cdots & k_1a_{21}+\cdots+k_ja_{2j}+\cdots+k_na_{2n} & \cdots & a_{2n} \\ \vdots & & \vdots & & \vdots \\ a_{n1} & \cdots & k_1a_{n1}+\cdots+k_ja_{nj}+\cdots+k_na_{nn} & \cdots & a_{nn} \end{vmatrix}$$

$$=\begin{vmatrix} a_{11} & \cdots & b_1 & \cdots & a_{1n} \\ a_{21} & \cdots & b_2 & \cdots & a_{2n} \\ \vdots & & \vdots & & \vdots \\ a_{n1} & \cdots & b_n & \cdots & a_{nn} \end{vmatrix}=D_j,$$

即
$$k_j=\frac{D_j}{D}\quad(j=1,2,\cdots,n).$$

例 2 解线性方程组 $\begin{cases} 6x_1+\quad\quad 4x_3+x_4=3, \\ x_1-x_2+2x_3+x_4=1, \\ 4x_1+x_2+2x_3\quad\quad=1, \\ x_1+x_2+\ x_3+x_4=0. \end{cases}$

解 系数行列式 $D=\begin{vmatrix} 6 & 0 & 4 & 1 \\ 1 & -1 & 2 & 1 \\ 4 & 1 & 2 & 0 \\ 1 & 1 & 1 & 1 \end{vmatrix}=-5\neq 0$,由克莱姆法则,方程组存

在唯一解.分别计算 $D_j(j=1,2,3,4)$：

$$D_1=\begin{vmatrix}3&0&4&1\\1&-1&2&1\\1&1&2&0\\0&1&1&1\end{vmatrix}=-5,\quad D_2=\begin{vmatrix}6&3&4&1\\1&1&2&1\\4&1&2&0\\1&0&1&1\end{vmatrix}=5,$$

$$D_3=\begin{vmatrix}6&0&3&1\\1&-1&1&1\\4&1&1&0\\1&1&0&1\end{vmatrix}=5,\quad D_4=\begin{vmatrix}6&0&4&3\\1&-1&2&1\\4&1&2&1\\1&1&1&0\end{vmatrix}=-5.$$

故 $x_1=\dfrac{D_1}{D}=1,\quad x_2=\dfrac{D_2}{D}=-1,\quad x_3=\dfrac{D_3}{D}=-1,\quad x_4=\dfrac{D_4}{D}=1.$

推论1 n元线性方程组(1.5.3)的解不存在或不唯一,则系数行列式 $D=0$.

推论2 如果齐次线性方程组

$$\begin{cases}a_{11}x_1+a_{12}x_2+\cdots+a_{1n}x_n=0,\\a_{21}x_1+a_{22}x_2+\cdots+a_{2n}x_n=0,\\\qquad\vdots\\a_{n1}x_1+a_{n2}x_2+\cdots+a_{nn}x_n=0\end{cases}\qquad(1.5.5)$$

的系数行列式 $D\neq0$,则方程组(1.5.5)只有零解.

推论3 齐次线性方程组(1.5.5)存在非零解,则系数行列式 $D=0$.

在第3章中还将进一步证明,如果齐次线性方程组(1.5.5)的系数行列式 $D=0$,则齐次线性方程组(1.5.5)存在非零解.

例3 λ 取何值,齐次线性方程组 $\begin{cases}(\lambda-1)x_1+x_2+x_3=0,\\x_1+(\lambda-1)x_2+x_3=0,\\x_1+x_2+(\lambda-1)x_3=0\end{cases}$ 存在非零解?

解 因齐次线性方程组存在非零解,故系数行列式

$$D=\begin{vmatrix}\lambda-1&1&1\\1&\lambda-1&1\\1&1&\lambda-1\end{vmatrix}=(\lambda+1)(\lambda-2)^2=0,$$

即
$$\lambda=-1\quad\text{或}\quad\lambda=2.$$

注 只有当方程组中方程的个数与未知量的个数相等且系数行列式不等于零时,克莱姆法则有效.对于不满足克莱姆法则条件的线性方程组,需找另外的求解方法,这将在第3章介绍.

习题 1.5

< A >

1. 用克莱姆法则解下列方程组：

(1) $\begin{cases} 3x_1 - x_2 = 1, \\ x_1 + 3x_2 = 2; \end{cases}$

(2) $\begin{cases} x_1 - 2x_2 + x_3 = -2, \\ 2x_1 + x_2 - 3x_3 = 1, \\ x_1 - x_2 + x_3 = 0; \end{cases}$

(3) $\begin{cases} 2x_1 + x_2 - 5x_3 + x_4 = 8, \\ x_1 - 3x_2 - 6x_4 = 9, \\ 2x_2 - x_3 + 2x_4 = -5, \\ x_1 + 4x_2 - 7x_3 + 6x_4 = 0; \end{cases}$

(4) $\begin{cases} x_1 + x_2 + x_3 + x_4 = 5, \\ x_1 + 2x_2 - x_3 + 4x_4 = -2, \\ 2x_1 - 3x_2 - x_3 - 5x_4 = -2, \\ 3x_1 + x_2 + 2x_3 + 11x_4 = 0. \end{cases}$

2. 问 λ 取何值时，齐次方程组 $\begin{cases} (1-\lambda)x_1 - 2x_2 + 4x_3 = 0, \\ 2x_1 + (3-\lambda)x_2 + x_3 = 0, \\ x_1 + x_2 + (1-\lambda)x_3 = 0 \end{cases}$ 有非零解？

< B >

1. 问 λ、μ 取何值时，齐次方程组 $\begin{cases} \lambda x_1 + x_2 + x_3 = 0, \\ x_1 + \mu x_2 + x_3 = 0, \\ \lambda x_1 + 2\mu x_2 + x_3 = 0 \end{cases}$ 有非零解？

2. 已知线性方程组 $\begin{cases} x_1 + a_1 x_2 + a_1^2 x_3 + a_1^3 x_4 = 0, \\ x_1 + a_2 x_2 + a_2^2 x_3 + a_2^3 x_4 = 0, \\ x_1 + a_3 x_2 + a_3^2 x_3 + a_3^3 x_4 = 0, \\ x_1 + a_4 x_2 + a_4^2 x_3 + a_4^3 x_4 = 0 \end{cases}$ 只有零解，求 a_1, a_2, a_3, a_4 满足的条件解.

数学家——克莱姆

克莱姆

克莱姆于1704年7月31日生于日内瓦，早年在日内瓦读书，1724年起在日内瓦加尔文学院任教，1734年成为几何学教授，1750年成为哲学教授.

克莱姆自1727年进行了为期两年的旅行访学.在巴塞尔与约翰·伯努利、欧拉等人进行学习交流，结为挚友.后又到英国、荷兰、法国等地拜见许多数学名家，回国后在与他们的长期通信中，加强了数学家之间的联系，为数学宝库也留下大量有价值的文献.

克莱姆一生未婚，专心治学，平易近人且德高望重，先后当选为伦敦皇家学会、柏林研究院和法国、意大利等的很多学会的成员.主要著作是《代数曲线的分析引论》(1750)，首先给出了正则、非正则、超越曲线和无理曲线等概念，第一次正式引入坐标系的纵轴(Y轴)，然后讨论曲线变换，并依据曲线方程的阶数对曲线进行分类.为了确定经过5个点的一般二次曲线的系数，应用了著名的"克莱姆法则"，即由线性方程组的系数确定方程组解的表达式.该法则的一般形式于1729年由英国数学家麦克劳林得到，并于1748年发表.

第1章总习题

一、判断题

1.4阶行列式中含因子$a_{11}a_{23}$的项为$a_{11}a_{23}a_{34}a_{42}$和$a_{11}a_{23}a_{32}a_{44}$.　　(　　)

2.设D为6阶行列式，则$a_{61}a_{52}a_{43}a_{34}a_{25}a_{16}$是$D$中带负号的项.　　(　　)

3. 排列 $n(n-1)\cdots321$ 的逆序数为 n.　　(　　)

4. 排列 $n(n-1)\cdots321$ 为偶排列.　　(　　)

二、选择题

1. 下列选项中，为 5 阶行列式带正号的项是________.

A. $a_{31}a_{25}a_{43}a_{14}a_{52}$　　B. $a_{13}a_{25}a_{31}a_{42}a_{54}$

C. $a_{23}a_{31}a_{12}a_{45}a_{54}$　　D. $a_{31}a_{15}a_{44}a_{22}a_{53}$

2. 设 $a_{32}a_{2r}a_{14}a_{51}a_{4s}$ 是5阶行列式 D 中的项，则下列选项中 r,s 的值及该项的符号均正确的是________.

A. $r=3,s=5$，符号为正　　B. $r=3,s=5$，符号为负

C. $r=5,s=3$，符号为正　　D. $r=5,s=3$，符号为负

3. 如果 $D=\begin{vmatrix} a_{11} & a_{12} & a_{13} \\ a_{21} & a_{22} & a_{23} \\ a_{31} & a_{32} & a_{33} \end{vmatrix}\neq 0$，则 $M=\begin{vmatrix} 3a_{11} & 4a_{21}-a_{31} & -a_{31} \\ 3a_{12} & 4a_{22}-a_{32} & -a_{32} \\ 3a_{13} & 4a_{23}-a_{33} & -a_{33} \end{vmatrix}=$________.

A. $-3D$　　B. $-4D$　　C. $-12D$　　D. $-4D^{\mathrm{T}}$

4. 行列式 D 非零的充分条件是________.

A. D 所有元素都不为零

B. 至少有 n^2-n 个元素不为零

C. D 的任意两列元素之间不成比例

D. 以 D 为系数行列式的线性方程组有唯一解

5. $\begin{vmatrix} k-1 & 4 \\ 2 & k-3 \end{vmatrix}=0$ 的充要条件是________.

A. $k=-1$　　B. $k=5$

C. $k=-1$ 且 $k=5$　　D. $k=-1$ 或 $k=5$

6. 设非齐次线性方程组 $\begin{cases} kx+z=0, \\ 2x+ky+z=1, \\ kx-2y+z=1 \end{cases}$ 有唯一解，则________.

A. $k\neq 0$　　B. $k\neq -1$　　C. $k\neq 2$　　D. $k\neq -2$

三、填空题

1. 排列 32514 的逆序数为________.

2. 已知排列 $1s46t5$ 为奇排列，则 s、t 依次为________.

3. 4 阶行列式 $\begin{vmatrix} 1 & 2 & 3 & 4 \\ 6 & -1 & 7 & 0 \\ 5 & -2 & 8 & -3 \\ 4 & 9 & 5 & 6 \end{vmatrix}$ 中元素 a_{23} 的代数余子式为________.

4. 乘积 $a_{11}a_{23}a_{32}a_{44}$ 在 4 阶行列式中应带________号.

5. $\begin{vmatrix} 0 & 0 & a & 0 \\ 0 & b & 0 & 0 \\ 0 & 0 & 0 & c \\ d & 0 & 0 & 0 \end{vmatrix} =$ ________.

6. 如果一个行列式每一行的元素之和均为零,则该行列式的值是________.

7. 设 $A = \begin{vmatrix} 2 & 1 & -3 & 5 \\ 1 & 1 & 1 & 1 \\ 4 & 2 & 3 & 1 \\ 2 & 5 & 3 & 1 \end{vmatrix}$,则

$A_{41} + A_{42} + A_{43} + A_{44} =$ ________, $M_{31} + M_{32} + M_{33} + M_{34} =$ ________.

8. 设 $f(x) = \begin{vmatrix} 1 & 1 & 1 & 1 \\ -1 & 1 & 2 & 3 \\ 1 & 1 & 4 & 15 \\ 1 & x & x^2 & x^3 \end{vmatrix} + \begin{vmatrix} 1 & 1 & 1 & 1 \\ 2 & 1 & 2 & 5 \\ 1 & 1 & 4 & 15 \\ 1 & x & x^2 & x^3 \end{vmatrix} + \begin{vmatrix} 1 & 1 & 1 & 1 \\ 1 & 2 & 4 & 8 \\ 0 & 2 & 5 & 12 \\ 1 & x & x^2 & x^3 \end{vmatrix}$,若

方程 $f(x) = 0$ 有解,则 $x =$ ________.

四、计算题

1. 计算下列 2 阶行列式:

(1) $\begin{vmatrix} 1 & 3 \\ 1 & 4 \end{vmatrix}$; (2) $\begin{vmatrix} 2 & 1 \\ -1 & 2 \end{vmatrix}$; (3) $\begin{vmatrix} a & b \\ a^2 & b^2 \end{vmatrix}$.

2. 计算下列 3 阶行列式:

(1) $\begin{vmatrix} 1 & 1 & 1 \\ 3 & 1 & 4 \\ 8 & 9 & 5 \end{vmatrix}$; (2) $\begin{vmatrix} 1 & 0 & -1 \\ 3 & 5 & 0 \\ 0 & 4 & 1 \end{vmatrix}$; (3) $\begin{vmatrix} 0 & a & 0 \\ b & 0 & c \\ 0 & d & 0 \end{vmatrix}$.

3. 若 $\begin{vmatrix} k & 3 & 4 \\ -1 & k & 0 \\ 0 & k & 1 \end{vmatrix} = 0$,求 k 的值.

4. 当 x 取何值时，$\begin{vmatrix} 3 & 1 & x \\ 4 & x & 0 \\ 1 & 0 & x \end{vmatrix} \neq 0$?

5. 用行列式的定义计算下列行列式：

(1) $\begin{vmatrix} 0 & 1 & 0 & \cdots & 0 \\ 0 & 0 & 2 & \cdots & 0 \\ \vdots & \vdots & \vdots & & \vdots \\ 0 & 0 & 0 & \cdots & n-1 \\ n & 0 & 0 & \cdots & 0 \end{vmatrix}$； (2) $\begin{vmatrix} 0 & 0 & 1 & 0 \\ 0 & 1 & 0 & 0 \\ 0 & 0 & 0 & 1 \\ 1 & 0 & 0 & 0 \end{vmatrix}$；

(3) $\begin{vmatrix} 1 & 1 & 1 & 0 \\ 0 & 1 & 0 & 1 \\ 0 & 1 & 1 & 1 \\ 0 & 0 & 1 & 0 \end{vmatrix}$.

6. 用行列式的性质计算下列行列式：

(1) $\begin{vmatrix} 1 & 2 & 3 \\ 0 & 1 & 2 \\ 1 & 1 & 1 \end{vmatrix}$； (2) $\begin{vmatrix} 1 & 1 & 1 & 1 \\ 1 & 2 & 3 & 4 \\ 1 & 3 & 6 & 10 \\ 1 & 4 & 10 & 20 \end{vmatrix}$；

(3) $\begin{vmatrix} 1 & 2 & 3 & 4 \\ 2 & 3 & 4 & 1 \\ 3 & 4 & 1 & 2 \\ 4 & 1 & 2 & 3 \end{vmatrix}$； (4) $\begin{vmatrix} 0 & x & y & z \\ x & 0 & z & y \\ y & z & 0 & x \\ z & y & x & 0 \end{vmatrix}$.

7. 已知 $\begin{vmatrix} a & 5 & 1 \\ b & 4 & 1 \\ c & 4 & 1 \end{vmatrix} = 1$，求 $\begin{vmatrix} 4a & \frac{5}{4} & 1 \\ 4b & 1 & 1 \\ 4c & 1 & 1 \end{vmatrix}$.

8. 计算下列行列式：

(1) $\begin{vmatrix} 1 & 0 & a & 1 \\ 0 & -1 & b & -1 \\ -1 & -1 & c & -1 \\ -1 & 1 & d & 0 \end{vmatrix}$；

(2) $\begin{vmatrix} 2 & 3 & 0 & 0 & 0 \\ -1 & 4 & 0 & 0 & 0 \\ 180 & 79 & 1 & 2 & 0 \\ 87 & 43 & 0 & 3 & 4 \\ 968 & 508 & 1 & 0 & 2 \end{vmatrix}$;

(3) $\begin{vmatrix} 0 & 2 & 2 & 3 & 1 \\ -2 & 0 & -5 & -6 & -6 \\ -2 & 5 & 0 & 3 & 0 \\ -3 & 6 & -3 & 0 & -8 \\ -1 & 6 & 0 & 8 & 0 \end{vmatrix}$;

(4) $\begin{vmatrix} 2 & 1 & 0 & 0 & 0 & 0 \\ 1 & 2 & 1 & 0 & 0 & 0 \\ 0 & 1 & 2 & 1 & 0 & 0 \\ 0 & 0 & 1 & 2 & 1 & 0 \\ 0 & 0 & 0 & 1 & 2 & 1 \\ 0 & 0 & 0 & 0 & 1 & 2 \end{vmatrix}$;

(5) $\begin{vmatrix} 1 & 2 & 3 & \cdots & n-1 & n \\ -1 & 0 & 3 & \cdots & n-1 & n \\ -1 & -2 & 0 & \cdots & n-1 & n \\ \vdots & \vdots & \vdots & & \vdots & \vdots \\ -1 & -2 & -3 & \cdots & 0 & n \\ -1 & -2 & -3 & \cdots & -(n-1) & 0 \end{vmatrix}$;

(6) $\begin{vmatrix} 1 & a_1 & a_2 & \cdots & a_n \\ 1 & a_1+b_1 & a_2 & \cdots & a_n \\ 1 & a_1 & a_2+b_2 & \cdots & a_n \\ \vdots & \vdots & \vdots & & \vdots \\ 1 & a_1 & a_2 & \cdots & a_n+b_n \end{vmatrix}$.

9. 用克莱姆法则解下列线性方程组：

(1) $\begin{cases} 2x_1 + x_2 - 5x_3 + x_4 = 8, \\ x_1 - 3x_2 + 0x_3 - 6x_4 = 9, \\ 0x_1 + 2x_2 - x_3 + 2x_4 = -5, \\ x_1 + 4x_2 - 7x_3 + 6x_4 = 0; \end{cases}$

(2) $\begin{cases} x + y - 2z = -3, \\ 5x - 2y + 7z = 22, \\ 2x - 5y + 4z = 4. \end{cases}$

10. 判断齐次线性方程组 $\begin{cases}2x_1+2x_2-x_3=0,\\x_1-2x_2+4x_3=0,\\5x_1+8x_2-2x_3=0\end{cases}$ 是否仅有零解.

11. 如果下列齐次线性方程组有非零解，求 k 的值.

(1) $\begin{cases}kx_1+x_2+x_3=0,\\x_1+kx_2-x_3=0,\\2x_1-x_2+x_3=0;\end{cases}$　　(2) $\begin{cases}kx_1+x_2+x_3=0,\\x_1+kx_2+x_3=0,\\x_1+x_2+kx_3=0.\end{cases}$

12. 证明

$$\begin{vmatrix}1&1&1&1\\a&b&c&d\\a^2&b^2&c^2&d^2\\a^4&b^4&c^4&d^4\end{vmatrix}=(a-b)(a-c)(a-d)(b-c)(b-d)(c-d)(a+b+c+d).$$

第 2 章 矩阵

我决然不是通过四元数而获得矩阵概念的，它或是直接从行列式的概念而来，或是作为一个表达方程组的方便方法而来.

—— 凯莱

矩阵是线性代数的基本概念，是研究数学、工程技术与经济管理等学科的重要工具. 本章主要介绍矩阵的定义、矩阵的运算、矩阵的逆、矩阵的初等变换和矩阵的秩等内容.

2.1 矩阵的概念和特殊矩阵

2.1.1 引例

引例 1 某学习小组在一次考试中的成绩如表 2-1 所示.

表 2-1 某学习小组在一次考试中的成绩

序号 \ 科目	语文	数学	英语	综合
1	102	125	108	100
2	118	116	105	96
3	106	127	99	103
4	96	130	102	98
5	85	97	112	108

这个排成 5 行 4 列的数表 $\begin{pmatrix} 102 & 125 & 108 & 100 \\ 118 & 116 & 105 & 96 \\ 106 & 127 & 99 & 103 \\ 96 & 130 & 102 & 98 \\ 85 & 97 & 112 & 108 \end{pmatrix}$ 具体描述了该学习小组

在本次考试中的情况.

引例 2 线性方程组 $\begin{cases} x_1+5x_2-x_3-x_4=-1, \\ x_1-2x_2+x_3+3x_4=3, \\ 3x_1+8x_2-x_3+x_4=1, \\ x_1-9x_2+3x_3+7x_4=7 \end{cases}$ 未知量的系数及常数项按方程组中的顺序组成一个 4 行 5 列的数表：

$$\begin{pmatrix} 1 & 5 & -1 & -1 & -1 \\ 1 & -2 & 1 & 3 & 3 \\ 3 & 8 & -1 & 1 & 1 \\ 1 & -9 & 3 & 7 & 7 \end{pmatrix}.$$

很多现实问题都可以转化成上述的数表，这种数表称为矩阵.

2.1.2 矩阵的定义

定义 2.1.1 将 $m\times n$ 个数 $a_{ij}(i=1,2,\cdots,m;j=1,2,\cdots,n)$ 排成一个 m 行 n 列的数表，称这个数表为 m 行 n 列**矩阵**，记作

$$\boldsymbol{A}=\begin{pmatrix} a_{11} & a_{12} & \cdots & a_{1n} \\ a_{21} & a_{22} & \cdots & a_{2n} \\ \vdots & \vdots & & \vdots \\ a_{m1} & a_{m2} & \cdots & a_{mn} \end{pmatrix},$$

称 $a_{ij}(i=1,2,\cdots,m;j=1,2,\cdots,n)$ 为矩阵 $\boldsymbol{A}$ 的第 i 行第 j 列**元素**.

通常用大写字母 $\boldsymbol{A}$、$\boldsymbol{B}$、$\boldsymbol{C}$ 等表示矩阵. 为了标明矩阵的行数 m 和列数 n，矩阵也可用 $\boldsymbol{A}_{m\times n}$ 或 $(a_{ij})_{m\times n}$ 表示.

元素是实数的矩阵称为**实矩阵**，元素是复数的矩阵称为**复矩阵**. 本书中的矩阵除特殊说明外都是实矩阵.

当 $m=n$ 时，称 $\boldsymbol{A}=(a_{ij})_{m\times n}$ 为 n 阶矩阵，或者称为 n 阶**方阵**.

由定义可知，n 阶方阵 $\boldsymbol{A}=(a_{ij})$ 和 n 阶行列式 $D=|a_{ij}|$ 是两个截然不同的概念. 矩阵是由 n^2 个数排成的一张数表，而行列式则是由这些数按一定规则得到的运算式，当元素是具体的数字时，行列式即是一个数. n 阶方阵 $\boldsymbol{A}$ 中从左上角到右下角的对角线称为 $\boldsymbol{A}$ 的**主对角线**，从右上角到左下角的对角线称为 $\boldsymbol{A}$ 的**次对角线**.

元素全为零的矩阵称为**零矩阵**，用 $\boldsymbol{O}$ 表示.

2.1.3 特殊方阵

1. n 阶对角矩阵

如果 n 阶方阵 $\boldsymbol{A}=(a_{ij})_{n\times n}$ 主对角线以外的元素全为零，则称 $\boldsymbol{A}$ 为 n 阶**对角矩阵**，即

$$\boldsymbol{A}=\begin{pmatrix} a_{11} & 0 & \cdots & 0 \\ 0 & a_{22} & \cdots & 0 \\ \vdots & \vdots & & \vdots \\ 0 & 0 & \cdots & a_{nn} \end{pmatrix} \quad \text{或} \quad \boldsymbol{A}=\begin{pmatrix} a_{11} & & & \\ & a_{22} & & \\ & & \ddots & \\ & & & a_{nn} \end{pmatrix}.$$

有时也可简记为 $\operatorname{diag}(a_{11},a_{22},\cdots,a_{nn})$.

2. 数量矩阵

如果对角矩阵 $\boldsymbol{A}$ 的主对角线上的元素都相同，则称它为**数量矩阵**，即

$$\boldsymbol{A}=\begin{pmatrix} a & 0 & \cdots & 0 \\ 0 & a & \cdots & 0 \\ \vdots & \vdots & & \vdots \\ 0 & 0 & \cdots & a \end{pmatrix} \quad \text{或} \quad \boldsymbol{A}=\begin{pmatrix} a & & & \\ & a & & \\ & & \ddots & \\ & & & a \end{pmatrix}.$$

特别地，当 $a=1$ 时，称为 n **阶单位矩阵**，记为 $\boldsymbol{E}_n$ 或 $\boldsymbol{I}_n$，即

$$\boldsymbol{E}_n=\begin{pmatrix} 1 & 0 & \cdots & 0 \\ 0 & 1 & \cdots & 0 \\ \vdots & \vdots & & \vdots \\ 0 & 0 & \cdots & 1 \end{pmatrix} \quad \text{或} \quad \boldsymbol{E}_n=\begin{pmatrix} 1 & & & \\ & 1 & & \\ & & \ddots & \\ & & & 1 \end{pmatrix}.$$

在不会引起混淆的情况下，也可以用 $\boldsymbol{E}$ 或 $\boldsymbol{I}$ 表示单位矩阵.

3. 上三角矩阵与下三角矩阵

如果 n 阶方阵 $\boldsymbol{A}$ 主对角线以下(上)的所有元素全为零，则称 $\boldsymbol{A}$ 为 n 阶**上(下)三角矩阵**，简称**上(下)三角矩阵**，即

$$\boldsymbol{A}=\begin{pmatrix} a_{11} & a_{12} & a_{13} & \cdots & a_{1n} \\ 0 & a_{22} & a_{23} & \cdots & a_{2n} \\ 0 & 0 & a_{33} & \cdots & a_{3n} \\ 0 & 0 & 0 & \cdots & a_{nn} \end{pmatrix} \quad \left(\boldsymbol{A}=\begin{pmatrix} a_{11} & 0 & 0 & \cdots & 0 \\ a_{21} & a_{22} & 0 & \cdots & 0 \\ \vdots & \vdots & \vdots & & \vdots \\ a_{n1} & a_{n2} & a_{n3} & \cdots & a_{nn} \end{pmatrix}\right).$$

上三角矩阵和下三角矩阵统称为**三角矩阵**.

习题 2.1

<A>

1. n 阶矩阵与 n 阶行列式有什么区别?

2. 某公司销售五种产品，1—3 月份的销售数量如表 2-2 所示.

表 2-2　某公司 1—3 月份的销售情况

销售量/t　产品 月份	Ⅰ	Ⅱ	Ⅲ	Ⅳ	Ⅴ
1	50	35	20	15	10
2	30	25	60	40	5
3	20	60	15	0	25

试作矩阵 $\boldsymbol{A}=(a_{ij})_{3\times5}$，其中 a_{ij} 表示 i 月份销售 j 种产品的数量.

3. 下列矩阵中，哪些是三角矩阵？

$$\boldsymbol{A}=\begin{pmatrix}1&2&3\\2&3&1\\3&2&1\end{pmatrix};\qquad \boldsymbol{B}=\begin{pmatrix}1&2&3\\0&2&1\\0&0&3\end{pmatrix};$$

$$\boldsymbol{C}=\begin{pmatrix}1&0&0\\2&2&0\\1&2&3\end{pmatrix};\qquad \boldsymbol{D}=\begin{pmatrix}1&2&1&2&3\\0&0&1&2&3\\0&0&0&1&1\end{pmatrix}.$$

<B>

1. 甲、乙两人玩“石头-剪刀-布”游戏，每人每局只能在{石头、剪刀、布}中选择一种出法（策略），若规定胜者得 1 分，负者得 −1 分，平手各得 0 分，则对于每局游戏中各种可能的局势，试用矩阵来表示他们的输赢状况.

2.2 矩阵的运算

研究矩阵的意义不仅在于将一些数据排成数表的形式，而且在于对它定义具有理论和实际意义的运算，从而使之成为进行理论研究和解决实际问题的有力工具.

2.2.1 矩阵的线性运算

定义 2.2.1　若矩阵 $\boldsymbol{A}$ 和 $\boldsymbol{B}$ 的行数和列数分别对应相等，则称 $\boldsymbol{A}$ 和 $\boldsymbol{B}$ 为同型矩阵.

定义 2.2.2　若矩阵 $\boldsymbol{A}=(a_{ij})$ 与 $\boldsymbol{B}=(b_{ij})$ 是同型矩阵，且

$$a_{ij}=b_{ij}\ (i=1,2,\cdots,m;j=1,2,\cdots,n),$$

则称矩阵 $\boldsymbol{A}$ 和 $\boldsymbol{B}$ 相等，记作 $\boldsymbol{A}=\boldsymbol{B}$.

定义 2.2.3 设矩阵 $\boldsymbol{A}=(a_{ij})_{m\times n}$ 和 $\boldsymbol{B}=(b_{ij})_{m\times n}$ 为同型矩阵，$k\in\mathbf{R}$，定义矩阵的**加法**和**数乘**如下：

$$\boldsymbol{A}+\boldsymbol{B}=(a_{ij})_{m\times n}+(b_{ij})_{m\times n}=(a_{ij}+b_{ij})_{m\times n},\quad k\boldsymbol{A}=(ka_{ij})_{m\times n}.$$

矩阵 $\boldsymbol{A}+\boldsymbol{B}$ 称为矩阵 $\boldsymbol{A}$ 与矩阵 $\boldsymbol{B}$ 的**和**，$k\boldsymbol{A}$ 称为数 k 与矩阵 $\boldsymbol{A}$ 的**乘积**. 称 $-1\times\boldsymbol{A}$ 为矩阵 $\boldsymbol{A}$ 的**负矩阵**，记为 $-\boldsymbol{A}$；将 $\boldsymbol{A}+(-\boldsymbol{B})$ 定义为矩阵 $\boldsymbol{A}$ 与矩阵 $\boldsymbol{B}$ 的**差**，记为 $\boldsymbol{A}-\boldsymbol{B}$，即 $\boldsymbol{A}-\boldsymbol{B}=(a_{ij}-b_{ij})_{m\times n}$.

矩阵的加法和数乘统称为矩阵的**线性运算**.

易知，数量矩阵 $\boldsymbol{A}=\begin{pmatrix}a&&&\\&a&&\\&&\ddots&\\&&&a\end{pmatrix}=a\boldsymbol{E}$（或 $a\boldsymbol{I}$）.

例 1 设 $\boldsymbol{A}=\begin{pmatrix}-2&5&1\\-1&3&0\end{pmatrix}$，$\boldsymbol{B}=\begin{pmatrix}3&2&-5\\1&-2&3\end{pmatrix}$，分别求 $\boldsymbol{A}+\boldsymbol{B}$，$2\boldsymbol{A}$ 和 $\boldsymbol{A}-\boldsymbol{B}$.

解 $\boldsymbol{A}+\boldsymbol{B}=\begin{pmatrix}-2+3&5+2&1-5\\-1+1&3-2&0+3\end{pmatrix}=\begin{pmatrix}1&7&-4\\0&1&3\end{pmatrix}$，

$2\boldsymbol{A}=2\begin{pmatrix}-2&5&1\\-1&3&0\end{pmatrix}=\begin{pmatrix}-4&10&2\\-2&6&0\end{pmatrix}$，

$$\begin{aligned}\boldsymbol{A}-\boldsymbol{B}&=\boldsymbol{A}+(-1)\boldsymbol{B}\\&=\begin{pmatrix}-2-3&5-2&1-(-5)\\-1-1&3-(-2)&0-3\end{pmatrix}=\begin{pmatrix}-5&3&6\\-2&5&-3\end{pmatrix}.\end{aligned}$$

例 2 设矩阵 $\boldsymbol{A}=\begin{pmatrix}x&1\\0&1\end{pmatrix}$，$\boldsymbol{B}=\begin{pmatrix}-1&-2\\2&y\end{pmatrix}$，$\boldsymbol{C}=\begin{pmatrix}1&-1\\2&1\end{pmatrix}$，且满足 $\boldsymbol{A}+\boldsymbol{B}=\boldsymbol{C}$，求 x,y.

解 由矩阵的相等和加法的定义，有 $\begin{pmatrix}x-1&1-2\\0+2&y+1\end{pmatrix}=\begin{pmatrix}1&-1\\2&1\end{pmatrix}$，即 $x-1=1$，$y+1=1$，所以 $x=2$，$y=0$.

例 3 数量矩阵 $\begin{pmatrix}a&0&\cdots&0\\0&a&\cdots&0\\\vdots&\vdots&&\vdots\\0&0&\cdots&a\end{pmatrix}$ 是数 a 与单位矩阵 $\boldsymbol{E}$ 的乘积.

矩阵线性运算满足以下运算律：

设 $\boldsymbol{A}$、$\boldsymbol{B}$、$\boldsymbol{C}$ 都是同型矩阵，k、$l\in\mathbf{R}$，则有

(1) **交换律** $\boldsymbol{A}+\boldsymbol{B}=\boldsymbol{B}+\boldsymbol{A}$

(2) 结合律　$(\boldsymbol{A}+\boldsymbol{B})+\boldsymbol{C}=\boldsymbol{A}+(\boldsymbol{B}+\boldsymbol{C}),k(l\boldsymbol{A})=(kl)\boldsymbol{A}$

(3) 消去律　$\boldsymbol{A}+\boldsymbol{C}=\boldsymbol{B}+\boldsymbol{C}\Rightarrow\boldsymbol{A}=\boldsymbol{B}$

(4) 分配律　$k(\boldsymbol{A}+\boldsymbol{B})=k\boldsymbol{A}+k\boldsymbol{B},(k+l)\boldsymbol{A}=k\boldsymbol{A}+l\boldsymbol{A}$

例 4　已知 $\boldsymbol{A}=\begin{pmatrix}-1&2&3&1\\0&3&-2&1\\4&0&3&2\end{pmatrix},\boldsymbol{B}=\begin{pmatrix}4&3&2&-1\\5&-3&0&1\\1&2&-5&0\end{pmatrix}$，求$3\boldsymbol{A}-2\boldsymbol{B}$.

解　
$$3\boldsymbol{A}-2\boldsymbol{B}=3\begin{pmatrix}-1&2&3&1\\0&3&-2&1\\4&0&3&2\end{pmatrix}-2\begin{pmatrix}4&3&2&-1\\5&-3&0&1\\1&2&-5&0\end{pmatrix}$$
$$=\begin{pmatrix}-3-8&6-6&9-4&3+2\\0-10&9+6&-6-0&3-2\\12-2&0-4&9+10&6-0\end{pmatrix}$$
$$=\begin{pmatrix}-11&0&5&5\\-10&15&-6&1\\10&-4&19&6\end{pmatrix}.$$

例 5　已知 $\boldsymbol{A}=\begin{pmatrix}3&0&-1&2\\2&8&3&1\end{pmatrix},\boldsymbol{B}=\begin{pmatrix}5&6&3&2\\2&4&7&-1\end{pmatrix}$，且 $\boldsymbol{A}+2\boldsymbol{X}=\boldsymbol{B}$，求 $\boldsymbol{X}$.

解　$\boldsymbol{X}=\dfrac{1}{2}(\boldsymbol{B}-\boldsymbol{A})=\dfrac{1}{2}\begin{pmatrix}2&6&4&0\\0&-4&4&-2\end{pmatrix}=\begin{pmatrix}1&3&2&0\\0&-2&2&-1\end{pmatrix}$.

2.2.2　矩阵的乘法

矩阵乘法是矩阵代数最重要的运算，在介绍乘法的定义之前，先看一个简单的例子.

引例　某地区有4个工厂Ⅰ、Ⅱ、Ⅲ、Ⅳ，生产甲、乙、丙3种产品，矩阵$\boldsymbol{A}$表示一年中各工厂生产各种产品的数量，矩阵$\boldsymbol{B}$表示各种产品的单价(P)及平均利润(r)，矩阵$\boldsymbol{C}$表示各工厂的总收入(R)及总利润(L).

$$\boldsymbol{A}=\begin{matrix}\begin{pmatrix}a_{11}&a_{12}&a_{13}\\a_{21}&a_{22}&a_{23}\\a_{31}&a_{32}&a_{33}\\a_{41}&a_{42}&a_{43}\end{pmatrix}\begin{matrix}\text{Ⅰ}\\\text{Ⅱ}\\\text{Ⅲ}\\\text{Ⅳ}\end{matrix}\\ \begin{matrix}\text{甲}&\text{乙}&\text{丙}\end{matrix}\end{matrix},\quad \boldsymbol{B}=\begin{matrix}\begin{pmatrix}b_{11}&b_{12}\\b_{21}&b_{22}\\b_{31}&b_{32}\end{pmatrix}\begin{matrix}\text{甲}\\\text{乙}\\\text{丙}\end{matrix}\\ \begin{matrix}P&r\end{matrix}\end{matrix},\quad \boldsymbol{C}=\begin{matrix}\begin{pmatrix}c_{11}&c_{12}\\c_{21}&c_{22}\\c_{31}&c_{32}\\c_{41}&c_{42}\end{pmatrix}\begin{matrix}\text{Ⅰ}\\\text{Ⅱ}\\\text{Ⅲ}\\\text{Ⅳ}\end{matrix}\\ \begin{matrix}R&L\end{matrix}\end{matrix}$$

矩阵 $\boldsymbol{A}$、$\boldsymbol{B}$、$\boldsymbol{C}$ 的元素之间有下列关系：

$$\boldsymbol{C}=\begin{pmatrix} c_{11} & c_{12} \\ c_{21} & c_{22} \\ c_{31} & c_{32} \\ c_{41} & c_{42} \end{pmatrix}=\begin{pmatrix} a_{11}b_{11}+a_{12}b_{21}+a_{13}b_{31} & a_{11}b_{12}+a_{12}b_{22}+a_{13}b_{32} \\ a_{21}b_{11}+a_{22}b_{21}+a_{23}b_{31} & a_{21}b_{12}+a_{22}b_{22}+a_{23}b_{32} \\ a_{31}b_{11}+a_{32}b_{21}+a_{33}b_{31} & a_{31}b_{12}+a_{32}b_{22}+a_{33}b_{32} \\ a_{41}b_{11}+a_{42}b_{21}+a_{43}b_{31} & a_{41}b_{12}+a_{42}b_{22}+a_{43}b_{32} \end{pmatrix},$$

其中 $c_{ij}=a_{i1}b_{1j}+a_{i2}b_{2j}+a_{i3}b_{3j}(i=1,2,3,4;j=1,2)$.

一般地，将上例中矩阵之间的运算定义为矩阵的乘法.

定义 2.2.4 设矩阵 $\boldsymbol{A}=(a_{ik})_{m\times l}$，矩阵 $\boldsymbol{B}=(b_{kj})_{l\times n}$，则由元素

$$c_{ij}=a_{i1}b_{1j}+a_{i2}b_{2j}+\cdots+a_{il}b_{lj}=\sum_{k=1}^{l}a_{ik}b_{kj}\quad(i=1,2,\cdots,m;j=1,2,\cdots,n)$$

构成的 m 行 n 列矩阵 $\boldsymbol{C}=(c_{ij})_{m\times n}=\left(\sum_{k=1}^{l}a_{ik}b_{kj}\right)_{m\times n}$ 称为矩阵 $\boldsymbol{A}$ 与矩阵 $\boldsymbol{B}$ 的积，记作 $\boldsymbol{C}=\boldsymbol{AB}$.

$\boldsymbol{A}$ 能从左边乘以 $\boldsymbol{B}$（亦即 $\boldsymbol{B}$ 能从右边乘以 $\boldsymbol{A}$）的充要条件是 $\boldsymbol{A}$ 的列数恰与 $\boldsymbol{B}$ 的行数相等. 乘积矩阵 $\boldsymbol{AB}$ 的行数等于矩阵 $\boldsymbol{A}$ 的行数，列数等于矩阵 $\boldsymbol{B}$ 的列数，乘积 $\boldsymbol{AB}$ 的第 i 行第 j 列元素等于 $\boldsymbol{A}$ 的第 i 行元素与 $\boldsymbol{B}$ 的第 j 列对应位置上的元素的乘积之和.

例 6 设矩阵 $\boldsymbol{A}=\begin{pmatrix} 1 & 0 & -1 \\ 2 & 1 & 0 \\ 3 & 2 & -1 \end{pmatrix}$，$\boldsymbol{B}=\begin{pmatrix} 1 & 0 \\ 3 & 1 \\ 0 & 2 \end{pmatrix}$，求 $\boldsymbol{AB}$，$\boldsymbol{E}_3\boldsymbol{B}$ 及 $\boldsymbol{BE}_2$.

解 由定义可得

$$\begin{aligned}\boldsymbol{AB}&=\begin{pmatrix} 1 & 0 & -1 \\ 2 & 1 & 0 \\ 3 & 2 & -1 \end{pmatrix}\begin{pmatrix} 1 & 0 \\ 3 & 1 \\ 0 & 2 \end{pmatrix}\\ &=\begin{pmatrix} 1\times1+0\times3+(-1)\times0 & 1\times0+0\times1+(-1)\times2 \\ 2\times1+1\times3+0\times0 & 2\times0+1\times1+0\times2 \\ 3\times1+2\times3+(-1)\times0 & 3\times0+2\times1+(-1)\times2 \end{pmatrix}\\ &=\begin{pmatrix} 1 & -2 \\ 5 & 1 \\ 9 & 0 \end{pmatrix},\end{aligned}$$

$$\boldsymbol{E}_3\boldsymbol{B}=\begin{pmatrix} 1 & 0 & 0 \\ 0 & 1 & 0 \\ 0 & 0 & 1 \end{pmatrix}\begin{pmatrix} 1 & 0 \\ 3 & 1 \\ 0 & 2 \end{pmatrix}=\begin{pmatrix} 1 & 0 \\ 3 & 1 \\ 0 & 2 \end{pmatrix}=\boldsymbol{B},\quad \boldsymbol{BE}_2=\begin{pmatrix} 1 & 0 \\ 3 & 1 \\ 0 & 2 \end{pmatrix}\begin{pmatrix} 1 & 0 \\ 0 & 1 \end{pmatrix}=\begin{pmatrix} 1 & 0 \\ 3 & 1 \\ 0 & 2 \end{pmatrix}=\boldsymbol{B}.$$

注 若 $\boldsymbol{A}$ 为 $m\times n$ 矩阵，则 $\boldsymbol{E}_m\boldsymbol{A}=\boldsymbol{A},\boldsymbol{A}\boldsymbol{E}_n=\boldsymbol{A}$.

由例 6 知，$\boldsymbol{AB}$ 有意义，$\boldsymbol{BA}$ 却没有意义，因为 $\boldsymbol{B}$ 的列数不等于 $\boldsymbol{A}$ 的行数.

例 7 设矩阵 $\boldsymbol{A}=\begin{pmatrix}2&3\\1&-2\\3&1\end{pmatrix},\boldsymbol{B}=\begin{pmatrix}1&-2&-3\\2&-1&0\end{pmatrix}$，求 $\boldsymbol{AB}$ 与 $\boldsymbol{BA}$.

解
$$\boldsymbol{AB}=\begin{pmatrix}2&3\\1&-2\\3&1\end{pmatrix}\begin{pmatrix}1&-2&-3\\2&-1&0\end{pmatrix}=\begin{pmatrix}8&-7&-6\\-3&0&-3\\5&-7&-9\end{pmatrix},$$
$$\boldsymbol{BA}=\begin{pmatrix}1&-2&-3\\2&-1&0\end{pmatrix}\begin{pmatrix}2&3\\1&-2\\3&1\end{pmatrix}=\begin{pmatrix}-9&4\\3&8\end{pmatrix}.$$

由例 7 知，$\boldsymbol{AB}$ 与 $\boldsymbol{BA}$ 都有意义，但不同型. 因此，矩阵的乘法一般**不满足**交换律，即 $\boldsymbol{AB}\neq\boldsymbol{BA}$，所以矩阵相乘时必须注意顺序. $\boldsymbol{AB}$ 称为 $\boldsymbol{B}$ 右乘 $\boldsymbol{A}$ 或 $\boldsymbol{A}$ 左乘 $\boldsymbol{B}$. 但并不是任何两矩阵相乘都不可以交换，若矩阵 $\boldsymbol{A}$ 与 $\boldsymbol{B}$ 满足 $\boldsymbol{AB}=\boldsymbol{BA}$，则称 $\boldsymbol{A}$ 与 $\boldsymbol{B}$ **可交换**.

例 8 设矩阵 $\boldsymbol{A}=\begin{pmatrix}1&2\\0&1\end{pmatrix},\boldsymbol{B}=\begin{pmatrix}1&1\\0&1\end{pmatrix}$，求 $\boldsymbol{AB}$ 与 $\boldsymbol{BA}$.

解 $\boldsymbol{AB}=\begin{pmatrix}1&2\\0&1\end{pmatrix}\begin{pmatrix}1&1\\0&1\end{pmatrix}=\begin{pmatrix}1&3\\0&1\end{pmatrix},\quad \boldsymbol{BA}=\begin{pmatrix}1&1\\0&1\end{pmatrix}\begin{pmatrix}1&2\\0&1\end{pmatrix}=\begin{pmatrix}1&3\\0&1\end{pmatrix}.$

易证，$\boldsymbol{A}$ 与 $\boldsymbol{B}$ 可交换的必要条件是 $\boldsymbol{A}$ 与 $\boldsymbol{B}$ 为同阶方阵. 但同阶方阵不一定可交换.

例如，若 $\boldsymbol{A}=\begin{pmatrix}1&2\\0&1\end{pmatrix},\boldsymbol{B}=\begin{pmatrix}1&0\\1&1\end{pmatrix}$，则 $\boldsymbol{AB}=\begin{pmatrix}3&2\\1&1\end{pmatrix},\boldsymbol{BA}=\begin{pmatrix}1&2\\1&3\end{pmatrix}$，显然 $\boldsymbol{AB}\neq\boldsymbol{BA}$.

例 9 设矩阵 $\boldsymbol{A}=\begin{pmatrix}1&0\\2&1\end{pmatrix}$，求出所有与矩阵 $\boldsymbol{A}$ 可交换的矩阵.

解 易知与 $\boldsymbol{A}$ 可交换的矩阵必为 2 阶方阵，设 $\boldsymbol{X}=\begin{pmatrix}x_{11}&x_{12}\\x_{21}&x_{22}\end{pmatrix}$ 为与 $\boldsymbol{A}$ 可交换的矩阵，则

$$\boldsymbol{AX}=\begin{pmatrix}1&0\\2&1\end{pmatrix}\begin{pmatrix}x_{11}&x_{12}\\x_{21}&x_{22}\end{pmatrix}=\begin{pmatrix}x_{11}&x_{12}\\2x_{11}+x_{21}&2x_{12}+x_{22}\end{pmatrix},$$
$$\boldsymbol{XA}=\begin{pmatrix}x_{11}&x_{12}\\x_{21}&x_{22}\end{pmatrix}\begin{pmatrix}1&0\\2&1\end{pmatrix}=\begin{pmatrix}x_{11}+2x_{12}&x_{12}\\x_{21}+2x_{22}&x_{22}\end{pmatrix}.$$

由 $\boldsymbol{AX}=\boldsymbol{XA}$ 可推出 $x_{12}=0, x_{11}=x_{22}$，即

$$\boldsymbol{X}=\begin{pmatrix} x_{11} & 0 \\ x_{21} & x_{11} \end{pmatrix} \quad (x_{11}, x_{21} \text{ 取任意实数}).$$

例 10 设矩阵 $\boldsymbol{A}=\begin{pmatrix} 2 & 0 \\ -1 & 0 \end{pmatrix}, \boldsymbol{B}=\begin{pmatrix} 0 & 0 \\ 1 & 3 \end{pmatrix}, \boldsymbol{C}=\begin{pmatrix} 0 & 0 \\ 2 & 4 \end{pmatrix}$，求 $\boldsymbol{AB}$ 与 $\boldsymbol{AC}$.

解 $\boldsymbol{AB}=\begin{pmatrix} 2 & 0 \\ -1 & 0 \end{pmatrix}\begin{pmatrix} 0 & 0 \\ 1 & 3 \end{pmatrix}=\begin{pmatrix} 0 & 0 \\ 0 & 0 \end{pmatrix}$， $\boldsymbol{AC}=\begin{pmatrix} 2 & 0 \\ -1 & 0 \end{pmatrix}\begin{pmatrix} 0 & 0 \\ 2 & 4 \end{pmatrix}=\begin{pmatrix} 0 & 0 \\ 0 & 0 \end{pmatrix}$.

由例10知，$\boldsymbol{A}, \boldsymbol{B}$ 都是非零矩阵，而乘积 $\boldsymbol{AB}=\boldsymbol{O}$，所以 $\boldsymbol{AB}=\boldsymbol{O}$ 不能推出 $\boldsymbol{A}=\boldsymbol{O}$ 或 $\boldsymbol{B}=\boldsymbol{O}$；进一步可知，当 $\boldsymbol{AB}=\boldsymbol{AC}$ 且 $\boldsymbol{A}\neq\boldsymbol{O}$ 时，却有 $\boldsymbol{B}\neq\boldsymbol{C}$，即矩阵的乘法不满足**消去律**.

矩阵的乘法满足结合律和分配律.

(1) **结合律**：$(\boldsymbol{AB})\boldsymbol{C}=\boldsymbol{A}(\boldsymbol{BC}), k(\boldsymbol{AB})=(k\boldsymbol{A})\boldsymbol{B}=\boldsymbol{A}(k\boldsymbol{B})$（$k$ 为任意实数）.

(2) **分配律**：$\boldsymbol{A}(\boldsymbol{B}+\boldsymbol{C})=\boldsymbol{AB}+\boldsymbol{AC}, (\boldsymbol{B}+\boldsymbol{C})\boldsymbol{A}=\boldsymbol{BA}+\boldsymbol{CA}$.

定义 2.2.5 设矩阵 $\boldsymbol{A}$ 为 n 阶方阵，k 为正整数，则称 k 个 $\boldsymbol{A}$ 的连乘为方阵 $\boldsymbol{A}$ 的 k 次幂，记作 $\boldsymbol{A}^k$，即 $\boldsymbol{A}^k=\underbrace{\boldsymbol{A}\cdot\boldsymbol{A}\cdot\cdots\cdot\boldsymbol{A}}_{k}$.

方阵的幂有以下性质：

设 $\boldsymbol{A}$ 是方阵，k 和 l 为正整数，则有：

(1) $\boldsymbol{A}^k\cdot\boldsymbol{A}^l=\boldsymbol{A}^{k+l}$；

(2) $(\boldsymbol{A}^k)^l=\boldsymbol{A}^{kl}$.

例 11 设矩阵 $\boldsymbol{A}=\begin{pmatrix} 2 & 2 \\ -1 & 0 \end{pmatrix}, \boldsymbol{B}=\begin{pmatrix} 1 & -1 \\ -1 & 1 \end{pmatrix}$，求 $(\boldsymbol{AB})^2$ 及 $\boldsymbol{A}^2\boldsymbol{B}^2$.

解 $\boldsymbol{AB}=\begin{pmatrix} 2 & 2 \\ -1 & 0 \end{pmatrix}\begin{pmatrix} 1 & -1 \\ -1 & 1 \end{pmatrix}=\begin{pmatrix} 0 & 0 \\ -1 & 1 \end{pmatrix}$,

$$(\boldsymbol{AB})^2=\begin{pmatrix} 0 & 0 \\ -1 & 1 \end{pmatrix}\begin{pmatrix} 0 & 0 \\ -1 & 1 \end{pmatrix}=\begin{pmatrix} 0 & 0 \\ -1 & 1 \end{pmatrix},$$

$$\boldsymbol{A}^2=\begin{pmatrix} 2 & 2 \\ -1 & 0 \end{pmatrix}\begin{pmatrix} 2 & 2 \\ -1 & 0 \end{pmatrix}=\begin{pmatrix} 2 & 4 \\ -2 & -2 \end{pmatrix},$$

$$\boldsymbol{B}^2=\begin{pmatrix} 1 & -1 \\ -1 & 1 \end{pmatrix}\begin{pmatrix} 1 & -1 \\ -1 & 1 \end{pmatrix}=\begin{pmatrix} 2 & -2 \\ -2 & 2 \end{pmatrix},$$

$$\boldsymbol{A}^2\boldsymbol{B}^2=\begin{pmatrix} 2 & 4 \\ -2 & -2 \end{pmatrix}\begin{pmatrix} 2 & -2 \\ -2 & 2 \end{pmatrix}=\begin{pmatrix} -4 & 4 \\ 0 & 0 \end{pmatrix},$$

可见，

$$(\boldsymbol{AB})^2\neq\boldsymbol{A}^2\boldsymbol{B}^2.$$

一般地，$\boldsymbol{A},\boldsymbol{B}$ 是 n 阶方阵且 k 为正整数，$(\boldsymbol{AB})^k \neq \boldsymbol{A}^k\boldsymbol{B}^k$.

定义 2.2.6 设 $\varphi(x) = a_m x^m + a_{m-1}x^{m-1} + \cdots + a_1 x + a_0 (a_m \neq 0)$ 为 m 次多项式，$\boldsymbol{A}$ 为 n 阶方阵，则称 $\varphi(\boldsymbol{A}) = a_m\boldsymbol{A}^m + a_{m-1}\boldsymbol{A}^{m-1} + \cdots + a_1\boldsymbol{A} + a_0\boldsymbol{E}_n$ 为方阵 $\boldsymbol{A}$ 的 m 次多项式.

例如，$\varphi(x) = x^3 - 2x^2 + 1$，$\boldsymbol{A} = \begin{pmatrix} 1 & 1 \\ 0 & 1 \end{pmatrix}$，则

$$\varphi(\boldsymbol{A}) = \boldsymbol{A}^3 - 2\boldsymbol{A}^2 + \boldsymbol{E}_2 = \begin{pmatrix} 1 & 1 \\ 0 & 1 \end{pmatrix}^3 - 2\begin{pmatrix} 1 & 1 \\ 0 & 1 \end{pmatrix}^2 + \begin{pmatrix} 1 & 0 \\ 0 & 1 \end{pmatrix} = \begin{pmatrix} 0 & -1 \\ 0 & 1 \end{pmatrix}.$$

2.2.3 矩阵的转置

定义 2.2.7 设 $\boldsymbol{A} = (a_{ij})_{m\times n}$，把矩阵 $\boldsymbol{A}$ 的行换为同序号的列所得到的 $n\times m$ 矩阵，称为矩阵 $\boldsymbol{A}$ 的转置矩阵，记为 $\boldsymbol{A}^{\mathrm{T}}$ 或 $\boldsymbol{A}'$，即

$$\boldsymbol{A}^{\mathrm{T}} = \begin{pmatrix} a_{11} & a_{21} & \cdots & a_{m1} \\ a_{12} & a_{22} & \cdots & a_{m2} \\ \vdots & \vdots & & \vdots \\ a_{1n} & a_{2n} & \cdots & a_{mn} \end{pmatrix}.$$

矩阵的转置满足以下运算律：

(1)$(\boldsymbol{A}^{\mathrm{T}})^{\mathrm{T}} = \boldsymbol{A}$;

(2)$(\boldsymbol{A}+\boldsymbol{B})^{\mathrm{T}} = \boldsymbol{A}^{\mathrm{T}} + \boldsymbol{B}^{\mathrm{T}}$;

(3)$(k\boldsymbol{A})^{\mathrm{T}} = k\boldsymbol{A}^{\mathrm{T}}$($k$ 为任意实数)；

(4)$(\boldsymbol{AB})^{\mathrm{T}} = \boldsymbol{B}^{\mathrm{T}}\boldsymbol{A}^{\mathrm{T}}$.

例 12 设 $\boldsymbol{A} = \begin{pmatrix} 2 & 0 & -1 \\ 1 & 3 & 2 \end{pmatrix}$，$\boldsymbol{B} = \begin{pmatrix} 1 & 7 & -1 \\ 4 & 2 & 3 \\ 2 & 0 & 1 \end{pmatrix}$，求 $(\boldsymbol{AB})^{\mathrm{T}}$.

解法一 $\boldsymbol{AB} = \begin{pmatrix} 2 & 0 & -1 \\ 1 & 3 & 2 \end{pmatrix}\begin{pmatrix} 1 & 7 & -1 \\ 4 & 2 & 3 \\ 2 & 0 & 1 \end{pmatrix} = \begin{pmatrix} 0 & 14 & -3 \\ 17 & 13 & 10 \end{pmatrix}$,

$$(\boldsymbol{AB})^{\mathrm{T}} = \begin{pmatrix} 0 & 17 \\ 14 & 13 \\ -3 & 10 \end{pmatrix}.$$

解法二 $(\boldsymbol{AB})^{\mathrm{T}} = \boldsymbol{B}^{\mathrm{T}}\boldsymbol{A}^{\mathrm{T}} = \begin{pmatrix} 1 & 4 & 2 \\ 7 & 2 & 0 \\ -1 & 3 & 1 \end{pmatrix}\begin{pmatrix} 2 & 1 \\ 0 & 3 \\ -1 & 2 \end{pmatrix} = \begin{pmatrix} 0 & 17 \\ 14 & 13 \\ -3 & 10 \end{pmatrix}$.

定义 2.2.8 设 $\boldsymbol{A}$ 为 n 阶矩阵. 如果 $\boldsymbol{A}^{\mathrm{T}}=\boldsymbol{A}$,即 $a_{ij}=a_{ji}(i,j=1,2,\cdots,n)$ 则称 $\boldsymbol{A}$ 为**对称矩阵**;如果 $\boldsymbol{A}^{\mathrm{T}}=-\boldsymbol{A}$,即 $a_{ij}=-a_{ji}(i,j=1,2,\cdots,n)$,则称 $\boldsymbol{A}$ 为**反对称矩阵**.

例如,$\boldsymbol{A}=\begin{pmatrix}3&-1&2&5\\-1&4&3&3\\2&3&5&1\\5&3&1&2\end{pmatrix}$为对称矩阵,$\boldsymbol{B}=\begin{pmatrix}0&1&2&3\\-1&0&4&5\\-2&-4&0&6\\-3&-5&-6&0\end{pmatrix}$为反对称矩阵.

易证,同阶(反)对称矩阵的和、差、数乘仍是(反)对称矩阵,而乘积未必是(反)对称矩阵.

例如,$\boldsymbol{A}=\begin{pmatrix}0&-1\\-1&3\end{pmatrix}$,$\boldsymbol{B}=\begin{pmatrix}0&2\\2&1\end{pmatrix}$均为对称矩阵,但其乘积 $\boldsymbol{AB}=\begin{pmatrix}-2&-1\\6&1\end{pmatrix}$不是对称矩阵.

例 13 设 $\boldsymbol{A}$ 与 $\boldsymbol{B}$ 是两个 n 阶对称矩阵. 证明当且仅当 $\boldsymbol{A}$ 与 $\boldsymbol{B}$ 可交换时,$\boldsymbol{AB}$ 是对称矩阵.

证明 如果 $\boldsymbol{AB}=\boldsymbol{BA}$,则$(\boldsymbol{AB})^{\mathrm{T}}=(\boldsymbol{BA})^{\mathrm{T}}=\boldsymbol{A}^{\mathrm{T}}\boldsymbol{B}^{\mathrm{T}}=\boldsymbol{AB}$,所以 $\boldsymbol{AB}$ 是对称的.

反之,如果 $\boldsymbol{AB}$ 是对称矩阵,则 $\boldsymbol{AB}=(\boldsymbol{AB})^{\mathrm{T}}=\boldsymbol{B}^{\mathrm{T}}\boldsymbol{A}^{\mathrm{T}}=\boldsymbol{BA}$,即 $\boldsymbol{A}$ 与 $\boldsymbol{B}$ 可交换.

2.2.4 方阵的行列式

定义 2.2.9 由 n 阶方阵 $\boldsymbol{A}$ 的元素按原来的顺序构成的行列式称为方阵 $\boldsymbol{A}$ 的行列式,记作 $|\boldsymbol{A}|$ 或 $\det(\boldsymbol{A})$.

如果 $\boldsymbol{A}=\begin{pmatrix}a_{11}&a_{12}&\cdots&a_{1n}\\a_{21}&a_{22}&\cdots&a_{2n}\\\vdots&\vdots&&\vdots\\a_{n1}&a_{n2}&\cdots&a_{nn}\end{pmatrix}$,则有

$$|\boldsymbol{A}|=\begin{vmatrix}a_{11}&a_{12}&\cdots&a_{1n}\\a_{21}&a_{22}&\cdots&a_{2n}\\\vdots&\vdots&&\vdots\\a_{n1}&a_{n2}&\cdots&a_{nn}\end{vmatrix}.$$

方阵的行列式有如下性质.

设 $\boldsymbol{A}$、$\boldsymbol{B}$ 为 n 阶方阵，k 为实数，则：

(1) $|\boldsymbol{A}^{\mathrm{T}}| = |\boldsymbol{A}|$；

(2) $|k\boldsymbol{A}| = k^n |\boldsymbol{A}|$（$n$ 为 $\boldsymbol{A}$ 的阶数）；

(3) $|\boldsymbol{AB}| = |\boldsymbol{A}| \cdot |\boldsymbol{B}|$；

(4) $|\boldsymbol{AB}| = |\boldsymbol{BA}|$.

例 15 设 $\boldsymbol{A}$ 为 3 阶矩阵，且 $|\boldsymbol{A}| = -2$，求 $|2\boldsymbol{A}^{\mathrm{T}}|$ 与 $||\boldsymbol{A}| \cdot \boldsymbol{A}^2|$.

解 $|2\boldsymbol{A}^{\mathrm{T}}| = 2^3 |\boldsymbol{A}^{\mathrm{T}}| = 8|\boldsymbol{A}| = 8 \times (-2) = -16$，

$||\boldsymbol{A}| \cdot \boldsymbol{A}^2| = |(-2)\boldsymbol{A}^2| = (-2)^3 \times |\boldsymbol{A}^2| = (-8) \times (|\boldsymbol{A}|)^2 = -32.$

习题 2.2

<A>

1. 计算：

(1) $\begin{pmatrix} 1 & 6 & 4 \\ -4 & 2 & 8 \end{pmatrix} + \begin{pmatrix} -2 & 0 & 1 \\ 2 & -3 & 4 \end{pmatrix}$； (2) $\begin{pmatrix} 1 & 2 \\ 0 & 1 \end{pmatrix} - \begin{pmatrix} 2 & -2 \\ 0 & 3 \end{pmatrix}$；

(3) $a\begin{pmatrix} 2 & 0 \\ 0 & 1 \\ 3 & -1 \end{pmatrix} - b\begin{pmatrix} 0 & 4 \\ 2 & -1 \\ 1 & 5 \end{pmatrix} + c\begin{pmatrix} 3 & 1 \\ -1 & 0 \\ 8 & 0 \end{pmatrix}$.

2. 设 $\boldsymbol{A} = \begin{pmatrix} 1 & 2 & 1 & 2 \\ 2 & 1 & 2 & 1 \\ 1 & 2 & 3 & 4 \end{pmatrix}$，$\boldsymbol{B} = \begin{pmatrix} 4 & 3 & 2 & 1 \\ -2 & 1 & -2 & 1 \\ 0 & -1 & 0 & -1 \end{pmatrix}$.

(1) 求 $2\boldsymbol{A} + 3\boldsymbol{B}$；

(2) 若矩阵 $\boldsymbol{X}$ 满足 $(2\boldsymbol{A} - \boldsymbol{X}) + 2(\boldsymbol{B} - \boldsymbol{X}) = \boldsymbol{O}$，求 $\boldsymbol{X}$.

3. 计算：

(1) $\begin{pmatrix} 3 & -2 \\ 1 & 0 \\ -1 & 3 \end{pmatrix}\begin{pmatrix} -1 \\ -2 \end{pmatrix}$； (2) $(1 \quad 2 \quad 3)\begin{pmatrix} -1 \\ 3 \\ 0 \end{pmatrix}$；

(3) $\begin{pmatrix} 2 \\ 1 \\ -3 \end{pmatrix}(-1 \quad 2 \quad 0 \quad 3)$； (4) $\begin{pmatrix} 2 & 1 & 4 & 0 \\ 1 & -1 & 3 & 4 \end{pmatrix}\begin{pmatrix} 1 & 3 & 1 \\ 0 & -1 & 2 \\ 1 & -3 & 1 \\ 4 & 0 & -2 \end{pmatrix}$；

(5) $\begin{pmatrix} 3 & 1 & 2 & -1 \\ 0 & 3 & 1 & 0 \end{pmatrix}\begin{pmatrix} 1 & 0 & 5 \\ 0 & 2 & 0 \\ 1 & 0 & 1 \\ 0 & 3 & 0 \end{pmatrix}\begin{pmatrix} -1 & 0 \\ 1 & 5 \\ 0 & 2 \end{pmatrix}$.

4. 解下列矩阵方程，求出未知矩阵 $\boldsymbol{X}$.

(1) $\begin{pmatrix}2&5\\1&3\end{pmatrix}\boldsymbol{X}=\begin{pmatrix}4&-6\\2&1\end{pmatrix}$； (2) $\begin{pmatrix}1&1&-1\\-2&1&1\\1&1&1\end{pmatrix}\boldsymbol{X}=\begin{pmatrix}2\\3\\6\end{pmatrix}$.

5. 设 $\boldsymbol{A}=\begin{pmatrix}a_{11}&a_{12}&a_{13}\\&a_{22}&a_{23}\\&&a_{33}\end{pmatrix}$，$\boldsymbol{B}=\begin{pmatrix}b_{11}&b_{12}&b_{13}\\&b_{22}&b_{23}\\&&b_{33}\end{pmatrix}$，验证 $a\boldsymbol{A}$（a 为常数），$\boldsymbol{A}+\boldsymbol{B}$，$\boldsymbol{AB}$ 仍为同阶上三角矩阵.

6. 设 $\boldsymbol{A}=\begin{pmatrix}1&1\\0&1\end{pmatrix}$，求所有与 $\boldsymbol{A}$ 可交换的矩阵.

7. 计算下列矩阵的幂：

(1) $\begin{pmatrix}1&1&1\\0&1&1\\0&0&1\end{pmatrix}^2$；(2) $\begin{pmatrix}1&1\\0&1\end{pmatrix}^n$；(3) $\begin{pmatrix}\lambda_1&0&0\\0&\lambda_2&0\\0&0&\lambda_3\end{pmatrix}^n$；(4) $\begin{pmatrix}0&0&0\\a&0&0\\b&c&0\end{pmatrix}^5$.

<B>

1. 已知 $\varphi(x)=2x^3-x^2-3x+1$，$\boldsymbol{A}=\begin{pmatrix}1&1&0\\0&1&1\\0&0&1\end{pmatrix}$，求 $\varphi(\boldsymbol{A})$.

2. 设矩阵 $\boldsymbol{A}=\begin{pmatrix}1&1\\-1&0\end{pmatrix}$，$\boldsymbol{B}=\begin{pmatrix}1&-1\\-1&1\end{pmatrix}$，求 $(\boldsymbol{AB})^2$ 与 $\boldsymbol{A}^2\boldsymbol{B}^2$.

3. 设有 n 阶方阵 $\boldsymbol{A}$ 与 $\boldsymbol{B}$，证明 $(\boldsymbol{A}+\boldsymbol{B})(\boldsymbol{A}-\boldsymbol{B})=\boldsymbol{A}^2-\boldsymbol{B}^2$ 的充分必要条件是 $\boldsymbol{AB}=\boldsymbol{BA}$.

4. 设 $\boldsymbol{A}$ 为 n 阶方阵，若已知 $|\boldsymbol{A}|=m$，求 $|2|\boldsymbol{A}|\cdot\boldsymbol{A}^{\mathrm{T}}|$.

5. 对任意 $m\times n$ 矩阵 $\boldsymbol{A}$，证明 $\boldsymbol{A}^{\mathrm{T}}\boldsymbol{A}$ 及 $\boldsymbol{AA}^{\mathrm{T}}$ 都是对称矩阵.

6. 证明任意 n 阶方阵均可表示成一个对称矩阵与一个反对称矩阵的和.

7. 设 $\boldsymbol{A}=\dfrac{1}{2}(\boldsymbol{B}+\boldsymbol{E})$，证明：$\boldsymbol{A}^2=\boldsymbol{A}$ 当且仅当 $\boldsymbol{B}^2=\boldsymbol{E}$.

2.3 矩阵的逆

与实数相仿，矩阵有加法、减法、乘法三种运算，那么矩阵的乘法是否也和实数的乘法一样有逆运算呢？本节将探讨这一问题.

2.3.1 矩阵的逆

定义 2.3.1 设 $\boldsymbol{A}$ 是一个 n 阶方阵，若存在 n 阶方阵 $\boldsymbol{B}$，使得 $\boldsymbol{AB}=\boldsymbol{BA}=\boldsymbol{E}_n$ 成立，则称方阵 $\boldsymbol{A}$ **是可逆矩阵**或方阵 $\boldsymbol{A}$ **是可逆的**，并称方阵 $\boldsymbol{B}$ 为方阵 $\boldsymbol{A}$ 的**逆矩阵**，简称 $\boldsymbol{A}$ 的**逆**，记作 $\boldsymbol{B}=\boldsymbol{A}^{-1}$.

由定义 2.3.1 知，$\boldsymbol{B}$ 也是可逆的，且 $\boldsymbol{B}^{-1}=\boldsymbol{A}$. 因此，$\boldsymbol{A}$ 与 $\boldsymbol{B}$ 互为逆矩阵.

显然，单位矩阵 $\boldsymbol{E}$ 是可逆矩阵且 $\boldsymbol{E}^{-1}=\boldsymbol{E}$. 但不是所有的方阵都有逆矩阵，如零矩阵 $\boldsymbol{O}$.

定理 2.3.1 若 $\boldsymbol{A}$ 可逆，则 $\boldsymbol{A}$ 的逆矩阵是唯一的.

证明 若 $\boldsymbol{B}$、$\boldsymbol{C}$ 均是 $\boldsymbol{A}$ 的逆矩阵，则 $\boldsymbol{B}=\boldsymbol{B}(\boldsymbol{AC})=(\boldsymbol{BA})\boldsymbol{C}=\boldsymbol{C}$，即 $\boldsymbol{A}$ 的逆矩阵是唯一的.

例 1 设矩阵 $\boldsymbol{A}=\begin{pmatrix}2&2&3\\1&-1&0\\-1&2&1\end{pmatrix}$，$\boldsymbol{B}=\begin{pmatrix}1&-4&-3\\1&-5&-3\\-1&6&4\end{pmatrix}$，则 $\boldsymbol{AB}=\boldsymbol{BA}=\begin{pmatrix}1&0&0\\0&1&0\\0&0&1\end{pmatrix}$. 所以 $\boldsymbol{A}$ 是可逆的，且 $\boldsymbol{A}^{-1}=\boldsymbol{B}=\begin{pmatrix}1&-4&-3\\1&-5&-3\\-1&6&4\end{pmatrix}$.

2.3.2 矩阵可逆的充分必要条件

如何判定一个方阵是否可逆？为了回答这个问题，先给出下面的概念.

定义 2.3.2 由行列式 $|\boldsymbol{A}|=|a_{ij}|$ 的元素 a_{ij} 的代数余子式 $A_{ij}(i,j=1,2,\cdots,n)$ 所构成的矩阵

$$\boldsymbol{A}^*=\begin{pmatrix}A_{11}&A_{21}&\cdots&A_{n1}\\A_{12}&A_{22}&\cdots&A_{n2}\\\vdots&\vdots&&\vdots\\A_{1n}&A_{2n}&\cdots&A_{nn}\end{pmatrix},$$

称为矩阵 $\boldsymbol{A}$ 的**伴随矩阵**.

例 2 设矩阵 $\boldsymbol{A}=\begin{pmatrix}1&2&3\\2&3&1\\3&1&2\end{pmatrix}$，求 $\boldsymbol{A}^*$.

解 因为

$$A_{11}=(-1)^{1+1}\begin{vmatrix}3&1\\1&2\end{vmatrix}=5,\quad A_{12}=(-1)^{1+2}\begin{vmatrix}2&1\\3&2\end{vmatrix}=-1,$$

$$A_{13}=(-1)^{1+3}\begin{vmatrix}2&3\\3&1\end{vmatrix}=-7,$$

$$A_{21}=(-1)^{2+1}\begin{vmatrix}2&3\\1&2\end{vmatrix}=-1,\quad A_{22}=(-1)^{2+2}\begin{vmatrix}1&3\\3&2\end{vmatrix}=-7,$$

$$A_{23}=(-1)^{2+3}\begin{vmatrix}1&2\\3&1\end{vmatrix}=5,$$

$$A_{31}=(-1)^{3+1}\begin{vmatrix}2&3\\3&1\end{vmatrix}=-7,\quad A_{32}=(-1)^{3+2}\begin{vmatrix}1&3\\2&1\end{vmatrix}=5,$$

$$A_{33}=(-1)^{3+3}\begin{vmatrix}1&2\\2&3\end{vmatrix}=-1,$$

所以
$$\boldsymbol{A}^*=\begin{pmatrix}A_{11}&A_{21}&A_{31}\\A_{12}&A_{22}&A_{32}\\A_{13}&A_{23}&A_{33}\end{pmatrix}=\begin{pmatrix}5&-1&-7\\-1&-7&5\\-7&5&-1\end{pmatrix}.$$

定理 2.3.2 n阶方阵$\boldsymbol{A}$可逆的充分必要条件是$|\boldsymbol{A}|\neq 0$,且当$\boldsymbol{A}$可逆时,有

$$\boldsymbol{A}^{-1}=\frac{1}{|\boldsymbol{A}|}\boldsymbol{A}^*.$$

证明 **必要性** 由$\boldsymbol{A}$可逆知,存在n阶方阵$\boldsymbol{B}$,满足$\boldsymbol{AB}=\boldsymbol{E}$,从而

$$|\boldsymbol{A}|\cdot|\boldsymbol{B}|=|\boldsymbol{AB}|=|\boldsymbol{E}|\neq 0,$$

因此$|\boldsymbol{A}|\neq 0$,同时$|\boldsymbol{B}|\neq 0$.

充分性 设$\boldsymbol{A}=(a_{ij})_{n\times n}$,且$|\boldsymbol{A}|\neq 0$,构造$n$阶方阵

$$\frac{1}{|\boldsymbol{A}|}\boldsymbol{A}^*=\frac{1}{|\boldsymbol{A}|}\begin{pmatrix}A_{11}&A_{21}&\cdots&A_{n1}\\A_{12}&A_{22}&\cdots&A_{n2}\\\vdots&\vdots&&\vdots\\A_{1n}&A_{2n}&\cdots&A_{nn}\end{pmatrix},$$

则

$$\boldsymbol{A}\left(\frac{1}{|\boldsymbol{A}|}\boldsymbol{A}^*\right)=\frac{1}{|\boldsymbol{A}|}\begin{pmatrix}a_{11}&a_{12}&\cdots&a_{1n}\\a_{21}&a_{22}&\cdots&a_{2n}\\\vdots&\vdots&&\vdots\\a_{n1}&a_{n2}&\cdots&a_{nn}\end{pmatrix}\begin{pmatrix}A_{11}&A_{21}&\cdots&A_{n1}\\A_{12}&A_{22}&\cdots&A_{n2}\\\vdots&\vdots&&\vdots\\A_{1n}&A_{2n}&\cdots&A_{nn}\end{pmatrix}$$

$$=\frac{1}{|\boldsymbol{A}|}\begin{pmatrix}\sum_{j=1}^{n}a_{1j}A_{1j} & \sum_{j=1}^{n}a_{1j}A_{2j} & \cdots & \sum_{j=1}^{n}a_{1j}A_{nj}\\ \sum_{j=1}^{n}a_{2j}A_{1j} & \sum_{j=1}^{n}a_{2j}A_{2j} & \cdots & \sum_{j=1}^{n}a_{2j}A_{nj}\\ \vdots & \vdots & & \vdots\\ \sum_{j=1}^{n}a_{nj}A_{1j} & \sum_{j=1}^{n}a_{nj}A_{2j} & \cdots & \sum_{j=1}^{n}a_{nj}A_{nj}\end{pmatrix}$$

$$=\frac{1}{|\boldsymbol{A}|}\begin{pmatrix}|\boldsymbol{A}| & 0 & \cdots & 0\\ 0 & |\boldsymbol{A}| & \cdots & 0\\ \vdots & \vdots & & \vdots\\ 0 & 0 & \cdots & |\boldsymbol{A}|\end{pmatrix}=\boldsymbol{E},$$

故 $\boldsymbol{A}$ 是可逆矩阵，且逆矩阵 $\boldsymbol{A}^{-1}=\frac{1}{|\boldsymbol{A}|}\boldsymbol{A}^{*}$.

对于方阵 $\boldsymbol{A}$，若 $|\boldsymbol{A}|\neq 0$，则称 $\boldsymbol{A}$ 为**非奇异矩阵**或**非退化矩阵**；否则称 $\boldsymbol{A}$ 为**奇异矩阵**或**退化矩阵**.

推论 设 $\boldsymbol{A}$、$\boldsymbol{B}$ 为 n 阶方阵且 $\boldsymbol{AB}=\boldsymbol{E}$ 或 $\boldsymbol{BA}=\boldsymbol{E}$，则 $\boldsymbol{A}$、$\boldsymbol{B}$ 都可逆，且 $\boldsymbol{A}^{-1}=\boldsymbol{B}$，$\boldsymbol{B}^{-1}=\boldsymbol{A}$.

例 3 判断矩阵 $\boldsymbol{A}=\begin{pmatrix}1 & 2 & 3\\ 2 & 3 & 1\\ 3 & 1 & 2\end{pmatrix}$ 是否可逆；若可逆，求其逆矩阵 $\boldsymbol{A}^{-1}$.

解 因 $|\boldsymbol{A}|=\begin{vmatrix}1 & 2 & 3\\ 2 & 3 & 1\\ 3 & 1 & 2\end{vmatrix}=-18\neq 0$，故 $\boldsymbol{A}$ 可逆. 由例 2 的结果知，

$\boldsymbol{A}^{*}=\begin{pmatrix}5 & -1 & -7\\ -1 & -7 & 5\\ -7 & 5 & -1\end{pmatrix}$，故

$$\boldsymbol{A}^{-1}=\frac{1}{|\boldsymbol{A}|}\boldsymbol{A}^{*}=\left(-\frac{1}{18}\right)\begin{pmatrix}5 & -1 & -7\\ -1 & -7 & 5\\ -7 & 5 & -1\end{pmatrix}=\begin{pmatrix}-\frac{5}{18} & \frac{1}{18} & \frac{7}{18}\\ \frac{1}{18} & \frac{7}{18} & -\frac{5}{18}\\ \frac{7}{18} & -\frac{5}{18} & \frac{1}{18}\end{pmatrix}.$$

例 4 证明 $\boldsymbol{A}=\begin{pmatrix} a_1 & 0 & \cdots & 0 \\ 0 & a_2 & \cdots & 0 \\ \vdots & \vdots & & \vdots \\ 0 & 0 & \cdots & a_n \end{pmatrix}$ 可逆,其中 $a_i \neq 0(i=1,2,\cdots,n)$,且

$$\boldsymbol{A}^{-1}=\begin{pmatrix} 1/a_1 & 0 & \cdots & 0 \\ 0 & 1/a_2 & \cdots & 0 \\ \vdots & \vdots & & \vdots \\ 0 & 0 & \cdots & 1/a_n \end{pmatrix}.$$

证明 因为

$$\begin{pmatrix} a_1 & 0 & \cdots & 0 \\ 0 & a_2 & \cdots & 0 \\ \vdots & \vdots & & \vdots \\ 0 & 0 & \cdots & a_n \end{pmatrix}\begin{pmatrix} 1/a_1 & 0 & \cdots & 0 \\ 0 & 1/a_2 & \cdots & 0 \\ \vdots & \vdots & & \vdots \\ 0 & 0 & \cdots & 1/a_n \end{pmatrix}=\begin{pmatrix} 1 & 0 & \cdots & 0 \\ 0 & 1 & \cdots & 0 \\ \vdots & \vdots & & \vdots \\ 0 & 0 & \cdots & 1 \end{pmatrix},$$

所以

$$\boldsymbol{A}^{-1}=\begin{pmatrix} 1/a_1 & 0 & \cdots & 0 \\ 0 & 1/a_2 & \cdots & 0 \\ \vdots & \vdots & & \vdots \\ 0 & 0 & \cdots & 1/a_n \end{pmatrix}.$$

2.3.3 可逆矩阵的性质

若方阵 $\boldsymbol{A}$ 可逆,则:

(1) $\boldsymbol{A}^{-1}$ 可逆,且 $(\boldsymbol{A}^{-1})^{-1}=\boldsymbol{A}$;

(2) 当 $k \neq 0$ 时,$k\boldsymbol{A}$ 可逆,且 $(k\boldsymbol{A})^{-1}=\dfrac{1}{k}\boldsymbol{A}^{-1}$;

(3) $\boldsymbol{A}^{\mathrm{T}}$ 可逆,且 $(\boldsymbol{A}^{\mathrm{T}})^{-1}=(\boldsymbol{A}^{-1})^{\mathrm{T}}$;

(4) $|\boldsymbol{A}^{-1}|=\dfrac{1}{|\boldsymbol{A}|}$;

(5) $\boldsymbol{A}^*$ 可逆,且 $(\boldsymbol{A}^*)^{-1}=\dfrac{1}{|\boldsymbol{A}|}\boldsymbol{A}$;

(6) 若 $\boldsymbol{A},\boldsymbol{B}$ 均为 n 阶可逆矩阵,则乘积 $\boldsymbol{AB}$ 也可逆,且 $(\boldsymbol{AB})^{-1}=\boldsymbol{B}^{-1}\boldsymbol{A}^{-1}$.

例 5 设 $\boldsymbol{A}$ 为 n 阶方阵,证明 $|\boldsymbol{A}^*|=|\boldsymbol{A}|^{n-1}$.

证明 由 $\boldsymbol{AA}^*=|\boldsymbol{A}|\boldsymbol{E}_n$ 可知 $|\boldsymbol{A}|\cdot|\boldsymbol{A}^*|=|\boldsymbol{A}|^n$;当 $|\boldsymbol{A}|\neq 0$ 时,显然有 $|\boldsymbol{A}^*|=|\boldsymbol{A}|^{n-1}$.

当 $|\boldsymbol{A}|=0$ 时,则要证明 $|\boldsymbol{A}^*|=0$.用反证法,如果 $|\boldsymbol{A}^*|\neq 0$,则 $\boldsymbol{A}^*$ 是可

逆矩阵，于是在等式 $\boldsymbol{AA}^* = |\boldsymbol{A}|\cdot\boldsymbol{E}_n = \boldsymbol{O}$ 的两边同时右乘 $\boldsymbol{A}^*$ 的逆矩阵，即得 $\boldsymbol{A}=\boldsymbol{O}$. 另一方面，由于零矩阵的伴随矩阵为零矩阵，即 $\boldsymbol{A}^*=\boldsymbol{O}$. 这与 $|\boldsymbol{A}^*|\neq 0$ 矛盾，所以必有 $|\boldsymbol{A}^*|=0$.

例 6 设矩阵 $\boldsymbol{A}=\begin{pmatrix}1&0&1\\0&2&0\\1&0&1\end{pmatrix}$，且 $\boldsymbol{AB}+\boldsymbol{E}=\boldsymbol{A}^2+\boldsymbol{B}$，求矩阵 $\boldsymbol{B}$.

解 由 $\boldsymbol{AB}+\boldsymbol{E}=\boldsymbol{A}^2+\boldsymbol{B}$ 得 $\boldsymbol{AB}-\boldsymbol{B}=\boldsymbol{A}^2-\boldsymbol{E}$，即

$$(\boldsymbol{A}-\boldsymbol{E})\boldsymbol{B}=(\boldsymbol{A}-\boldsymbol{E})(\boldsymbol{A}+\boldsymbol{E}).$$

而
$$\boldsymbol{A}-\boldsymbol{E}=\begin{pmatrix}1&0&1\\0&2&0\\1&0&1\end{pmatrix}-\begin{pmatrix}1&0&0\\0&1&0\\0&0&1\end{pmatrix}=\begin{pmatrix}0&0&1\\0&1&0\\1&0&0\end{pmatrix},$$

$$|\boldsymbol{A}-\boldsymbol{E}|=\begin{vmatrix}0&0&1\\0&1&0\\1&0&0\end{vmatrix}=-1\neq 0,$$

所以 $\boldsymbol{A}-\boldsymbol{E}$ 可逆.

由 $(\boldsymbol{A}-\boldsymbol{E})\boldsymbol{B}=(\boldsymbol{A}-\boldsymbol{E})(\boldsymbol{A}+\boldsymbol{E})$ 得

$$\boldsymbol{B}=(\boldsymbol{A}-\boldsymbol{E})^{-1}(\boldsymbol{A}-\boldsymbol{E})(\boldsymbol{A}+\boldsymbol{E})=\boldsymbol{A}+\boldsymbol{E},$$

故
$$\boldsymbol{B}=\boldsymbol{A}+\boldsymbol{E}=\begin{pmatrix}1&0&1\\0&2&0\\1&0&1\end{pmatrix}+\begin{pmatrix}1&0&0\\0&1&0\\0&0&1\end{pmatrix}=\begin{pmatrix}2&0&1\\0&3&0\\1&0&2\end{pmatrix}.$$

例 7 设 n 阶方阵 $\boldsymbol{A}$ 满足 $\boldsymbol{A}^2+\boldsymbol{A}-4\boldsymbol{E}=\boldsymbol{O}$，试证矩阵 $\boldsymbol{A}-\boldsymbol{E}$ 可逆，并求 $(\boldsymbol{A}-\boldsymbol{E})^{-1}$.

证明 因为 $\boldsymbol{A}^2+\boldsymbol{A}-2\boldsymbol{E}=2\boldsymbol{E}$，则

$$(\boldsymbol{A}+2\boldsymbol{E})(\boldsymbol{A}-\boldsymbol{E})=2\boldsymbol{E},\quad 即\quad \left(\frac{\boldsymbol{A}+2\boldsymbol{E}}{2}\right)(\boldsymbol{A}-\boldsymbol{E})=\boldsymbol{E},$$

所以 $\boldsymbol{A}-\boldsymbol{E}$ 可逆，且 $(\boldsymbol{A}-\boldsymbol{E})^{-1}=\dfrac{1}{2}(\boldsymbol{A}+2\boldsymbol{E})$.

习题 2.3

〈A〉

1. 判断下列矩阵是否可逆；若可逆，求出逆矩阵.

(1) $\begin{pmatrix}4&-2\\5&-3\end{pmatrix}$；(2) $\begin{pmatrix}\cos\theta&\sin\theta\\\sin\theta&-\cos\theta\end{pmatrix}$；(3) $\begin{pmatrix}1&2&-1\\3&-1&0\\2&-3&1\end{pmatrix}$；(4) $\begin{pmatrix}1&1&1&1\\0&1&1&1\\0&0&1&1\\0&0&0&1\end{pmatrix}$.

2. 设 n 阶方阵 $\boldsymbol{A}$ 满足 $\boldsymbol{A}^2=\boldsymbol{A}$，证明：$\boldsymbol{A}$ 或者是单位矩阵，或者是不可逆矩阵.
3. 用逆矩阵解下列矩阵方程：

(1) $\begin{pmatrix}2&4\\1&3\end{pmatrix}\boldsymbol{X}=\begin{pmatrix}4&0\\2&1\end{pmatrix}$； (2) $\boldsymbol{X}\begin{pmatrix}1&1&-1\\2&1&0\\1&-1&1\end{pmatrix}=\begin{pmatrix}1&1&3\\4&3&2\\1&2&5\end{pmatrix}$；

(3) $\begin{pmatrix}1&4\\-1&2\end{pmatrix}\boldsymbol{X}\begin{pmatrix}2&0\\-1&1\end{pmatrix}=\begin{pmatrix}3&1\\0&-1\end{pmatrix}$.

4. 设 $\boldsymbol{A}$ 为 5 阶方阵，且 $|\boldsymbol{A}|=3$，求：

(1) $|2\boldsymbol{A}^{-1}|$；

(2) $|\boldsymbol{A}^2|$；

(3) $|\boldsymbol{A}^*|$.

5. 设 $\boldsymbol{A}$ 是 n 阶方阵，其行列式 $|\boldsymbol{A}|=6$，求 $|(6\boldsymbol{A}^{\mathrm{T}})^{-1}|$ 的值.

<B>

1. 已知 3 阶方阵 $\boldsymbol{A}$ 的行列式为 $\frac{1}{2}$，求出行列式 $\left|(2\boldsymbol{A})^{-1}-\frac{1}{5}\boldsymbol{A}^*\right|$ 的值.
2. 设 n 阶方阵 $\boldsymbol{A}$、$\boldsymbol{B}$、$\boldsymbol{A}+\boldsymbol{B}$ 都可逆，证明：$\boldsymbol{A}^{-1}+\boldsymbol{B}^{-1}$ 可逆，且 $(\boldsymbol{A}^{-1}+\boldsymbol{B}^{-1})^{-1}=\boldsymbol{A}(\boldsymbol{A}+\boldsymbol{B})^{-1}\boldsymbol{B}$.
3. 设 $\boldsymbol{X}$ 为 3 阶矩阵且满足矩阵方程 $\boldsymbol{AX}+\boldsymbol{E}=\boldsymbol{A}^2+\boldsymbol{X}$，其中 $\boldsymbol{A}=\begin{pmatrix}1&0&-1\\1&3&0\\0&2&1\end{pmatrix}$，求 $\boldsymbol{X}$.
4. 若 n 阶方阵 $\boldsymbol{A}$ 满足 $\boldsymbol{A}^2-2\boldsymbol{A}-4\boldsymbol{E}=\boldsymbol{O}$，试证 $\boldsymbol{A}+\boldsymbol{E}$ 可逆，并求 $(\boldsymbol{A}+\boldsymbol{E})^{-1}$.
5. 若 n 阶方阵 $\boldsymbol{A}$ 满足 $\boldsymbol{A}^3=3\boldsymbol{A}(\boldsymbol{A}-\boldsymbol{E})$，试证 $\boldsymbol{E}-\boldsymbol{A}$ 可逆，并求 $(\boldsymbol{E}-\boldsymbol{A})^{-1}$.

2.4 矩阵的初等变换

利用伴随矩阵求矩阵的逆是非常困难的，例如求 5 阶方阵的逆，需要计算 25 个 4 阶行列式和 1 个 5 阶行列式，因而探索新的求解方法就十分必要. 实践证明，矩阵的初等变换是求逆矩阵的一种简便有效的方法. 本节将介绍矩阵的初等变换及其在求解矩阵方程与逆矩阵中的应用.

2.4.1 矩阵的初等变换与初等矩阵

定义 2.4.1 对矩阵实施以下 3 种行(列)变换，称为矩阵的**初等行(列)变换**.

(1) 将矩阵 **A** 的第 i 行(列) 和第 j 行(列) 元素互换,记作 $r_i \leftrightarrow r_j (c_i \leftrightarrow c_j)$;

(2) 用一个非零的数 k 乘以矩阵 **A** 的第 i 行(列) 元素,记作 $kr_i(kc_i)(k \neq 0)$;

(3) 将矩阵 **A** 的第 i 行(列) 元素乘以 k 加到矩阵 **A** 的第 j 行(列),记作 $r_j + kr_i\ (c_j + kc_i)$.

矩阵的初等行变换与初等列变换统称为矩阵的**初等变换**.

例 1 设矩阵 $\boldsymbol{A} = \begin{pmatrix} 2 & 1 & 2 & 3 \\ 4 & 1 & 3 & 5 \\ 2 & 0 & 1 & 2 \end{pmatrix}$,对其分别作如下初等行变换:

(1) 将矩阵 **A** 的第 1 行和第 3 行元素互换;

(2) 用 2 乘以矩阵 **A** 的第 3 列元素;

(3) 将矩阵 **A** 的第 1 行元素乘以 -2 加到第 2 行.

解 (1) $\boldsymbol{A} = \begin{pmatrix} 2 & 1 & 2 & 3 \\ 4 & 1 & 3 & 5 \\ 2 & 0 & 1 & 2 \end{pmatrix} \xrightarrow{r_1 \leftrightarrow r_3} \begin{pmatrix} 2 & 0 & 1 & 2 \\ 4 & 1 & 3 & 5 \\ 2 & 1 & 2 & 3 \end{pmatrix}$;

(2) $\boldsymbol{A} = \begin{pmatrix} 2 & 1 & 2 & 3 \\ 4 & 1 & 3 & 5 \\ 2 & 0 & 1 & 2 \end{pmatrix} \xrightarrow{2c_3} \begin{pmatrix} 2 & 1 & 4 & 3 \\ 4 & 1 & 6 & 5 \\ 2 & 0 & 2 & 2 \end{pmatrix}$;

(3) $\boldsymbol{A} = \begin{pmatrix} 2 & 1 & 2 & 3 \\ 4 & 1 & 3 & 5 \\ 2 & 0 & 1 & 2 \end{pmatrix} \xrightarrow{r_2 + (-2)r_1} \begin{pmatrix} 2 & 1 & 2 & 3 \\ 0 & -1 & -1 & -1 \\ 2 & 0 & 1 & 2 \end{pmatrix}$.

定义 2.4.2 由单位矩阵 **E** 经过一次初等变换得到的矩阵称为**初等矩阵**.

(1) 交换 **E** 的第 i,j 两行(列) 得到的初等矩阵记为 $\boldsymbol{E}(i,j)$,即

$$\boldsymbol{E} \xrightarrow{r_i \leftrightarrow r_j (c_i \leftrightarrow c_j)} \begin{pmatrix} 1 & & & & & & & & & \\ & \ddots & & & & & & & & \\ & & 1 & & & & & & & \\ & & & 0 & 0 & \cdots & 0 & 1 & & \\ & & & 0 & 1 & \cdots & 0 & 0 & & \\ & & & \vdots & \vdots & & \vdots & \vdots & & \\ & & & 0 & 0 & \cdots & 1 & 0 & & \\ & & & 1 & 0 & \cdots & 0 & 0 & & \\ & & & & & & & & 1 & \\ & & & & & & & & & \ddots \\ & & & & & & & & & & 1 \end{pmatrix} \begin{matrix} \\ \\ \\ 第\ i\ 行 \\ \\ \\ \\ 第\ j\ 行 \\ \\ \\ \\ \end{matrix} \triangleq \boldsymbol{E}(i,j).$$

第 i 列　　　　第 j 列

(2) 用一个非零数 k 乘以 $\boldsymbol{E}$ 的第 i 行(列) 得到的初等矩阵记为 $\boldsymbol{E}(i(k))$，即

$$\boldsymbol{E}\xrightarrow{kr_i(kc_i)(k\neq 0)}\begin{pmatrix}1&&&&&&\\&\ddots&&&&&\\&&1&&&&\\&&&k&&&\\&&&&1&&\\&&&&&\ddots&\\&&&&&&1\end{pmatrix}\text{第 } i \text{ 行} \triangleq \boldsymbol{E}(i(k)).$$

第 i 列

(3) 把矩阵 $\boldsymbol{E}$ 的第 i 行(第 j 列) 的 k 倍加到第 j 行(第 i 列) 得到的初等矩阵记为 $\boldsymbol{E}(i,j(k))$，即

$$\boldsymbol{E}\xrightarrow{r_j+kr_i(c_i+kc_j)}\begin{pmatrix}1&&&&&\\&\ddots&&&&\\&&1&&&\\&&\vdots&\ddots&&\\&&k&\cdots&1&\\&&&&&\ddots&\\&&&&&&1\end{pmatrix}\begin{matrix}\text{第 } i \text{ 行}\\ \\ \text{第 } j \text{ 行}\end{matrix} \triangleq \boldsymbol{E}(i,j(k)).$$

第 i 列 第 j 列

例 2 设矩阵 $\boldsymbol{A}=\begin{pmatrix}2&1&2&3\\4&1&3&5\\2&0&1&2\end{pmatrix}$，计算：

(1) $\boldsymbol{E}_3(1,3)\boldsymbol{A}$； (2) $\boldsymbol{A}\boldsymbol{E}_4(3(2))$； (3) $\boldsymbol{E}_3(1,2(-2))\boldsymbol{A}$.

解 (1) $\boldsymbol{E}_3(1,3)\boldsymbol{A}=\begin{pmatrix}0&0&1\\0&1&0\\1&0&0\end{pmatrix}\begin{pmatrix}2&1&2&3\\4&1&3&5\\2&0&1&2\end{pmatrix}=\begin{pmatrix}2&0&1&2\\4&1&3&5\\2&1&2&3\end{pmatrix}$；

(2) $\boldsymbol{A}\boldsymbol{E}_4(3(2))=\begin{pmatrix}2&1&2&3\\4&1&3&5\\2&0&1&2\end{pmatrix}\begin{pmatrix}1&0&0&0\\0&1&0&0\\0&0&2&0\\0&0&0&1\end{pmatrix}=\begin{pmatrix}2&1&4&3\\4&1&6&5\\2&0&2&2\end{pmatrix}$；

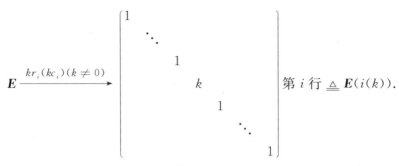

$$(3)\boldsymbol{E}_3(1,2(-2))\boldsymbol{A}=\begin{pmatrix}1&0&0\\-2&1&0\\0&0&1\end{pmatrix}\begin{pmatrix}2&1&2&3\\4&1&3&5\\2&0&1&2\end{pmatrix}=\begin{pmatrix}2&1&2&3\\0&-1&-1&-1\\2&0&1&2\end{pmatrix}.$$

由例 1 和例 2 得到如下定理.

定理 2.4.1 设 $\boldsymbol{A}$ 为 $m\times n$ 矩阵，则：

(1) 对 $\boldsymbol{A}$ 作一次初等行变换相当于在 $\boldsymbol{A}$ 的左边乘上相应的 m 阶初等矩阵；

(2) 对 $\boldsymbol{A}$ 作一次初等列变换相当于在 $\boldsymbol{A}$ 的右边乘上相应的 n 阶初等矩阵.

证明 将矩阵 $\boldsymbol{A}=\begin{pmatrix}a_{11}&a_{12}&\cdots&a_{1n}\\a_{21}&a_{22}&\cdots&a_{2n}\\\vdots&\vdots&&\vdots\\a_{m1}&a_{m2}&\cdots&a_{mn}\end{pmatrix}$ 的第 i 行和第 j 行元素互换，得到矩阵

$$\boldsymbol{B}=\begin{pmatrix}a_{11}&a_{12}&\cdots&a_{1n}\\\vdots&\vdots&&\vdots\\a_{j1}&a_{j2}&\cdots&a_{jn}\\\vdots&\vdots&&\vdots\\a_{i1}&a_{i2}&\cdots&a_{in}\\\vdots&\vdots&&\vdots\\a_{m1}&a_{m2}&\cdots&a_{mn}\end{pmatrix}\begin{matrix}\\\\\text{第 } i \text{ 行}\\\\\text{第 } j \text{ 行}\\\\\\\end{matrix}.$$

计算

$$\boldsymbol{E}_m(i,j)\boldsymbol{A}=\begin{pmatrix}1&&&&&&&&\\&\ddots&&&&&&&\\&&1&&&&&&\\&&&0&0&\cdots&0&1&&&\\&&&0&1&\cdots&0&0&&&\\&&&\vdots&\vdots&&\vdots&\vdots&&&\\&&&0&0&\cdots&1&0&&&\\&&&1&0&\cdots&0&0&&&\\&&&&&&&&1&&\\&&&&&&&&&\ddots&\\&&&&&&&&&&1\end{pmatrix}\begin{matrix}\\\\\\\text{第 } i \text{ 行}\\\\\\\\\text{第 } j \text{ 行}\\\\\\\\\end{matrix}$$

$$\cdot \begin{pmatrix} a_{11} & a_{12} & \cdots & a_{1n} \\ \vdots & \vdots & & \vdots \\ a_{i1} & a_{i2} & \cdots & a_{in} \\ \vdots & \vdots & & \vdots \\ a_{j1} & a_{j2} & \cdots & a_{jn} \\ \vdots & \vdots & & \vdots \\ a_{m1} & a_{m2} & \cdots & a_{mn} \end{pmatrix} \begin{matrix} \\ \\ \text{第 } i \text{ 行} \\ \\ \text{第 } j \text{ 行} \\ \\ \\ \end{matrix}$$

$$= \begin{pmatrix} a_{11} & a_{12} & \cdots & a_{1n} \\ \vdots & \vdots & & \vdots \\ a_{j1} & a_{j2} & \cdots & a_{jn} \\ \vdots & \vdots & & \vdots \\ a_{i1} & a_{i2} & \cdots & a_{in} \\ \vdots & \vdots & & \vdots \\ a_{m1} & a_{m2} & \cdots & a_{mn} \end{pmatrix} \begin{matrix} \\ \\ \text{第 } i \text{ 行} \\ \\ \text{第 } j \text{ 行} \\ \\ \\ \end{matrix} = \boldsymbol{B}.$$

用类似的方法可以证明其他变换的情况.

由初等矩阵的定义,通过计算可得

$$|\boldsymbol{E}(i,j)| = -1, \quad |\boldsymbol{E}(i(k))| = k(k \neq 0), \quad |\boldsymbol{E}(i,j(k))| = 1,$$

所以初等矩阵均可逆,且

$$\boldsymbol{E}(i,j)^{-1} = \boldsymbol{E}(i,j), \quad \boldsymbol{E}(i(k))^{-1} = \boldsymbol{E}\left(i\left(\frac{1}{k}\right)\right), \quad \boldsymbol{E}(i,j(k))^{-1} = \boldsymbol{E}(i,j(-k)),$$

即初等矩阵的逆矩阵仍是初等矩阵.

2.4.2 行阶梯形矩阵与行最简阶梯形矩阵

一个给定的矩阵经过初等变换后化为一个什么形式的矩阵呢?先看一个例子.

例 3 对矩阵 $\boldsymbol{A} = \begin{pmatrix} 1 & 1 & 2 & 2 \\ 1 & 1 & 3 & 4 \\ 2 & 2 & 3 & 2 \end{pmatrix}$ 实施初等行变换:

$$\boldsymbol{A} = \begin{pmatrix} 1 & 1 & 2 & 2 \\ 1 & 1 & 3 & 4 \\ 2 & 2 & 3 & 2 \end{pmatrix} \xrightarrow[r_3 - 2r_1]{r_2 - r_1} \begin{pmatrix} 1 & 1 & 2 & 2 \\ 0 & 0 & 1 & 2 \\ 0 & 0 & -1 & -2 \end{pmatrix}$$

$$\xrightarrow{r_3 + r_2} \begin{pmatrix} 1 & 1 & 2 & 2 \\ 0 & 0 & 1 & 2 \\ 0 & 0 & 0 & 0 \end{pmatrix} \triangleq \boldsymbol{B}.$$

定义 2.4.3 满足下列两个条件的矩阵称为**行阶梯形矩阵**：

(1) 矩阵自上而下的各行中，每一非零行的第一个非零元素的下方全是零；

(2) 元素全为零的行（如果有的话）都在非零行的下边.

例如，$\boldsymbol{A}=\begin{pmatrix}0&1&2&-1\\0&0&-1&0\\0&0&0&0\end{pmatrix}$和$\boldsymbol{B}=\begin{pmatrix}-3&4&5&0&7\\0&1&2&4&6\\0&0&3&8&3\\0&0&0&0&0\\0&0&0&0&0\end{pmatrix}$都是行阶梯形矩阵.

定理 2.4.2 矩阵 $\boldsymbol{A}$ 总可以经过一系列初等行变换化为行阶梯形矩阵.

证明 设 $\boldsymbol{A}=(a_{ij})_{m\times n}$，若 $\boldsymbol{A}$ 为零矩阵，则结论成立. 若 $\boldsymbol{A}$ 不是零矩阵，先看第一列元素，如果这一列元素全为零，则看第二列.

如果第一列元素不全为零，则通过初等行变换，使 a_{11} 位置上的元素不为零. 然后，依次用适当的数乘以第一行后加到其余各行，得

$$\boldsymbol{A}\rightarrow\boldsymbol{A}_1=\begin{pmatrix}a'_{11}&a'_{12}&\cdots&a'_{1n}\\0&a'_{22}&\cdots&a'_{2n}\\\vdots&\vdots&&\vdots\\0&a'_{m2}&\cdots&a'_{mn}\end{pmatrix},$$

再对 $\boldsymbol{A}_1$ 中除第一行、第一列以外的部分矩阵

$$\begin{pmatrix}a'_{22}&\cdots&a'_{2n}\\\vdots&&\vdots\\a'_{m2}&\cdots&a'_{mn}\end{pmatrix}$$

重复以上过程（在对这一块施以初等行变换时，$\boldsymbol{A}_1$ 的第一行和第一列不起变化），经过一系列的初等行变换就可把 $\boldsymbol{A}$ 化为阶梯形矩阵.

例 4 把 $\boldsymbol{A}=\begin{pmatrix}3&-1&-4&2&-2\\1&0&-1&1&0\\1&2&1&3&4\\-1&4&3&-3&0\end{pmatrix}$化成行阶梯形矩阵.

解 $\boldsymbol{A}=\begin{pmatrix}3&-1&-4&2&-2\\1&0&-1&1&0\\1&2&1&3&4\\-1&4&3&-3&0\end{pmatrix}\xrightarrow{r_1\leftrightarrow r_2}\begin{pmatrix}1&0&-1&1&0\\3&-1&-4&2&-2\\1&2&1&3&4\\-1&4&3&-3&0\end{pmatrix}$

$$
\xrightarrow[r_4+1\times r_1]{\substack{r_2+(-3)\times r_1\\ r_3+(-1)\times r_1}}
\begin{pmatrix}1&0&-1&1&0\\0&-1&-1&-1&-2\\0&2&2&2&4\\0&4&2&-2&0\end{pmatrix}
$$

$$
\xrightarrow{\substack{r_3+2\times r_2\\ r_4+4\times r_2}}
\begin{pmatrix}1&0&-1&1&0\\0&-1&-1&-1&-2\\0&0&0&0&0\\0&0&-2&-6&-8\end{pmatrix}
$$

$$
\xrightarrow{r_3\leftrightarrow r_4}
\begin{pmatrix}1&0&-1&1&0\\0&-1&-1&-1&-2\\0&0&-2&-6&-8\\0&0&0&0&0\end{pmatrix}
$$

$$
\triangleq \boldsymbol{B}\xrightarrow{\substack{-r_2\\ -\frac{1}{2}r_3}}
\begin{pmatrix}1&0&-1&1&0\\0&1&1&1&2\\0&0&1&3&4\\0&0&0&0&0\end{pmatrix}
\xrightarrow{\substack{r_1+r_3\\ r_2-r_3}}
\begin{pmatrix}1&0&0&4&4\\0&1&0&-2&-2\\0&0&1&3&4\\0&0&0&0&0\end{pmatrix}\triangleq \boldsymbol{C}.
$$

上述矩阵 $\boldsymbol{B}$ 就是 $\boldsymbol{A}$ 的行阶梯形矩阵. 而 $\boldsymbol{C}$ 称为 $\boldsymbol{A}$ 的**行最简(阶梯形)矩阵**.

定义 2.4.4 满足下列条件的行阶梯形矩阵称为**行最简(阶梯形)矩阵**:

(1) 各非零行的首非零元素都是 1;

(2) 每行首非零元素所在列的其余元素都是零.

例如,下列矩阵均为行最简阶梯形矩阵:

$$
\begin{pmatrix}1&0&0\\0&1&1\\0&0&0\end{pmatrix},\quad
\begin{pmatrix}1&0&0&1\\0&1&0&2\\0&0&1&2\end{pmatrix},\quad
\begin{pmatrix}1&0&0&0\\0&1&0&0\\0&0&1&0\\0&0&0&0\end{pmatrix}.
$$

2.4.3 矩阵的等价与等价标准形

定义 2.4.5 设矩阵 $\boldsymbol{A}=(a_{ij})_{m\times n}$, $\boldsymbol{B}=(b_{ij})_{m\times n}$. 若矩阵 $\boldsymbol{A}$ 经过有限次的初等变换化为矩阵 $\boldsymbol{B}$,则称矩阵 $\boldsymbol{A}$ 与矩阵 $\boldsymbol{B}$ 是等价的,记为 $\boldsymbol{A}\cong\boldsymbol{B}$.

例如,交换矩阵 $\boldsymbol{A}=\begin{pmatrix}1&1&2&-1\\2&4&-1&2\\3&5&6&0\end{pmatrix}$ 的第 1 行和第 3 行得到 $\boldsymbol{B}=$

$\begin{pmatrix} 3 & 5 & 6 & 0 \\ 2 & 4 & -1 & 2 \\ 1 & 1 & 2 & -1 \end{pmatrix}$，故 $\boldsymbol{A} \cong \boldsymbol{B}$.

由于初等变换可逆，可知等价关系具有以下三个性质：

(1) 自反性　$\boldsymbol{A} \cong \boldsymbol{A}$；

(2) 对称性　若 $\boldsymbol{A} \cong \boldsymbol{B}$，则 $\boldsymbol{B} \cong \boldsymbol{A}$；

(3) 传递性　若 $\boldsymbol{A} \cong \boldsymbol{B}$ 且 $\boldsymbol{B} \cong \boldsymbol{C}$，则 $\boldsymbol{A} \cong \boldsymbol{C}$.

定理 2.4.3　任何一个矩阵 $\boldsymbol{A} = (a_{ij})_{m\times n}$ 都可以经过有限次初等变换化成下面形式的矩阵 $\boldsymbol{D}_{m\times n}$，该矩阵称为矩阵 $\boldsymbol{A}$ 的等价标准形矩阵，简称等价标准形.

$$\boldsymbol{D}_{m\times n} = \begin{pmatrix} 1 & 0 & \cdots & 0 & \cdots & 0 \\ 0 & 1 & \cdots & 0 & \cdots & 0 \\ \vdots & \vdots & & \vdots & & \vdots \\ 0 & 0 & \cdots & 1 & \cdots & 0 \\ \vdots & \vdots & & \vdots & & \vdots \\ 0 & 0 & \cdots & 0 & \cdots & 0 \end{pmatrix} \text{第 } r \text{ 行}.$$

注：矩阵 $\boldsymbol{D}_{m\times n}$ 的左上角区域为 r 阶单位阵（$r \leqslant \min\{m,n\}$），其余元素全为 0.

证明　如果 $\boldsymbol{A}$ 中所有的 a_{ij} 都等于零，则 $\boldsymbol{A}$ 本身就是标准形 $\boldsymbol{D}_{m\times n}$；如果 $\boldsymbol{A}$ 中有非零元素，则经过若干次初等变换 $\boldsymbol{A}$ 一定可以变成一个左上角元素不为零的矩阵. 不妨设 $a_{11} \neq 0$，用 $-\dfrac{a_{i1}}{a_{11}}$ 乘以第 1 行加到第 i 行（$i = 2,3,\cdots,m$）上，用$-\dfrac{a_{1j}}{a_{11}}$ 乘所得矩阵的第 1 列加到第 j 列（$j = 2,3,\cdots,n$）上，然后以 $\dfrac{1}{a_{11}}$ 乘以第 1 行，于是矩阵 $\boldsymbol{A}$ 化为

$$\boldsymbol{A}_1 = \begin{pmatrix} 1 & 0 & \cdots & 0 \\ 0 & a'_{22} & \cdots & a'_{2n} \\ \vdots & \vdots & & \vdots \\ 0 & a'_{m2} & \cdots & a'_{mn} \end{pmatrix}.$$

如果 $a'_{ij} = 0$（$i = 2,\cdots,m; j = 2,\cdots,n$），则 $\boldsymbol{A}$ 已经化成 $\boldsymbol{D}_{m\times n}$ 的形式，否则按上面的方法继续下去，最后总可化成 $\boldsymbol{D}_{m\times n}$ 的形式.

推论 1　如果 $\boldsymbol{A}$ 为 n 阶可逆方阵，则 $\boldsymbol{A}$ 的等价标准形是 n 阶单位矩阵.

推论 2　方阵 $\boldsymbol{A}$ 可逆的充分必要条件是它可以表示为一些初等矩阵的乘积.

例 5 求矩阵 $\boldsymbol{A}=\begin{pmatrix}2&1&2&3\\4&1&3&5\\2&0&1&2\end{pmatrix}$ 的等价标准形.

解

$$\boldsymbol{A}=\begin{pmatrix}2&1&2&3\\4&1&3&5\\2&0&1&2\end{pmatrix}\xrightarrow[r_3-r_1]{r_2-2r_1}\begin{pmatrix}2&1&2&3\\0&-1&-1&-1\\0&-1&-1&-1\end{pmatrix}$$

$$\xrightarrow[c_4-\frac{3}{2}c_1]{c_2-\frac{1}{2}c_1,\ c_3-c_1}\begin{pmatrix}2&0&0&0\\0&-1&-1&-1\\0&-1&-1&-1\end{pmatrix}\xrightarrow{r_3-r_2}\begin{pmatrix}2&0&0&0\\0&-1&-1&-1\\0&0&0&0\end{pmatrix}$$

$$\xrightarrow[c_4-c_2]{c_3-c_2}\begin{pmatrix}2&0&0&0\\0&-1&0&0\\0&0&0&0\end{pmatrix}\xrightarrow[-1\times r_2]{\frac{1}{2}\times r_1}\begin{pmatrix}1&0&0&0\\0&1&0&0\\0&0&0&0\end{pmatrix}.$$

例 6 将矩阵 $\boldsymbol{A}=\begin{pmatrix}3&-2&0&-1\\0&2&2&0\\1&-2&-3&-2\\0&1&2&1\end{pmatrix}$ 化为标准形.

解

$$\boldsymbol{A}=\begin{pmatrix}3&-2&0&-1\\0&2&2&0\\1&-2&-3&-2\\0&1&2&1\end{pmatrix}\xrightarrow{r_1\leftrightarrow r_3}\begin{pmatrix}1&-2&-3&-2\\0&2&2&0\\3&-2&0&-1\\0&1&2&1\end{pmatrix}$$

$$\xrightarrow{r_3-3r_1}\begin{pmatrix}1&-2&-3&-2\\0&2&2&0\\0&4&9&5\\0&1&2&1\end{pmatrix}\xrightarrow{r_2\leftrightarrow r_4}\begin{pmatrix}1&-2&-3&-2\\0&1&2&1\\0&4&9&5\\0&2&2&0\end{pmatrix}$$

$$\xrightarrow[r_4-2r_2]{r_3-4r_2}\begin{pmatrix}1&-2&-3&-2\\0&1&2&1\\0&0&1&1\\0&0&-2&-2\end{pmatrix}\xrightarrow{r_4+2r_3}\begin{pmatrix}1&-2&-3&-2\\0&1&2&1\\0&0&1&1\\0&0&0&0\end{pmatrix}$$

$$\xrightarrow{\text{依次作初等列变换}}\begin{pmatrix}1&0&0&0\\0&1&0&0\\0&0&1&0\\0&0&0&0\end{pmatrix}.$$

2.4.4 求解矩阵方程及逆矩阵的初等变换法

若 $\boldsymbol{A}$ 是可逆矩阵，则 $\boldsymbol{X}=\boldsymbol{A}^{-1}\boldsymbol{B}$ 是矩阵方程 $\boldsymbol{AX}=\boldsymbol{B}$ 的解. 事实上，由于 $\boldsymbol{A}$ 可逆，则存在初等矩阵 $\boldsymbol{G}_1,\boldsymbol{G}_2,\cdots,\boldsymbol{G}_k$，使得 $\boldsymbol{A}^{-1}=\boldsymbol{G}_1\boldsymbol{G}_2\cdots\boldsymbol{G}_k$，从而 $\boldsymbol{E}=\boldsymbol{A}^{-1}\boldsymbol{A}=\boldsymbol{G}_1\boldsymbol{G}_2\cdots\boldsymbol{G}_k\boldsymbol{A}$，即 $\boldsymbol{A}$ 经过一系列初等变换化为单位矩阵，$\boldsymbol{B}$ 经过相同的初等变换后化成 $\boldsymbol{A}^{-1}\boldsymbol{B}$. 因此，可以利用初等行变换求解矩阵方程. 其具体做法是作一个矩阵 $(\boldsymbol{A}\mid\boldsymbol{B})$（$\boldsymbol{B}$ 的行数必须和 $\boldsymbol{A}$ 的列数相同，但 $\boldsymbol{B}$ 不一定是方阵），对此矩阵仅作初等行变换，把 $\boldsymbol{A}$ 化成单位矩阵 $\boldsymbol{E}$ 的同时，$\boldsymbol{B}$ 就化成了 $\boldsymbol{A}^{-1}\boldsymbol{B}$.

例 7 已知 $\boldsymbol{A}=\begin{pmatrix}0&2&1\\-1&1&4\\2&-1&-3\end{pmatrix}$，$\boldsymbol{B}=\begin{pmatrix}9&18\\18&36\\27&27\end{pmatrix}$，求矩阵 $\boldsymbol{X}$，使得 $\boldsymbol{AX}=\boldsymbol{B}$.

解
$$(\boldsymbol{A}\mid\boldsymbol{B})=\left(\begin{array}{ccc|cc}0&2&1&9&18\\-1&1&4&18&36\\2&-1&-3&27&27\end{array}\right)\xrightarrow{r_1\leftrightarrow r_2}\left(\begin{array}{ccc|cc}-1&1&4&18&36\\0&2&1&9&18\\2&-1&-3&27&27\end{array}\right)$$

$$\xrightarrow{r_3+2r_1}\left(\begin{array}{ccc|cc}-1&1&4&18&36\\0&2&1&9&18\\0&1&5&63&99\end{array}\right)\xrightarrow{r_2\leftrightarrow r_3}\left(\begin{array}{ccc|cc}-1&1&4&18&36\\0&1&5&63&99\\0&2&1&9&18\end{array}\right)$$

$$\xrightarrow{r_3-2r_2}\left(\begin{array}{ccc|cc}-1&1&4&18&36\\0&1&5&63&99\\0&0&-9&-117&-180\end{array}\right)$$

$$\xrightarrow[-\frac{1}{9}r_3]{-r_1}\left(\begin{array}{ccc|cc}1&-1&-4&-18&-36\\0&1&5&63&99\\0&0&1&13&20\end{array}\right)$$

$$\xrightarrow[r_1+4r_3]{r_2-5r_3}\left(\begin{array}{ccc|cc}1&-1&0&34&44\\0&1&0&-2&-1\\0&0&1&13&20\end{array}\right)$$

$$\xrightarrow{r_1+r_2}\left(\begin{array}{ccc|cc}1&0&0&32&43\\0&1&0&-2&-1\\0&0&1&13&20\end{array}\right),$$

所以
$$\boldsymbol{X}=\boldsymbol{A}^{-1}\boldsymbol{B}=\begin{pmatrix}32 & 43\\ -2 & -1\\ 13 & 20\end{pmatrix}.$$

若 $\boldsymbol{B}=\boldsymbol{E}$,则 $\boldsymbol{X}=\boldsymbol{A}^{-1}\boldsymbol{E}=\boldsymbol{A}^{-1}$. 因此,可以利用初等行变换求矩阵 $\boldsymbol{A}$ 的逆,即

$$(\boldsymbol{A}\mid\boldsymbol{E})\xrightarrow{\text{仅作初等行变换}}(\boldsymbol{E}\mid\boldsymbol{A}^{-1}).$$

例 8 求 $\boldsymbol{A}=\begin{pmatrix}1 & -1 & 3\\ 2 & -1 & 4\\ -1 & 2 & -4\end{pmatrix}$的逆矩阵.

解
$$(\boldsymbol{A}\mid\boldsymbol{E})=\left(\begin{array}{ccc|ccc}1 & -1 & 3 & 1 & 0 & 0\\ 2 & -1 & 4 & 0 & 1 & 0\\ -1 & 2 & -4 & 0 & 0 & 1\end{array}\right)\xrightarrow[r_3+r_1]{r_2-2r_1}\left(\begin{array}{ccc|ccc}1 & -1 & 3 & 1 & 0 & 0\\ 0 & 1 & -2 & -2 & 1 & 0\\ 0 & 1 & -1 & 1 & 0 & 1\end{array}\right)$$

$$\xrightarrow{r_3-r_2}\left(\begin{array}{ccc|ccc}1 & -1 & 3 & 1 & 0 & 0\\ 0 & 1 & -2 & -2 & 1 & 0\\ 0 & 0 & 1 & 3 & -1 & 1\end{array}\right)$$

$$\xrightarrow[r_1-3r_3]{r_2+2r_3}\left(\begin{array}{ccc|ccc}1 & -1 & 0 & -8 & 3 & -3\\ 0 & 1 & 0 & 4 & -1 & 2\\ 0 & 0 & 1 & 3 & -1 & 1\end{array}\right)$$

$$\xrightarrow{r_1+r_2}\left(\begin{array}{ccc|ccc}1 & 0 & 0 & -4 & 2 & -1\\ 0 & 1 & 0 & 4 & -1 & 2\\ 0 & 0 & 1 & 3 & -1 & 1\end{array}\right),$$

所以 $\boldsymbol{A}^{-1}=\begin{pmatrix}-4 & 2 & -1\\ 4 & -1 & 2\\ 3 & -1 & 1\end{pmatrix}$.

习题 2.4

<A>

1. 下列哪些矩阵是初等矩阵?

(1) $\begin{pmatrix}1 & 0 & 0\\ 0 & 0 & 1\\ 0 & 1 & 0\end{pmatrix}$;　　(2) $\begin{pmatrix}0 & 0 & 1\\ 0 & -1 & 0\\ 1 & 0 & 0\end{pmatrix}$;

(3) $\begin{pmatrix} 1 & 0 & 0 \\ 0 & -\frac{1}{2} & 0 \\ 0 & 0 & 1 \end{pmatrix}$；　　(4) $\begin{pmatrix} 1 & 0 & 0 \\ 0 & 1 & -4 \\ 0 & 0 & 1 \end{pmatrix}$.

2. 选择题.

(1) 设矩阵

$$\boldsymbol{A}=\begin{pmatrix} a_{11} & a_{12} & a_{13} \\ a_{21} & a_{22} & a_{23} \\ a_{31} & a_{32} & a_{33} \end{pmatrix},\quad \boldsymbol{B}=\begin{pmatrix} a_{21} & a_{22} & a_{23} \\ a_{11} & a_{12} & a_{13} \\ a_{31}+a_{11} & a_{32}+a_{12} & a_{33}+a_{13} \end{pmatrix},$$

$$\boldsymbol{P}_1=\begin{pmatrix} 0 & 1 & 0 \\ 1 & 0 & 0 \\ 0 & 0 & 1 \end{pmatrix},\quad \boldsymbol{P}_2=\begin{pmatrix} 1 & 0 & 0 \\ 0 & 1 & 0 \\ 1 & 0 & 1 \end{pmatrix},$$

则 $\boldsymbol{B}=$（　　）.

A. $\boldsymbol{AP}_1\boldsymbol{P}_2$　　B. $\boldsymbol{AP}_2\boldsymbol{P}_1$　　C. $\boldsymbol{P}_1\boldsymbol{P}_2\boldsymbol{A}$　　D. $\boldsymbol{P}_2\boldsymbol{P}_1\boldsymbol{A}$

(2) 设矩阵

$$\boldsymbol{A}=\begin{pmatrix} a_{11} & a_{12} & a_{13} & a_{14} \\ a_{21} & a_{22} & a_{23} & a_{24} \\ a_{31} & a_{32} & a_{33} & a_{34} \\ a_{41} & a_{42} & a_{43} & a_{44} \end{pmatrix},\quad \boldsymbol{B}=\begin{pmatrix} a_{14} & a_{13} & a_{12} & a_{11} \\ a_{24} & a_{23} & a_{22} & a_{21} \\ a_{34} & a_{33} & a_{32} & a_{31} \\ a_{44} & a_{43} & a_{42} & a_{41} \end{pmatrix},$$

$$\boldsymbol{P}_1=\begin{pmatrix} 0 & 0 & 0 & 1 \\ 0 & 1 & 0 & 0 \\ 0 & 0 & 1 & 0 \\ 1 & 0 & 0 & 0 \end{pmatrix},\quad \boldsymbol{P}_2=\begin{pmatrix} 1 & 0 & 0 & 0 \\ 0 & 0 & 1 & 0 \\ 0 & 1 & 0 & 0 \\ 0 & 0 & 0 & 1 \end{pmatrix},$$

其中 $\boldsymbol{A}$ 可逆，则 $\boldsymbol{B}^{-1}$ 等于（　　）.

A. $\boldsymbol{A}^{-1}\boldsymbol{P}_1\boldsymbol{P}_2$　　B. $\boldsymbol{P}_2\boldsymbol{A}^{-1}\boldsymbol{P}_1$　　C. $\boldsymbol{P}_2\boldsymbol{P}_1\boldsymbol{A}^{-1}$　　D. $\boldsymbol{P}_1\boldsymbol{A}^{-1}\boldsymbol{P}_2$

(3) 设矩阵

$$\boldsymbol{A}=\begin{pmatrix} a_{11} & a_{12} & a_{13} \\ a_{21} & a_{22} & a_{23} \\ a_{31} & a_{32} & a_{33} \end{pmatrix},\quad \boldsymbol{B}=\begin{pmatrix} a_{21} & a_{22}+ka_{23} & a_{23} \\ a_{31} & a_{32}+ka_{33} & a_{33} \\ a_{11} & a_{12}+ka_{13} & a_{13} \end{pmatrix},$$

$$\boldsymbol{P}_1=\begin{pmatrix} 0 & 1 & 0 \\ 0 & 0 & 1 \\ 1 & 0 & 0 \end{pmatrix},\quad \boldsymbol{P}_2=\begin{pmatrix} 1 & 0 & 0 \\ 0 & 1 & 0 \\ 0 & k & 1 \end{pmatrix},$$

则 $\boldsymbol{B}$ 等于(　　).

A. $\boldsymbol{P}_1\boldsymbol{A}\boldsymbol{P}_2$　　B. $\boldsymbol{P}_2\boldsymbol{A}\boldsymbol{P}_1$　　C. $\boldsymbol{P}_1\boldsymbol{P}_2\boldsymbol{A}$　　D. $\boldsymbol{A}\boldsymbol{P}_1\boldsymbol{P}_2$

3. 将下列矩阵化成行最简(阶梯形)矩阵:

(1) $\boldsymbol{A}=\begin{pmatrix}3&1&0&2\\1&-1&2&-1\\1&3&-4&4\end{pmatrix}$;　(2) $\boldsymbol{A}=\begin{pmatrix}0&1&1&-1&2\\0&2&2&2&0\\0&-1&-1&1&1\\1&1&0&0&-1\end{pmatrix}$.

4. 将下列矩阵化为标准形:

(1) $\begin{pmatrix}1&-1\\3&2\end{pmatrix}$;　(2) $\begin{pmatrix}1&3\\-1&-3\\2&1\end{pmatrix}$;

(3) $\begin{pmatrix}1&-1&2\\3&-3&1\\-2&2&-4\end{pmatrix}$;　(4) $\begin{pmatrix}0&0&3&1\\2&1&-1&2\\4&2&3&1\\-2&-1&4&3\end{pmatrix}$.

<B>

1. 用初等变换判定下列矩阵是否可逆,若可逆,求其逆矩阵:

(1) $\begin{pmatrix}a&b\\c&d\end{pmatrix}(ad-bc\neq 0)$;　(2) $\begin{pmatrix}1&2&3&4\\0&1&2&3\\0&0&1&2\\0&0&0&1\end{pmatrix}$;

(3) $\begin{pmatrix}2&1&-2\\-7&-3&8\\3&1&-3\end{pmatrix}$;　(4) $\begin{pmatrix}1&0&3&1\\0&1&6&2\\0&0&3&1\\1&-1&0&0\end{pmatrix}$.

2. 用矩阵初等变换解矩阵方程 $\boldsymbol{AX}=\boldsymbol{B}$:

(1) $\boldsymbol{A}=\begin{pmatrix}1&1&-1\\0&2&2\\1&-1&0\end{pmatrix}$, $\boldsymbol{B}=\begin{pmatrix}1&-1&1\\1&1&0\\2&1&1\end{pmatrix}$;

(2) $\boldsymbol{A}=\begin{pmatrix}0&1&2\\1&1&4\\2&-1&0\end{pmatrix}$, $\boldsymbol{B}=\begin{pmatrix}2&-3\\1&5\\3&6\end{pmatrix}$;

(3) $A=\begin{pmatrix}1&1&-1\\0&2&-5\\1&0&1\end{pmatrix}$，$B=\begin{pmatrix}1\\2\\3\end{pmatrix}$.

3. 求满足矩阵方程 $AB=A+2B$ 的矩阵 B，其中 $A=\begin{pmatrix}3&0&1\\1&1&0\\0&1&4\end{pmatrix}$.

4. 已知 A，B 均为 3 阶矩阵，将 A 中第 3 行的 -2 倍加到第 2 行得到矩阵 A_1，将 B 中第 1 列和第 2 列对换得到矩阵 B_1，又 $A_1B_1=\begin{pmatrix}1&1&1\\1&0&2\\2&1&3\end{pmatrix}$，求 AB.

2.5 矩阵的秩

许多同型但不相等的矩阵具有相同的标准形，这是由矩阵的一种特征量——秩决定的．矩阵的秩是矩阵的一个重要属性，在线性方程组、二次型等理论的研究中起着很重要的作用．

2.5.1 矩阵秩的概念

下面利用矩阵的子式来定义矩阵的秩．

定义 2.5.1 设 $A=(a_{ij})$ 是 $m\times n$ 矩阵，从 A 中任取 k 行 k 列（$k\leqslant\min\{m,n\}$），位于这些行和列的相交处的元素，保持它们原来的相对位置不变所构成的 k 阶行列式，称为矩阵 A 的一个 k **阶子式**.

例如：

在矩阵 $A=\begin{pmatrix}1&3&0&2\\4&1&-1&-2\\3&2&1&5\end{pmatrix}$ 中，取第 1 行、第 2 行和第 2 列、第 3 列，它们交叉点上的元素构成 A 的一个 2 阶子式 $\begin{vmatrix}3&0\\1&-1\end{vmatrix}$；

取第 1，2，3 行和第 2，3，4 列，它们交叉处的元素构成 A 的一个 3 阶子式 $\begin{vmatrix}3&0&2\\1&-1&-2\\2&1&5\end{vmatrix}$.

易知，$m\times n$ 矩阵 A 中子式的最高阶数等于 $\min\{m,n\}$，且 k 阶子式的个数为

$C_m^k \times C_n^k$. 特别地，n 阶方阵 $\boldsymbol{A}$ 只有一个 n 阶子式，即 $|\boldsymbol{A}|$.

定义 2.5.2 矩阵 $\boldsymbol{A}$ 中非零子式的最高阶数 r 称为矩阵 $\boldsymbol{A}$ 的**秩**，记作 $r(\boldsymbol{A}) = r$.

当 $\boldsymbol{A}=\boldsymbol{O}$ 时，规定 $r(\boldsymbol{A})=0$. 对任意一个非零矩阵 $\boldsymbol{A}$，由于它至少有一个非零元素，故 $0 < r(\boldsymbol{A}) \leqslant \min\{m,n\}$.

一般地，若 $r(\boldsymbol{A}) = m$（或 n），则称 $\boldsymbol{A}$ 为**行（或列）满秩矩阵**；行满秩矩阵与列满秩矩阵均称为**满秩矩阵**，否则称为**降秩矩阵**.

由定义 2.5.2 可知，矩阵 $\boldsymbol{A}$ 中非零子式的最高阶数为 r，是指 $\boldsymbol{A}$ 中至少有一个 r 阶子式不为零，而所有的 $r+1$ 阶子式全为零.

例如，矩阵 $\boldsymbol{A}=\begin{pmatrix}1&2&3&4&1\\0&0&2&3&1\\0&0&0&1&0\\0&0&0&0&0\end{pmatrix}$ 的 3 阶子式 $\begin{vmatrix}2&3&4\\0&2&3\\0&0&1\end{vmatrix}=4\neq 0$，而任何 4 阶子式均为零，故 $r(\boldsymbol{A})=3$. 由此得**行阶梯形矩阵的秩等于它非零行的个数**.

例 1 求矩阵 $\boldsymbol{A}=\begin{pmatrix}2&-3&8&2\\2&12&-2&12\\1&3&1&4\end{pmatrix}$ 的秩.

解 在矩阵 $\boldsymbol{A}$ 中，显然有一个 2 阶子式 $\begin{vmatrix}2&-3\\2&12\end{vmatrix}=30\neq 0$，$\boldsymbol{A}$ 为 3×4 矩阵，共有 4 个 3 阶子式，分别算出它们的值，即

$$\begin{vmatrix}2&-3&8\\2&12&-2\\1&3&1\end{vmatrix}=0,\quad \begin{vmatrix}2&-3&2\\2&12&12\\1&3&4\end{vmatrix}=0,$$

$$\begin{vmatrix}-3&8&2\\12&-2&12\\3&1&4\end{vmatrix}=0,\quad \begin{vmatrix}2&8&2\\2&-2&12\\1&1&4\end{vmatrix}=0.$$

而矩阵 $\boldsymbol{A}$ 不存在 4 阶子式，即矩阵 $\boldsymbol{A}$ 的不等于零的最高阶子式的阶数为 2，因此 $r(\boldsymbol{A})=2$.

由以上例子可知，当矩阵的行数和列数较高时，用定义来求矩阵的秩是很烦琐的. 而行阶梯形矩阵的秩很容易判断。为此，我们引入初等变换法来求矩阵的秩.

定理 2.5.1 初等变换不改变矩阵的秩.

证明 只需证明经过一次初等行（列）变换矩阵的秩不变，有以下三种

情形.

(1)$\boldsymbol{A}\xrightarrow{r_i\leftrightarrow r_j}\boldsymbol{B}$. 两行(列)互换,行列式仅改变符号,因而矩阵$\boldsymbol{B}$与矩阵$\boldsymbol{A}$的子式或者相等或者相差一个负号,所以秩相等.

(2)$\boldsymbol{A}\xrightarrow{kr_i(k\neq 0)}\boldsymbol{B}$. 用非零常数乘以矩阵的某一行(列),矩阵$\boldsymbol{B}$与矩阵$\boldsymbol{A}$的子式或者相等或者相差一个非零的倍数,所以秩相等.

(3)$\boldsymbol{A}\xrightarrow{r_i+kr_j}\boldsymbol{B}$. 设$r(\boldsymbol{A})=r$,则$\boldsymbol{A}$的所有$r+1$阶子式全为零,在$\boldsymbol{B}$中任取一个$r+1$阶子式$D$,若:

①D中不含$\boldsymbol{B}$的第i行(列),则D与$\boldsymbol{A}$中相应的$r+1$阶子式相同,因此$D=0$;

②D中含有$\boldsymbol{B}$的第i行(列),同时含有$\boldsymbol{B}$的第j行(列),由行列式的性质5知,D与$\boldsymbol{A}$中相应的$r+1$阶子式的值相等,因此$D=0$;

③D中含有$\boldsymbol{B}$的第i行(列),但不含有$\boldsymbol{B}$的第j行(列),由行列式的性质3和性质4知,D可化为两个行列式之和,每一个行列式都是$\boldsymbol{A}$中的$r+1$阶子式,均为零,因此$D=0$.

综合①、②、③,有$r(\boldsymbol{B})\leqslant r=r(\boldsymbol{A})$;另一方面,$\boldsymbol{A}$可以由$\boldsymbol{B}$经过相应的初等逆变换得到,因此$r(\boldsymbol{A})\leqslant r(\boldsymbol{B})$,即$r(\boldsymbol{A})=r(\boldsymbol{B})$.

由经过一次初等变换后矩阵的秩不变,即可知经过有限次初等变换后矩阵的秩也不变.

推论 1　设$\boldsymbol{A}$为$m\times n$矩阵,$\boldsymbol{P}$和$\boldsymbol{Q}$分别为m阶和n阶可逆矩阵,则

$$r(\boldsymbol{PA})=r(\boldsymbol{AQ})=r(\boldsymbol{A}).$$

推论 2　方阵$\boldsymbol{A}$可逆的充分必要条件是$\boldsymbol{A}$为满秩矩阵.

2.5.2　初等行变换求矩阵的秩

每一个矩阵都可以通过初等行变换化为一个行阶梯形矩阵,而初等变换不改变矩阵的秩. 故可通过初等行变换将矩阵化为行阶梯形矩阵后,再求其秩.

例 2　求矩阵$\boldsymbol{A}=\begin{pmatrix}1&2&3&4\\-1&-1&-4&-2\\3&4&11&8\end{pmatrix}$的秩.

解　用矩阵的初等行变换将矩阵化成行阶梯形矩阵,即

$$A\xrightarrow[r_3-3r_1]{r_2+r_1}\begin{pmatrix}1&2&3&4\\0&1&-1&2\\0&-2&2&-4\end{pmatrix}\xrightarrow{r_3+2r_2}\begin{pmatrix}1&2&3&4\\0&1&-1&2\\0&0&0&0\end{pmatrix},$$

行阶梯形矩阵中非零行数为 2,故 $r(A)=2$.

例 3 求矩阵 $A=\begin{pmatrix}1&0&1&-1&2\\2&1&3&-1&6\\1&1&2&-2&5\\-1&-1&1&0&-1\end{pmatrix}$的秩.

解 $$A=\begin{pmatrix}1&0&1&-1&2\\2&1&3&-1&6\\1&1&2&-2&5\\-1&-1&1&0&-1\end{pmatrix}\xrightarrow[\substack{r_3-r_1\\r_4+r_1}]{r_2-2r_1}\begin{pmatrix}1&0&1&-1&2\\0&1&1&1&2\\0&1&1&-1&3\\0&-1&2&-1&1\end{pmatrix}$$

$$\xrightarrow[r_4+r_2]{r_3-r_2}\begin{pmatrix}1&0&1&-1&2\\0&1&1&1&2\\0&0&0&-2&1\\0&0&3&0&3\end{pmatrix}\xrightarrow{r_3\leftrightarrow r_4}\begin{pmatrix}1&0&1&-1&2\\0&1&1&1&2\\0&0&3&0&3\\0&0&0&-2&1\end{pmatrix},$$

行阶梯形矩阵中非零行的个数为 4,故 $r(A)=4$.

例 4 设矩阵 $A=\begin{pmatrix}6&-1&8\\4&2&0\\0&0&1\end{pmatrix}$,$B=\begin{pmatrix}1&0&3&-3\\0&5&9&1\\0&0&3&0\end{pmatrix}$,求 $r(AB)$.

解 由于 $|A|=\begin{vmatrix}6&-1&8\\4&2&0\\0&0&1\end{vmatrix}=16\neq 0$,所以 A 是可逆矩阵. B 的一个 3 阶子式$\begin{vmatrix}1&0&3\\0&5&9\\0&0&3\end{vmatrix}=15\neq 0$,这显然是 B 的一个最高阶子式,所以 $r(B)=3$. 由上述推论知,$r(AB)=3$.

例 5 设 $A=\begin{pmatrix}1&-1&1&2\\3&\lambda&-1&2\\5&3&\mu&6\end{pmatrix}$,已知 $r(A)=2$,求 λ 与 μ 的值.

解 $$A\xrightarrow[r_3-5r_1]{r_2-3r_1}\begin{pmatrix}1&-1&1&2\\0&\lambda+3&-4&-4\\0&8&\mu-5&-4\end{pmatrix}\xrightarrow{r_3-r_2}\begin{pmatrix}1&-1&1&2\\0&\lambda+3&-4&-4\\0&5-\lambda&\mu-1&0\end{pmatrix},$$

因为第一、二两行不可能全为零，而 $r(\boldsymbol{A})=2$，故 $5-\lambda=0,\mu-1=0$，即 $\lambda=5,\mu=1$.

例 6 设 $\boldsymbol{A}=\begin{pmatrix}\lambda & 1 & 1\\ -1 & 1 & 0\\ 1 & 2 & 1\end{pmatrix},\boldsymbol{B}=\begin{pmatrix}1 & 2 & 0\\ 2 & 1 & 0\\ 0 & 0 & 1\end{pmatrix}$，已知 $r(\boldsymbol{AB})=2$，求 λ 的值.

解 $\boldsymbol{AB}=\begin{pmatrix}\lambda & 1 & 1\\ -1 & 1 & 0\\ 1 & 2 & 1\end{pmatrix}\begin{pmatrix}1 & 2 & 0\\ 2 & 1 & 0\\ 0 & 0 & 1\end{pmatrix}=\begin{pmatrix}\lambda+2 & 2\lambda+1 & 1\\ 1 & -1 & 0\\ 5 & 4 & 1\end{pmatrix}$，

又 $r(\boldsymbol{AB})=2$，则 $\begin{vmatrix}\lambda+2 & 2\lambda+1 & 1\\ 1 & -1 & 0\\ 5 & 4 & 1\end{vmatrix}=-3\lambda+6=0$，所以 $\lambda=2$.

习题 2.5

<A>

1. 求矩阵 $\boldsymbol{A}=\begin{pmatrix}2 & 1 & 8 & 3 & 7\\ 2 & -3 & 0 & 7 & -5\\ 3 & -2 & 5 & 8 & 0\\ 1 & 0 & 3 & 2 & 0\end{pmatrix}$ 的所有 4 阶子式.

2. 求下列矩阵的秩：

(1) $\begin{pmatrix}1 & 2 & 3 & 4\\ 1 & -2 & 4 & 5\\ 1 & 10 & 1 & 2\end{pmatrix}$；　(2) $\begin{pmatrix}0 & 1 & 1 & -1 & 2\\ 0 & 2 & 2 & 2 & 0\\ 0 & -1 & -1 & 1 & 1\\ 1 & 1 & 0 & 0 & -1\end{pmatrix}$；

(3) $\begin{pmatrix}1 & 2 & 1 & 3\\ 3 & 4 & -3 & 2\\ 5 & 7 & -1 & 9\\ 2 & 3 & 2 & 7\end{pmatrix}$；　(4) $\begin{pmatrix}2 & 3 & 5 & 4\\ 1 & 2 & 2 & 3\\ 3 & 5 & 7 & 7\\ 1 & 1 & 3 & 1\end{pmatrix}$.

3. 已知矩阵 $\boldsymbol{A}=\begin{pmatrix}1 & 1 & 1\\ 1 & 2 & 1\\ 2 & 3 & \lambda+1\end{pmatrix}$ 的秩 $r(\boldsymbol{A})=2$，求 λ.

<B>

1. 设 $\boldsymbol{A}=\begin{pmatrix}1 & -1 & 2 & 1\\ -1 & a & 2 & 1\\ 3 & 1 & b & -1\end{pmatrix}$，$r(\boldsymbol{A})=2$，求 a,b 的值.

2. 已知 $\boldsymbol{A}=\begin{pmatrix}1 & 1 & 1 & 1 & 0\\0 & 1 & 2 & 2 & 1\\0 & -1 & a-3 & -2 & b\\3 & 2 & 1 & a & -1\end{pmatrix}$，问 a,b 满足什么条件时，

(1)$r(\boldsymbol{A})=2$；(2)$r(\boldsymbol{A})=3$；(3)$r(\boldsymbol{A})=4$.

3. 设 $\boldsymbol{A}=\begin{pmatrix}0 & 0 & 1\\0 & 1 & 0\\1 & 0 & 0\end{pmatrix}$，求 $r(\boldsymbol{A}-2\boldsymbol{E}_3)+r(\boldsymbol{A}-\boldsymbol{E}_3)$.

*2.6 分块矩阵

在矩阵的理论研究和实际应用中，有时会遇到行数和列数较大的矩阵. 为方便表示矩阵并进行运算，常将阶数较大的矩阵分成有限个阶数较小的矩阵. 将大矩阵分成小矩阵的运算称为**矩阵的分块**.

2.6.1 分块矩阵的定义

定义 2.6.1 用一些贯穿于矩阵的横线和纵线把矩阵分割成若干小块，每个小块叫作矩阵的子块(子矩阵)，以子块为元素的矩阵叫作**分块矩阵**.

对于同一个矩阵可有不同的分块法，采用不同的分块方法得到的是不同的分块矩阵.

例如，将矩阵 $\boldsymbol{A}=\begin{pmatrix}1 & 0 & 0 & 2 & -1\\0 & 1 & 0 & -1 & 3\\0 & 0 & 1 & -6 & -4\\2 & 0 & 1 & 3 & 0\\1 & 4 & 0 & 2 & 0\end{pmatrix}$ 分成子块的分法有很多：

(1)$\left(\begin{array}{ccc|cc}1 & 0 & 0 & 2 & -1\\0 & 1 & 0 & -1 & 3\\\hline 0 & 0 & 1 & -6 & -4\\2 & 0 & 1 & 3 & 0\\1 & 4 & 0 & 2 & 0\end{array}\right)$； (2)$\left(\begin{array}{cc|cc|c}1 & 0 & 0 & 2 & -1\\0 & 1 & 0 & -1 & 3\\0 & 0 & 1 & -6 & -4\\\hline 2 & 0 & 1 & 3 & 0\\1 & 4 & 0 & 2 & 0\end{array}\right)$；

$$(3)\left(\begin{array}{c:c:c:c:c}1 & 0 & 0 & 2 & -1\\ 0 & 1 & 0 & -1 & 3\\ 0 & 0 & 1 & -6 & -4\\ 2 & 0 & 1 & 3 & 0\\ 1 & 4 & 0 & 2 & 0\end{array}\right).$$

在(1)中，令 $\boldsymbol{A}_{11}=\begin{pmatrix}1&0&0\\0&1&0\end{pmatrix}$，$\boldsymbol{A}_{12}=\begin{pmatrix}2&-1\\-1&3\end{pmatrix}$，$\boldsymbol{A}_{21}=\begin{pmatrix}0&0&1\\2&0&1\\1&4&0\end{pmatrix}$，$\boldsymbol{A}_{22}=\begin{pmatrix}-6&-4\\3&0\\2&0\end{pmatrix}$，则 $\boldsymbol{A}$ 的分块矩阵可记为 $\boldsymbol{A}=\begin{pmatrix}\boldsymbol{A}_{11}&\boldsymbol{A}_{12}\\\boldsymbol{A}_{21}&\boldsymbol{A}_{22}\end{pmatrix}$，这里 $\boldsymbol{A}_{11}$，$\boldsymbol{A}_{12}$，$\boldsymbol{A}_{21}$，$\boldsymbol{A}_{22}$ 是 $\boldsymbol{A}$ 的子块.(2)、(3)的划分记法可类似给出.

2.6.2 分块矩阵的运算

把同型矩阵 $\boldsymbol{A}$ 和 $\boldsymbol{B}$ 作同样的分块，即

$$\boldsymbol{A}=\begin{pmatrix}\boldsymbol{A}_{11}&\boldsymbol{A}_{12}&\cdots&\boldsymbol{A}_{1s}\\\boldsymbol{A}_{21}&\boldsymbol{A}_{22}&\cdots&\boldsymbol{A}_{2s}\\\vdots&\vdots&&\vdots\\\boldsymbol{A}_{r1}&\boldsymbol{A}_{r2}&\cdots&\boldsymbol{A}_{rs}\end{pmatrix},\quad \boldsymbol{B}=\begin{pmatrix}\boldsymbol{B}_{11}&\boldsymbol{B}_{12}&\cdots&\boldsymbol{B}_{1s}\\\boldsymbol{B}_{21}&\boldsymbol{B}_{22}&\cdots&\boldsymbol{B}_{2s}\\\vdots&\vdots&&\vdots\\\boldsymbol{B}_{r1}&\boldsymbol{B}_{r2}&\cdots&\boldsymbol{B}_{rs}\end{pmatrix},$$

其中 $\boldsymbol{A}_{ij}$ 与 $\boldsymbol{B}_{ij}$ 为同型矩阵.

(1) 分块矩阵的**加法**和**数乘**：

$$\boldsymbol{A}+\boldsymbol{B}=\begin{pmatrix}\boldsymbol{A}_{11}+\boldsymbol{B}_{11}&\boldsymbol{A}_{12}+\boldsymbol{B}_{12}&\cdots&\boldsymbol{A}_{1s}+\boldsymbol{B}_{1s}\\\boldsymbol{A}_{21}+\boldsymbol{B}_{21}&\boldsymbol{A}_{22}+\boldsymbol{B}_{22}&\cdots&\boldsymbol{A}_{2s}+\boldsymbol{B}_{2s}\\\vdots&\vdots&&\vdots\\\boldsymbol{A}_{r1}+\boldsymbol{B}_{r1}&\boldsymbol{A}_{r2}+\boldsymbol{B}_{r2}&\cdots&\boldsymbol{A}_{rs}+\boldsymbol{B}_{rs}\end{pmatrix},$$

$$k\boldsymbol{A}=\begin{pmatrix}k\boldsymbol{A}_{11}&k\boldsymbol{A}_{12}&\cdots&k\boldsymbol{A}_{1s}\\k\boldsymbol{A}_{21}&k\boldsymbol{A}_{22}&\cdots&k\boldsymbol{A}_{2s}\\\vdots&\vdots&&\vdots\\k\boldsymbol{A}_{r1}&k\boldsymbol{A}_{r2}&\cdots&k\boldsymbol{A}_{rs}\end{pmatrix}\quad(k\in\mathbf{R}).$$

(2) 分块矩阵的**转置**：

$$A^{\mathrm{T}} = \begin{pmatrix} A_{11}^{\mathrm{T}} & A_{21}^{\mathrm{T}} & \cdots & A_{1s}^{\mathrm{T}} \\ A_{12}^{\mathrm{T}} & A_{22}^{\mathrm{T}} & \cdots & A_{2s}^{\mathrm{T}} \\ \vdots & \vdots & & \vdots \\ A_{1s}^{\mathrm{T}} & A_{2s}^{\mathrm{T}} & \cdots & A_{rs}^{\mathrm{T}} \end{pmatrix}.$$

分块矩阵转置可看作元素的子块要转置，而且每个子块是一个子矩阵，它内部也要转置.

设 A 为 $m \times l$ 矩阵，B 为 $l \times n$ 矩阵，分别进行如下分块：

$$A = \begin{pmatrix} A_{11} & A_{12} & \cdots & A_{1t} \\ A_{21} & A_{22} & \cdots & A_{2t} \\ \vdots & \vdots & & \vdots \\ A_{s1} & A_{s2} & \cdots & A_{st} \end{pmatrix}, \quad B = \begin{pmatrix} B_{11} & B_{12} & \cdots & B_{1r} \\ B_{21} & B_{22} & \cdots & B_{2r} \\ \vdots & \vdots & & \vdots \\ B_{t1} & B_{t2} & \cdots & B_{tr} \end{pmatrix},$$

其中 $A_{i1}, A_{i2}, \cdots, A_{it}$ 的列数分别等于 $B_{1j}, B_{2j}, \cdots, B_{tj}$ 的行数，则定义分块矩阵的**乘法**

$$AB = C = \begin{pmatrix} C_{11} & C_{12} & \cdots & C_{1r} \\ C_{21} & C_{22} & \cdots & C_{2r} \\ \vdots & \vdots & & \vdots \\ C_{s1} & C_{s2} & \cdots & C_{sr} \end{pmatrix},$$

其中 $C_{ij} = A_{i1}B_{1j} + A_{i2}B_{2j} + \cdots + A_{it}B_{tj}\ (i = 1,2,\cdots,s;\ , j = 1,2,\cdots,r)$.

例 1 设矩阵 $A = \begin{pmatrix} 1 & 0 & 1 & 3 \\ 0 & 1 & 2 & 4 \\ 0 & 0 & -1 & 0 \\ 0 & 0 & 0 & -1 \end{pmatrix}$，$B = \begin{pmatrix} 1 & 2 & 0 & 0 \\ 2 & 0 & 0 & 0 \\ 6 & 3 & 1 & 0 \\ 0 & -2 & 0 & 1 \end{pmatrix}$，用分块矩阵计算 $kA, B^{\mathrm{T}}, A+B$ 及 AB.

解 将矩阵 A、B 分块如下：

$$A = \left(\begin{array}{cc:cc} 1 & 0 & 1 & 3 \\ 0 & 1 & 2 & 4 \\ \hdashline 0 & 0 & -1 & 0 \\ 0 & 0 & 0 & -1 \end{array}\right) = \begin{pmatrix} E & C \\ O & -E \end{pmatrix}，其中 E = \begin{pmatrix} 1 & 0 \\ 0 & 1 \end{pmatrix}, C = \begin{pmatrix} 1 & 3 \\ 2 & 4 \end{pmatrix};$$

$$B = \left(\begin{array}{cc:cc} 1 & 2 & 0 & 0 \\ 2 & 0 & 0 & 0 \\ \hdashline 6 & 3 & 1 & 0 \\ 0 & -2 & 0 & 1 \end{array}\right) = \begin{pmatrix} D & O \\ F & E \end{pmatrix}，其中 D = \begin{pmatrix} 1 & 2 \\ 2 & 0 \end{pmatrix}, F = \begin{pmatrix} 6 & 3 \\ 0 & -2 \end{pmatrix}.$$

则
$$k\boldsymbol{A}=k\begin{pmatrix}\boldsymbol{E} & \boldsymbol{C}\\ \boldsymbol{O} & -\boldsymbol{E}\end{pmatrix}=\begin{pmatrix}k\boldsymbol{E} & k\boldsymbol{C}\\ \boldsymbol{O} & -k\boldsymbol{E}\end{pmatrix},$$

$$\boldsymbol{B}^{\mathrm{T}}=\begin{pmatrix}\boldsymbol{D}^{\mathrm{T}} & \boldsymbol{F}^{\mathrm{T}}\\ \boldsymbol{O} & \boldsymbol{E}\end{pmatrix},\quad \boldsymbol{A}+\boldsymbol{B}=\begin{pmatrix}\boldsymbol{E} & \boldsymbol{C}\\ \boldsymbol{O} & -\boldsymbol{E}\end{pmatrix}+\begin{pmatrix}\boldsymbol{D} & \boldsymbol{O}\\ \boldsymbol{F} & \boldsymbol{E}\end{pmatrix}=\begin{pmatrix}\boldsymbol{E}+\boldsymbol{D} & \boldsymbol{C}\\ \boldsymbol{F} & \boldsymbol{O}\end{pmatrix},$$

$$\boldsymbol{AB}=\begin{pmatrix}\boldsymbol{E} & \boldsymbol{C}\\ \boldsymbol{O} & -\boldsymbol{E}\end{pmatrix}\begin{pmatrix}\boldsymbol{D} & \boldsymbol{O}\\ \boldsymbol{F} & \boldsymbol{E}\end{pmatrix}=\begin{pmatrix}\boldsymbol{D}+\boldsymbol{CF} & \boldsymbol{C}\\ -\boldsymbol{F} & -\boldsymbol{E}\end{pmatrix}.$$

分别计算 $k\boldsymbol{E}$，$k\boldsymbol{C}$，$\boldsymbol{E}+\boldsymbol{D}$，$\boldsymbol{D}+\boldsymbol{CF}$，代入上面 4 个式子，得

$$k\boldsymbol{A}=\begin{pmatrix}k & 0 & k & 3k\\ 0 & k & 2k & 4k\\ 0 & 0 & -k & 0\\ 0 & 0 & 0 & -k\end{pmatrix},\quad \boldsymbol{B}^{\mathrm{T}}=\begin{pmatrix}1 & 2 & 6 & 0\\ 2 & 0 & 3 & -2\\ 0 & 0 & 1 & 0\\ 0 & 0 & 0 & 1\end{pmatrix},$$

$$\boldsymbol{A}+\boldsymbol{B}=\begin{pmatrix}2 & 2 & 1 & 3\\ 2 & 1 & 2 & 4\\ 6 & 3 & 0 & 0\\ 0 & -2 & 0 & 0\end{pmatrix},\quad \boldsymbol{AB}=\begin{pmatrix}7 & -1 & 1 & 3\\ 14 & -2 & 2 & 4\\ -6 & -3 & -1 & 0\\ 0 & 2 & 0 & -1\end{pmatrix}.$$

2.6.3 特殊的分块矩阵的逆

为了便于应用，主要讨论对角分块矩阵和上（下）三角分块矩阵的逆矩阵.

(1) 形如 $\boldsymbol{A}=\begin{pmatrix}\boldsymbol{A}_1 & & & \\ & \boldsymbol{A}_2 & & \\ & & \ddots & \\ & & & \boldsymbol{A}_r\end{pmatrix}$ 的分块矩阵称为对角分块矩阵，其中 $\boldsymbol{A}_i$ $(i=1,2,\cdots,r)$ 均为方阵.

不难验证：同阶且具有相同分法的对角分块矩阵的和、差、乘积仍为对角分块矩阵；且分块矩阵 $\boldsymbol{A}$ 可逆的充要条件是 $\boldsymbol{A}_i$ $(i=1,2,\cdots,r)$ 都可逆，且 $\boldsymbol{A}$ 可逆时有

$$\boldsymbol{A}^{-1}=\begin{pmatrix}\boldsymbol{A}_1^{-1} & & & \\ & \boldsymbol{A}_2^{-1} & & \\ & & \ddots & \\ & & & \boldsymbol{A}_r^{-1}\end{pmatrix}.$$

(2) 形如 $A_1=\begin{pmatrix} A_{11} & A_{12} & \cdots & A_{1r} \\ & A_{22} & \cdots & A_{2r} \\ & & \ddots & \vdots \\ & & & A_{rr} \end{pmatrix}$ ($A_2=\begin{pmatrix} A_{11} & & & \\ A_{21} & A_{22} & & \\ \vdots & \vdots & \ddots & \\ A_{r1} & A_{r2} & \cdots & A_{rr} \end{pmatrix}$) 的分块矩阵称为**上(下)三角分块矩阵**，其中 $A_{ii}(i=1,2,\cdots,r)$ 都是方阵.

不难验证：上述两类特殊分块矩阵的行列式都是它们的主对角线上各子块的行列式的乘积，即

$$|A|=\prod_{i=1}^{r}|A_{ii}|.$$

这两类特殊分块矩阵的逆矩阵，分为四种情形，有下述结论. 假定子块 A_1、A_2 均可逆.

(1) $\begin{pmatrix} A_1 & O \\ B & A_2 \end{pmatrix}^{-1}=\begin{pmatrix} A_1^{-1} & O \\ -A_2^{-1}BA_1^{-1} & A_2^{-1} \end{pmatrix}$； (2) $\begin{pmatrix} A_1 & O \\ O & A_2 \end{pmatrix}^{-1}=\begin{pmatrix} A_1^{-1} & O \\ O & A_2^{-1} \end{pmatrix}$；

(3) $\begin{pmatrix} A_1 & B \\ O & A_2 \end{pmatrix}^{-1}=\begin{pmatrix} A_1^{-1} & -A_1^{-1}BA_2^{-1} \\ O & A_2^{-1} \end{pmatrix}$； (4) $\begin{pmatrix} O & A_1 \\ A_2 & O \end{pmatrix}^{-1}=\begin{pmatrix} O & A_2^{-1} \\ A_1^{-1} & O \end{pmatrix}$.

这里仅给出(1)的证明.

设 $A=\begin{pmatrix} A_1 & O \\ B & A_2 \end{pmatrix}$ 是一个 n 阶方阵，并且 A_1、A_2 分别为 r 阶和 s 阶可逆方阵，$r+s=n$. 下面证明 A 可逆.

若 A 有可逆矩阵 X，按 A 的分法分块，即 $X=\begin{pmatrix} X_1 & X_2 \\ X_3 & X_4 \end{pmatrix}$，则应有

$$AX=\begin{pmatrix} A_1 & O \\ B & A_2 \end{pmatrix}\begin{pmatrix} X_1 & X_2 \\ X_3 & X_4 \end{pmatrix}=\begin{pmatrix} A_1X_1 & A_1X_2 \\ BX_1+A_2X_3 & BX_2+A_2X_4 \end{pmatrix}=\begin{pmatrix} E_r & O \\ O & E_s \end{pmatrix},$$

于是得

$$\begin{cases} A_1X_1=E_r, \\ A_1X_2=O, \\ BX_1+A_2X_3=O, \\ BX_2+A_2X_4=E_s. \end{cases}$$

因为 A_1、A_2 可逆，所以

$$X_1=A_1^{-1}E_r=A_1^{-1},\quad X_2=A_1^{-1}O=O,$$

$$X_3=A_2^{-1}\times(-BX_1)=-A_2^{-1}BA_1^{-1},\quad X_4=A_2^{-1}(E_s-BX_2)=A_2^{-1}.$$

因此
$$\boldsymbol{X}=\begin{pmatrix}\boldsymbol{A}_1^{-1} & \boldsymbol{O}\\ -\boldsymbol{A}_2^{-1}\boldsymbol{B}\boldsymbol{A}_1^{-1} & \boldsymbol{A}_2^{-1}\end{pmatrix}.$$

容易验证 $\boldsymbol{AX}=\boldsymbol{XA}=\boldsymbol{E}$，即 $\boldsymbol{A}$ 可逆，且 $\boldsymbol{A}^{-1}=\begin{pmatrix}\boldsymbol{A}_1^{-1} & \boldsymbol{O}\\ -\boldsymbol{A}_2^{-1}\boldsymbol{B}\boldsymbol{A}_1^{-1} & \boldsymbol{A}_2^{-1}\end{pmatrix}$.

例 2 设 $\boldsymbol{A}=\begin{pmatrix}1&1&0&0&0\\1&2&0&0&0\\0&0&3&-1&0\\0&0&4&-2&0\\0&0&0&0&5\end{pmatrix}$，求 $\boldsymbol{A}^{-1}$.

解 将 $\boldsymbol{A}$ 分块为

$$\boldsymbol{A}=\left(\begin{array}{cc:cc:c}1&1&0&0&0\\1&2&0&0&0\\ \hdashline 0&0&3&-1&0\\0&0&4&-2&0\\ \hdashline 0&0&0&0&5\end{array}\right)=\begin{pmatrix}\boldsymbol{A}_1&&\\&\boldsymbol{A}_2&\\&&\boldsymbol{A}_3\end{pmatrix},$$

其中
$$\boldsymbol{A}_1=\begin{pmatrix}1&1\\1&2\end{pmatrix},\quad \boldsymbol{A}_2=\begin{pmatrix}3&-1\\4&-2\end{pmatrix},\quad \boldsymbol{A}_3=(5).$$

而 $|\boldsymbol{A}_1|=1$，$|\boldsymbol{A}_2|=-2$，$|\boldsymbol{A}_3|=5$，则 $|\boldsymbol{A}|=1\times(-2)\times5=-10$，即 $\boldsymbol{A}$，$\boldsymbol{A}_1$，$\boldsymbol{A}_2$，$\boldsymbol{A}_3$ 均可逆.

又 $\boldsymbol{A}_1^{-1}=\begin{pmatrix}2&-1\\-1&1\end{pmatrix}$，$\boldsymbol{A}_2^{-1}=\begin{pmatrix}1&-\frac{1}{2}\\2&-\frac{3}{2}\end{pmatrix}$，$\boldsymbol{A}_3^{-1}=\left(\frac{1}{5}\right)$，则

$$\boldsymbol{A}^{-1}=\begin{pmatrix}2&-1&0&0&0\\-1&1&0&0&0\\0&0&1&-\frac{1}{2}&0\\0&0&2&-\frac{3}{2}&0\\0&0&0&0&\frac{1}{5}\end{pmatrix}.$$

例 3 设 $\boldsymbol{A}=\begin{pmatrix}3&7&-4&1&0\\-2&-5&9&0&-1\\0&0&-1&0&0\\0&0&0&4&0\\0&0&0&0&-6\end{pmatrix}$，求 $\boldsymbol{A}^{-1}$.

解 将 $\boldsymbol{A}$ 分块如下：

$$\boldsymbol{A}=\left(\begin{array}{cc|ccc}3&7&-4&1&0\\-2&-5&9&0&-1\\\hline 0&0&-1&0&0\\0&0&0&4&0\\0&0&0&0&-6\end{array}\right)=\begin{pmatrix}\boldsymbol{A}_1&\boldsymbol{B}\\\boldsymbol{O}&\boldsymbol{A}_2\end{pmatrix},$$

其中 $\boldsymbol{A}_1=\begin{pmatrix}3&7\\-2&-5\end{pmatrix}$，$\boldsymbol{B}=\begin{pmatrix}-4&1&0\\9&0&-1\end{pmatrix}$，$\boldsymbol{A}_2=\begin{pmatrix}-1&0&0\\0&4&0\\0&0&-6\end{pmatrix}$.

于是 $|\boldsymbol{A}_1|=-1$，$|\boldsymbol{A}_2|=-24$，则 $|\boldsymbol{A}|=24$，即 $\boldsymbol{A}_1,\boldsymbol{A}_2,\boldsymbol{A}$ 均可逆.

又
$$\boldsymbol{A}_1^{-1}=\begin{pmatrix}5&7\\-2&-3\end{pmatrix},\quad \boldsymbol{A}_2^{-1}=\begin{pmatrix}-1&0&0\\0&\frac{1}{4}&0\\0&0&-\frac{1}{6}\end{pmatrix},$$

$$-\boldsymbol{A}_1^{-1}\boldsymbol{B}\boldsymbol{A}_2^{-1}=-\begin{pmatrix}5&7\\-2&-3\end{pmatrix}\begin{pmatrix}-4&1&0\\9&0&-1\end{pmatrix}\begin{pmatrix}-1&0&0\\0&\frac{1}{4}&0\\0&0&-\frac{1}{6}\end{pmatrix}$$

$$=\begin{pmatrix}43&-\frac{5}{4}&-\frac{7}{6}\\-19&\frac{1}{2}&\frac{1}{2}\end{pmatrix},$$

所以 $A^{-1}=\begin{pmatrix} A_1^{-1} & -A_1^{-1}BA_2^{-1} \\ O & A_2^{-1} \end{pmatrix}=\begin{pmatrix} 5 & 7 & 43 & -\frac{5}{4} & -\frac{7}{6} \\ -2 & -3 & -19 & \frac{1}{2} & \frac{1}{2} \\ 0 & 0 & -1 & 0 & 0 \\ 0 & 0 & 0 & \frac{1}{4} & 0 \\ 0 & 0 & 0 & 0 & -\frac{1}{6} \end{pmatrix}$.

习题 2.6

<A>

1. 计算下列分块矩阵的乘积：

(1) $\left(\begin{array}{cc:c} 1 & -2 & 0 \\ -1 & 1 & 1 \\ \hdashline 0 & 3 & 2 \end{array}\right)\left(\begin{array}{c:c} 0 & 1 \\ 1 & 0 \\ \hdashline 0 & -1 \end{array}\right)$； (2) $\left(\begin{array}{ccc} 2 & 1 & -1 \\ \hdashline 3 & 0 & -2 \\ \hdashline 1 & -1 & 1 \end{array}\right)\left(\begin{array}{c:c:c} 1 & 1 & 0 \\ 0 & 0 & -1 \\ -1 & 2 & 1 \end{array}\right)$；

(3) $\left(\begin{array}{cc:cc} a & 0 & 0 & 0 \\ 0 & a & 0 & 0 \\ \hdashline 1 & 0 & b & 0 \\ 0 & 1 & 0 & b \end{array}\right)\left(\begin{array}{cc:cc} 1 & 0 & c & 0 \\ 0 & 1 & 0 & c \\ \hdashline 1 & 0 & d & 0 \\ 0 & 1 & 0 & d \end{array}\right)$.

2. 求下列矩阵的逆矩阵：

(1) $\left(\begin{array}{cc:cc} 2 & 1 & 0 & 0 \\ 1 & 1 & 0 & 0 \\ \hdashline 0 & 0 & 2 & 5 \\ 0 & 0 & 1 & 3 \end{array}\right)$； (2) $\begin{pmatrix} 4 & 0 & 0 & 0 & 0 \\ 0 & 1 & 2 & 0 & 0 \\ 0 & 1 & 1 & 0 & 0 \\ 0 & 0 & 0 & 3 & 1 \\ 0 & 0 & 0 & 5 & 2 \end{pmatrix}$； (3) $\begin{pmatrix} 1 & 0 & 0 & 0 \\ 1 & 2 & 0 & 0 \\ 2 & 1 & 3 & 0 \\ 1 & 2 & 1 & 4 \end{pmatrix}$.

<B>

1. 设 A 为 3×3 矩阵，且 $|A|=1$，把它按列分块为 $A=(A_1,A_2,A_3)$，求 $|(A_3,4A_1,-2A_2-A_3)|$.

2. 设 $A=\begin{pmatrix} 3 & 4 & 0 & 0 \\ 4 & -3 & 0 & 0 \\ 0 & 0 & 2 & 0 \\ 0 & 0 & 2 & 2 \end{pmatrix}$，求 $|A^8|$ 及 A^{-1}.

数学家——凯莱

凯莱

凯莱(Arthur Cayley):1821年8月16日生于英国萨里郡的里士满,1895年1月26日卒于英国剑桥.17岁那年,凯莱进入著名的剑桥大学三一学院就读,他在数学上的成绩远远超出其他人.他是作为自费生进入剑桥大学的,1840年获得奖学金.1842年,21岁的凯莱以剑桥大学数学荣誉学位考试一等的身份毕业,并获得了史密斯奖金考试的第一名.

1842年10月,凯莱被选为三一学院的研究员和助教,在他那个时代乃至整个19世纪,他是获得这种殊荣的人中最年轻的一位,为期三年.其职责是教为数不多的学生,工作很轻松,于是他在这一时期的大部分时间内从事自己感兴趣的研究.他广泛阅读高斯(Gauss)、拉格朗日(Lagrange)等数学大师的著作,并开始进行有创造性的数学研究工作.三年后,由于剑桥大学要求他出任圣职,于是他离开剑桥大学进入了法律界.

按照成为一名高级律师的要求,凯莱必须专门攻读法学课程,于是他进入英国林肯法律学院,1849年取得律师资格.值得注意的是,在19世纪,英国许多一流的大法官、大律师都是像凯莱这样的剑桥大学数学荣誉学位考试一等及格者.

凯莱取得律师资格后,从事律师职业长达14年之久,主要处理与财产转让有关的法律事务.作为一位名声与日俱增的大律师,他过着富裕的生活,并且为从事自己喜爱的研究积攒了足够的钱.然而,在这段作为大律师的时间里,他挤出了许多时间从事数学研究,发表了近300篇数学论文,其中许多工作现在看来仍然是第一流的和具有开创性的.

由于杰出的学术成就，凯莱获得了大量的学术荣誉，其中包括：1859 年当选为皇家学会会员，获得英国皇家学会的皇室勋章；1881 年获得英国皇家学会的柯普雷勋章．今天，剑桥大学三一学院安放着一尊凯莱的半身塑像．

矩阵论是凯莱的一项重要数学研究成果，他被认为是矩阵论的创立者．他曾指出，从逻辑上来说，矩阵的概念应先于行列式的概念，但在历史上却正好相反．他第一个将矩阵作为一个独立的数学概念、对象来讨论，并且首先发表了一系列讨论矩阵的文章，因此他作为矩阵代数的创立者是当之无愧的．

在 1858 年的第一篇关于矩阵的文章《矩阵论的研究报告》(*A Memoir on the Theory of Matrices*) 中，凯莱引入了矩阵的基本概念和运算，给出了零矩阵、单位矩阵的定义，将两个矩阵的和矩阵定义为其元素是两个相加矩阵的对应元素之和．他注意到，和矩阵的定义不仅适用于 $n\times n$ 矩阵，而且可用于任意的 $m\times n$ 矩阵，他指出，矩阵加法满足结合律和交换律．对于一个数 m，凯莱定义 $m\boldsymbol{A}$ 为这样的矩阵：其每一个元素都是 $\boldsymbol{A}$ 的对应元素的 m 倍．凯莱给出了矩阵乘法的定义，并着重强调，矩阵乘法是可结合的，但一般不满足交换律．他还给出了求矩阵的逆矩阵（如果有的话）的一般方法．

在矩阵论研究中，凯莱给出了矩阵代数的一系列重要而基本的性质，如有关转置矩阵、对称矩阵、斜对称矩阵的定义与性质．凯莱引入了方阵的特征方程的概念．值得指出的是，1841 年凯莱已经引入两条竖线作为行列式符号，随后，矩阵代数在 19 世纪沿着两个方向发展，一个是凯莱与西尔维斯特所擅长的抽象代数结构，另一个则是被用于几何学上．

凯莱富有深远意义的创造性的数学成就，不仅对数学的发展产生了深远影响，而且为物理学的研究准备了必不可少的工具，对物理学的影响甚至是超越时代的．凯莱开创的不变量理论，不仅在数学中成为重要而基本的内容，而且在 20 世纪通过微分不变量对物理学的研究产生了直接的影响．他创立的矩阵论，给出了矩阵乘法的特殊规则及不满足交换律的特征．泰特(Tait) 评价矩阵论的创造是“凯莱正在为未来的一代物理学家锻造武器”．的确，在凯莱矩阵论的创造性工作六七十年后，1925 年，海森堡(Heisenberg) 发现，矩阵代数正是量子力学中必不可少的重要工具．著名的物理学家麦克斯韦(Maxwell) 这样评价凯莱：“他的精神扩展了普通空间，在 n 维空间中繁荣昌盛．”

作为一位 19 世纪受人尊敬的学者，凯莱有着许多优秀的品质．他性情温和，判断冷静沉着，总是与人为善，他那律师的气质使他能面对任何武断行为而心平气和地处理各种事宜．对于年轻人和初学者，他总是给予帮助、鼓励和忠告．他一生对无数的学者给予了无私的帮助，他们中有西尔维斯特、泰特、塞蒙、高尔顿(Galton)(优生学创始人) 等著名学者．他为某些学者的著作撰写整章的内容而不留名，泰特的名著《四元数》(*Quaternion*)的第六章就是凯莱写给他的信件. 1885年，功成名就的西尔维斯特在他于71岁高龄就任牛津大学数学教授的演讲中，衷心地赞扬道："凯莱，虽然比我年轻，却是我精神上的前辈——他第一个打开了我的双眼，清除了我眼里的杂质，从而使我能看见并接受我们普通数学中更高深的奥秘."

热爱生活，享受生活，是凯莱这位数学家与众多数学大师不一样的方面之一. 他广泛地阅读过许多罗曼蒂克式的文学作品，爱好旅游和领略大自然的美景，徒步旅行使他周游了大半个欧洲与美国. 他终生都喜欢创作水彩画，并显示出了一定的天才，他对建筑和建筑绘画也颇有研究. 对大自然、对生活的美的享受，决定了他的数学观，他对数学所做的下述描述反映了他那富有情趣的生活的影响："很难给现代数学的广阔范围一个明确的概念.'范围'这个词不确切. 我的意思是指充满了美妙的细节的范围——不是一个像一马平川的平原那样单调乏味的范围，而是像一个从远处突然看到的辽阔美丽的乡村，它能经得起人们在其中漫步，详细研究一切山坡、峡谷、小溪、岩石、树木和花草. 但是，正如对一切事物一样，对一个数学理论也如此——美，只能意会不可言传."

第2章总习题

一、判断题

1. 若 $\boldsymbol{A}^2=\boldsymbol{B}^2$，则 $\boldsymbol{A}=\boldsymbol{B}$ 或 $\boldsymbol{A}=-\boldsymbol{B}$.　(　　)
2. 若 $\boldsymbol{AB}=\boldsymbol{AC}, \boldsymbol{A}\neq\boldsymbol{O}$，则 $\boldsymbol{B}=\boldsymbol{C}$.　(　　)
3. 若矩阵 $\boldsymbol{A}$ 满足 $\boldsymbol{A}^2=\boldsymbol{A}$，则 $\boldsymbol{A}=\boldsymbol{O}$ 或 $\boldsymbol{A}=\boldsymbol{E}$.　(　　)
4. 设 $\boldsymbol{A}$ 是 n 阶方阵，若 $\boldsymbol{A}\neq\boldsymbol{O}$，则必有 $\boldsymbol{A}$ 可逆.　(　　)
5. 若矩阵 $\boldsymbol{A}$ 满足 $\boldsymbol{A}^2=\boldsymbol{O}$，则 $\boldsymbol{A}=\boldsymbol{O}$.　(　　)
6. 对 n 阶可逆方阵 $\boldsymbol{A}$、$\boldsymbol{B}$，必有 $(\boldsymbol{AB})^{-1}=\boldsymbol{A}^{-1}\boldsymbol{B}^{-1}$.　(　　)
7. 对 n 阶可逆方阵 $\boldsymbol{A}$、$\boldsymbol{B}$，必有 $(\boldsymbol{A}+\boldsymbol{B})^{-1}=\boldsymbol{A}^{-1}+\boldsymbol{B}^{-1}$.　(　　)
8. 设 $\boldsymbol{A}$、$\boldsymbol{B}$ 为 n 阶方阵，则必有 $|\boldsymbol{A}|+|\boldsymbol{B}|=|\boldsymbol{A}+\boldsymbol{B}|$.　(　　)
9. 设 $\boldsymbol{A}$、$\boldsymbol{B}$ 为 n 阶方阵，则必有 $|\boldsymbol{AB}|=|\boldsymbol{BA}|$.　(　　)
10. 若矩阵 $\boldsymbol{A}$ 与 $\boldsymbol{B}$ 等价，则 $|\boldsymbol{A}|=|\boldsymbol{B}|$.　(　　)
11. 设 $\boldsymbol{A}=\boldsymbol{O}$，则 $r(\boldsymbol{A})=0$.　(　　)

二、选择题

1. 设 $\boldsymbol{A},\boldsymbol{B}$ 为同阶可逆矩阵，则下列等式成立的是(　　).

A. $(\boldsymbol{AB})^{\mathrm{T}}=\boldsymbol{A}^{\mathrm{T}}\boldsymbol{B}^{\mathrm{T}}$　　B. $(\boldsymbol{AB})^{-1}=\boldsymbol{A}^{-1}\boldsymbol{B}^{-1}$

C. $(\boldsymbol{AB}^{\mathrm{T}})^{-1}=\boldsymbol{A}^{-1}(\boldsymbol{B}^{\mathrm{T}})^{-1}$　　D. $(\boldsymbol{AB}^{\mathrm{T}})^{-1}=(\boldsymbol{B}^{\mathrm{T}})^{-1}\boldsymbol{A}^{-1}$

2. 设 $\boldsymbol{A},\boldsymbol{B},\boldsymbol{C}$ 均为 n 阶矩阵，则下列等式成立的是（　　）.

A. $\boldsymbol{BA}+\boldsymbol{A}^2=\boldsymbol{A}(\boldsymbol{A}+\boldsymbol{B})$　　B. $(\boldsymbol{A}-\boldsymbol{B})(\boldsymbol{A}+\boldsymbol{B})=\boldsymbol{A}^2-\boldsymbol{B}^2$

C. $(\boldsymbol{ABC})^{\mathrm{T}}=\boldsymbol{C}^{\mathrm{T}}\boldsymbol{B}^{\mathrm{T}}\boldsymbol{A}^{\mathrm{T}}$　　D. $\boldsymbol{AB}=\boldsymbol{BA}$

3. 设 $\boldsymbol{A}$ 是三角形矩阵，若 $\boldsymbol{A}$ 可逆，则主对角线上元素一定（　　）.

A. 全小于 0　　B. 全大于 0　　C. 不全为 0　　D. 全不为 0

4. 设 $\boldsymbol{A},\boldsymbol{B},\boldsymbol{C}$ 均为 n 阶矩阵，则下列结论或等式成立的是（　　）.

A. $(\boldsymbol{AB})^2=\boldsymbol{A}^2\boldsymbol{B}^2$　　B. 若 $\boldsymbol{AB}=\boldsymbol{AC}$ 且 $\boldsymbol{A}\neq\boldsymbol{O}$，则 $\boldsymbol{B}=\boldsymbol{C}$

C. $((\boldsymbol{A}+\boldsymbol{B})\boldsymbol{C})^{\mathrm{T}}=\boldsymbol{C}^{\mathrm{T}}(\boldsymbol{B}^{\mathrm{T}}+\boldsymbol{A}^{\mathrm{T}})$　　D. 若 $\boldsymbol{A}\neq\boldsymbol{O},\boldsymbol{B}\neq\boldsymbol{O}$，则 $\boldsymbol{AB}\neq\boldsymbol{O}$

5. 下列结论正确的是（　　）.

A. $\boldsymbol{A},\boldsymbol{B}$ 均为方阵，则 $(\boldsymbol{AB})^k=\boldsymbol{A}^k\boldsymbol{B}^k(k\geqslant 2,k\in\mathbf{Z})$

B. $\boldsymbol{A},\boldsymbol{B}$ 为 n 阶对角矩阵，则 $\boldsymbol{AB}=\boldsymbol{BA}$

C. $\boldsymbol{A}$ 为方阵，且 $\boldsymbol{A}^2=\boldsymbol{O}$，则 $\boldsymbol{A}=\boldsymbol{O}$

D. 若 $\boldsymbol{AB}=\boldsymbol{AC}$，且 $\boldsymbol{A}\neq\boldsymbol{O}$，则 $\boldsymbol{B}=\boldsymbol{C}$

6. 设矩阵 $\boldsymbol{A}_{s\times n},\boldsymbol{B}_{n\times m}$，则运算（　　）有意义.

A. $\boldsymbol{A}^2$　　B. $\boldsymbol{AB}$　　C. $\boldsymbol{BA}$　　D. $\boldsymbol{AB}^{\mathrm{T}}$

7. 以下结论正确的是（　　）.

A. 若方阵 $\boldsymbol{A}$ 的行列式 $|\boldsymbol{A}|=0$，则 $\boldsymbol{A}=\boldsymbol{O}$

B. 若 $\boldsymbol{A}^2=\boldsymbol{O}$，则 $\boldsymbol{A}=\boldsymbol{O}$

C. 若 $\boldsymbol{A}$ 为对称矩阵，则 $\boldsymbol{A}^2$ 也是对称矩阵

D. 对任意的同阶方阵 $\boldsymbol{A}$ 和 $\boldsymbol{B}$，有 $(\boldsymbol{A}+\boldsymbol{B})(\boldsymbol{A}-\boldsymbol{B})=\boldsymbol{A}^2-\boldsymbol{B}^2$

8. 设 $\boldsymbol{A}$ 是 n 阶可逆矩阵，$\boldsymbol{A}^*$ 是 $\boldsymbol{A}$ 的伴随矩阵，则（　　）.

A. $|\boldsymbol{A}^*|=|\boldsymbol{A}|$　　B. $|\boldsymbol{A}^*|=|\boldsymbol{A}|^{n-1}$

C. $|\boldsymbol{A}^*|=|\boldsymbol{A}|^n$　　D. $|\boldsymbol{A}^*|=|\boldsymbol{A}^{-1}|$

9. 设 $\boldsymbol{A}$ 和 $\boldsymbol{B}$ 均为 $n\times n$ 矩阵，则必有（　　）.

A. $|\boldsymbol{A}+\boldsymbol{B}|=|\boldsymbol{A}|+|\boldsymbol{B}|$　　B. $\boldsymbol{AB}=\boldsymbol{BA}$

C. $|\boldsymbol{AB}|=|\boldsymbol{BA}|$　　D. $(\boldsymbol{A}+\boldsymbol{B})^{-1}=\boldsymbol{A}^{-1}+\boldsymbol{B}^{-1}$

三、填空题

1. $(1\quad -2\quad 3)\begin{pmatrix}3\\-2\\1\end{pmatrix}=$ ________.

2. $\begin{pmatrix}1\\2\\3\end{pmatrix}(3\quad 2\quad 1)=$ ________.

3. $\begin{pmatrix} 1 & 0 \\ \lambda & 1 \end{pmatrix}^n =$ ________.

4. 设 $\boldsymbol{A}=(1,2)$,$\boldsymbol{B}=(2,1)$,则$(\boldsymbol{A}^{\mathrm{T}}\boldsymbol{B})^2=$ ________.

5. 设 $\boldsymbol{A}=\begin{pmatrix} 1 & 2 & 3 \\ 0 & 3 & 2 \\ 0 & 0 & 6 \end{pmatrix}$,则$(\boldsymbol{A}^*)^{-1}=$ ________.

6. 设 $\boldsymbol{A}$ 为 3 阶方阵,$|\boldsymbol{A}|=3$,则 $|5\boldsymbol{A}^{-1}-2\boldsymbol{A}^*|=$ ________.

7. $\begin{pmatrix} 3 & 0 & 0 \\ 0 & 2 & 3 \\ 0 & 5 & 8 \end{pmatrix}^{-1}=$ ________.

8. 要使矩阵$\begin{pmatrix} 1 & 2 & 4 \\ 2 & \lambda & 1 \\ 1 & 1 & 0 \end{pmatrix}$的秩取得最小值,则 $\lambda=$ ________.

四、计算题

1. 设 $\boldsymbol{A}=\begin{pmatrix} 1 & 2 & 1 & 2 \\ 2 & 1 & 2 & 1 \\ 1 & 2 & 3 & 4 \end{pmatrix}$,$\boldsymbol{B}=\begin{pmatrix} 4 & 3 & 2 & 1 \\ -2 & 1 & -2 & 1 \\ 0 & -1 & 0 & -1 \end{pmatrix}$求:

(1)$3\boldsymbol{A}-\boldsymbol{B}$;(2) 若矩阵 $\boldsymbol{X}$ 满足 $\boldsymbol{A}+\boldsymbol{X}=\boldsymbol{B}$,求 $\boldsymbol{X}$.

2. 计算:

(1)$\begin{pmatrix} 4 & 3 & 1 \\ 1 & -2 & 3 \\ 5 & 7 & 0 \end{pmatrix}\begin{pmatrix} 7 \\ 2 \\ 1 \end{pmatrix}$; (2)$(1\quad 2\quad 3)\begin{pmatrix} 1 & 2 \\ 0 & -1 \\ 2 & 1 \end{pmatrix}$;

(3)$(x_1\quad x_2\quad x_3)\begin{pmatrix} a_{11} & a_{12} & a_{13} \\ a_{21} & a_{22} & a_{23} \\ a_{31} & a_{32} & a_{33} \end{pmatrix}\begin{pmatrix} x_1 \\ x_2 \\ x_3 \end{pmatrix}$;

(4)$\begin{pmatrix} 1 & 2 & 3 \\ 4 & 5 & 6 \\ 7 & 8 & 9 \end{pmatrix}\begin{pmatrix} -1 & -2 & -3 \\ -1 & -2 & -3 \\ 1 & 2 & 3 \end{pmatrix}$.

3. 已知 $\boldsymbol{A}=\begin{pmatrix} 1 & 0 & 3 \\ 0 & 2 & 1 \\ 0 & 0 & 1 \end{pmatrix}$,$\boldsymbol{B}=\begin{pmatrix} 1 & 0 & 0 \\ 0 & 2 & 1 \\ 3 & 0 & 1 \end{pmatrix}$求:

(1)$(\boldsymbol{A}+\boldsymbol{B})(\boldsymbol{A}-\boldsymbol{B})$;(2)$\boldsymbol{A}^2-\boldsymbol{B}^2$.

4. 已知矩阵 $\boldsymbol{A}=\begin{pmatrix}1&1&1\\2&-1&0\\1&0&1\end{pmatrix}$，$\boldsymbol{B}=\begin{pmatrix}1&0&0\\2&1&0\\0&2&1\end{pmatrix}$，求：

(1) $|-3\boldsymbol{B}|$；(2) $|\boldsymbol{A}|$；(3) $|\boldsymbol{A}\boldsymbol{B}^{\mathrm{T}}|$.

5. 判断下列矩阵是否可逆，若可逆，求其逆矩阵：

(1) $\begin{pmatrix}1&0&0\\1&2&0\\1&2&3\end{pmatrix}$；　　(2) $\begin{pmatrix}2&2&3\\1&-1&0\\-1&2&1\end{pmatrix}$；

(3) $\begin{pmatrix}1&2&3&4\\2&3&1&2\\1&1&1&-1\\1&0&-2&-6\end{pmatrix}$；

(4) $\begin{pmatrix}0&a_1&0&\cdots&0\\0&0&a_2&\cdots&0\\\vdots&\vdots&\vdots&&\vdots\\0&0&0&\cdots&a_{n-1}\\a_n&0&0&\cdots&0\end{pmatrix}$　$(a_1a_2\cdots a_n\neq 0)$.

6. 解矩阵方程 $\begin{pmatrix}-2&3&3\\1&-1&0\\-1&2&1\end{pmatrix}\boldsymbol{X}=\begin{pmatrix}0&3&3\\1&1&0\\-1&2&3\end{pmatrix}$.

7. 设矩阵 $\boldsymbol{A}=\begin{pmatrix}0&3&3\\1&1&0\\-1&2&3\end{pmatrix}$，且 $\boldsymbol{AX}=\boldsymbol{A}+2\boldsymbol{X}$，求解未知矩阵 $\boldsymbol{X}$.

8. 设矩阵 $\boldsymbol{X}$ 满足方程 $\boldsymbol{X}=\boldsymbol{AX}+\boldsymbol{B}$，其中 $\boldsymbol{A}=\begin{pmatrix}0&1&0\\-1&1&1\\1&0&-1\end{pmatrix}$，$\boldsymbol{B}=\begin{pmatrix}1&-1\\2&0\\5&-3\end{pmatrix}$，求 $\boldsymbol{X}$.

9. 求下列矩阵的秩：

(1) $\begin{pmatrix} 2 & 1 & 11 & 2 \\ 1 & 0 & 4 & 1 \\ 11 & 4 & 56 & 5 \\ 2 & -1 & 5 & -6 \end{pmatrix}$； (2) $\begin{pmatrix} 1 & 2 & -1 & 0 & 3 \\ 2 & -1 & 0 & 1 & -1 \\ 3 & 1 & -1 & 1 & 2 \\ 0 & -5 & 2 & 1 & -7 \end{pmatrix}$.

10. 设矩阵 $\boldsymbol{A} = \begin{pmatrix} 1 & -2 & 0 \\ -1 & -2 & 1 \\ -3 & 0 & 2 \end{pmatrix}$，$\boldsymbol{B} = \begin{pmatrix} 5 & 1 & -1 \\ 2 & 0 & 3 \end{pmatrix}$，求 $(\boldsymbol{BA})^{\mathrm{T}}$ 和 $r((\boldsymbol{BA})^{\mathrm{T}})$.

五、证明题

1. 设 $\boldsymbol{A}$ 是对称矩阵且 $\boldsymbol{A}$ 可逆，求证：$\boldsymbol{A}^{-1}$ 是对称矩阵.

2. 设 $\boldsymbol{A}$ 是方阵，且 $\boldsymbol{A}^k = \boldsymbol{O}$（$k$ 为正整数）. 证明：$(\boldsymbol{E}-\boldsymbol{A})^{-1} = \boldsymbol{E} + \boldsymbol{A} + \boldsymbol{A}^2 + \cdots + \boldsymbol{A}^{k-1}$.

3. (1) 若 n 阶矩阵满足 $\boldsymbol{A}^2 - \boldsymbol{A} + \boldsymbol{E} = \boldsymbol{O}$，试证 $\boldsymbol{A}$ 可逆，并求其逆矩阵；

(2) 设矩阵 $\boldsymbol{A},\boldsymbol{B}$ 为 n 阶矩阵，已知 $|\boldsymbol{B}| \neq 0$，若 $(\boldsymbol{A}-\boldsymbol{E})^{-1} = (\boldsymbol{B}-\boldsymbol{E})^{\mathrm{T}}$，求证 $\boldsymbol{A}$ 可逆.

第 3 章 线性方程组

数学中的一些美丽定理具有这样的特性：它们极易从事实中归纳出来，但证明却隐藏得极深.

—— 高斯

线性方程组的理论是线性代数中的重要内容，它是解决很多实际问题的有力工具，在工程技术、经济管理等领域中有着广泛的应用. 本章主要讨论方程组的求解与解的结构问题.

3.1 线性方程组解的判别

在 1.5 节中，我们给出了用行列式求解线性方程组的克莱姆法则，但克莱姆法则要求线性方程组满足两个条件：方程个数和未知量个数相同，且系数行列式不等于零. 然而，很多实际问题中给出的线性方程组并不满足上述两个条件，即使具备上述两个条件，计算 $n+1$ 个 n 阶行列式会随着 n 的变大而变得非常困难. 对于一般的线性方程组，可以利用本节介绍的高斯消元法来进行求解.

3.1.1 线性方程组的概念

定义 3.1.1 含有 n 个未知量、m 个方程的线性方程组

$$\begin{cases} a_{11}x_1 + a_{12}x_2 + \cdots + a_{1n}x_n = b_1, \\ a_{21}x_1 + a_{22}x_2 + \cdots + a_{2n}x_n = b_2, \\ \qquad\qquad \vdots \\ a_{m1}x_1 + a_{m2}x_2 + \cdots + a_{mn}x_n = b_m \end{cases} \tag{3.1.1}$$

称为 n 元线性方程组. 其中 $x_1, x_2, \cdots, x_n$ 为未知量，a_{ij} 为第 i 个方程中未知量 x_j 的系数，b_i 为第 i 个方程的常数项，a_{ij}、b_i（$i=1,2,\cdots,m; j=1,2,\cdots,n$）为已知数.

若 $b_1,b_2,\cdots,b_m$ 不全为零，称方程组(3.1.1)为**非齐次线性方程组**；否则称为**齐次线性方程组**.

记
$$\boldsymbol{A}=\begin{pmatrix}a_{11}&a_{12}&\cdots&a_{1n}\\a_{21}&a_{22}&\cdots&a_{2n}\\\vdots&\vdots&&\vdots\\a_{m1}&a_{m2}&\cdots&a_{mn}\end{pmatrix},\quad \boldsymbol{x}=\begin{pmatrix}x_1\\x_2\\\vdots\\x_n\end{pmatrix},\quad \boldsymbol{\beta}=\begin{pmatrix}b_1\\b_2\\\vdots\\b_m\end{pmatrix},$$
则方程组(3.1.1)可以表示成矩阵形式
$$\boldsymbol{Ax}=\boldsymbol{\beta},\tag{3.1.2}$$
其中 $\boldsymbol{A}$ 称为线性方程组(3.1.2)的**系数矩阵**，$\boldsymbol{x}$ 称为**未知量矩阵**，$\boldsymbol{\beta}$ 称为**常数项矩阵**，而
$$\overline{\boldsymbol{A}}=(\boldsymbol{A}\mid\boldsymbol{\beta})=\left(\begin{array}{cccc|c}a_{11}&a_{12}&\cdots&a_{1n}&b_1\\a_{21}&a_{22}&\cdots&a_{2n}&b_2\\\vdots&\vdots&&\vdots&\vdots\\a_{m1}&a_{m2}&\cdots&a_{mn}&b_m\end{array}\right)$$
称为方程组(3.1.2)的**增广矩阵**.

显然，线性方程组(3.1.2)与其增广矩阵 $\overline{\boldsymbol{A}}$ 相互唯一确定.

例1 写出线性方程组 $\begin{cases}3x_1-2x_2+5x_3+\ \ x_4=2,\\ x_1-3x_2\qquad\quad+2x_4=1,\\ x_1-2x_2-\ \ x_3\qquad\quad=5\end{cases}$ 的系数矩阵和增广矩阵.

解
$$\boldsymbol{A}=\begin{pmatrix}3&-2&5&1\\1&-3&0&2\\1&-2&-1&0\end{pmatrix},\quad \overline{\boldsymbol{A}}=\left(\begin{array}{cccc|c}3&-2&5&1&2\\1&-3&0&2&1\\1&-2&-1&0&5\end{array}\right).$$

定义3.1.2 如果 $x_1=c_1,x_2=c_2,\cdots,x_n=c_n$ 满足方程组(3.1.1)的每一个方程，则称 n 元有序数组 $(c_1,c_2,\cdots,c_n)^{\mathrm{T}}$ 为方程组(3.1.1)的一个**(特)解**，方程组所有解组成的集合称为方程组的**通解**. 如果两个方程组有相同的通解，则称它们为**同解方程组**.

例如，方程组 $\begin{cases}x_1+x_2-x_3=1,\\x_1+x_2+x_3=3,\\x_1+x_2\qquad\ \ =2\end{cases}$ 与方程组 $\begin{cases}x_1+x_2\qquad\ \ =2,\\x_1+x_2+x_3=3,\\\qquad\qquad\ x_3=1\end{cases}$ 具有相同

的解$\begin{cases} x_1 = 2 - c, \\ x_2 = c, \\ x_3 = 1 \end{cases}$ (c 取任意实数),即两方程组是同解方程组.

3.1.2 高斯消元法

中学数学中已经介绍过用消元法解简单的线性方程组,高斯消元法是这种方法的延续.用一个具体的例子介绍这种方法.

例 2 解线性方程组$\begin{cases} 3x_1 - 2x_2 + 5x_3 = 2, \\ x_1 - x_2 + 2x_3 = 1, \\ x_1 - 2x_2 - x_3 = 5. \end{cases}$

解 利用消元法解线性方程组,得

$$\begin{cases} 3x_1 - 2x_2 + 5x_3 = 2 & ① \\ x_1 - x_2 + 2x_3 = 1 & ② \\ x_1 - 2x_2 - x_3 = 5 & ③ \end{cases} \qquad \overline{\mathbf{A}} = \left(\begin{array}{ccc|c} 3 & -2 & 5 & 2 \\ 1 & -1 & 2 & 1 \\ 1 & -2 & -1 & 5 \end{array}\right)$$

$$\xrightarrow{①\leftrightarrow③} \begin{cases} x_1 - 2x_2 - x_3 = 5 & ① \\ x_1 - x_2 + 2x_3 = 1 & ② \\ 3x_1 - 2x_2 + 5x_3 = 2 & ③ \end{cases} \qquad \xrightarrow{r_1 \leftrightarrow r_3} \left(\begin{array}{ccc|c} 1 & -2 & -1 & 5 \\ 1 & -1 & 2 & 1 \\ 3 & -2 & 5 & 2 \end{array}\right)$$

$$\xrightarrow[③-3\times①]{②-①} \begin{cases} x_1 - 2x_2 - x_3 = 5 & ① \\ x_2 + 2x_3 = -4 & ② \\ 4x_2 + 8x_3 = -13 & ③ \end{cases} \qquad \xrightarrow[r_3 - 3r_1]{r_2 - r_1} \left(\begin{array}{ccc|c} 1 & -2 & -1 & 5 \\ 0 & 1 & 3 & -4 \\ 0 & 4 & 8 & -13 \end{array}\right)$$

$$\xrightarrow{③-4\times②} \begin{cases} x_1 - 2x_2 - x_3 = 5 & ① \\ x_2 + 3x_3 = -4 & ② \\ -4x_3 = 3 & ③ \end{cases} \qquad \xrightarrow{r_3 - 4r_2} \left(\begin{array}{ccc|c} 1 & -2 & -1 & 5 \\ 0 & 1 & 3 & -4 \\ 0 & 0 & -4 & 3 \end{array}\right)$$

$$\xrightarrow{-\frac{1}{4}\times③} \begin{cases} x_1 - 2x_2 - x_3 = 5 & ① \\ x_2 + 3x_3 = -4 & ② \\ x_3 = -\dfrac{3}{4} & ③ \end{cases} \qquad \xrightarrow{r_3 \times \left(-\frac{1}{4}\right)} \left(\begin{array}{ccc|c} 1 & -2 & -1 & 5 \\ 0 & 1 & 3 & -4 \\ 0 & 0 & 1 & -3/4 \end{array}\right)$$

$$\xrightarrow[②-3\times③]{①+③} \begin{cases} x_1 - 2x_2 = \dfrac{17}{4} & ① \\ x_2 = -\dfrac{7}{4} & ② \\ x_3 = -\dfrac{3}{4} & ③ \end{cases} \qquad \xrightarrow[r_2 - 3r_3]{r_1 + r_3} \left(\begin{array}{ccc|c} 1 & -2 & 0 & 17/4 \\ 0 & 1 & 0 & -7/4 \\ 0 & 0 & 1 & -3/4 \end{array}\right)$$

$$\xrightarrow{①+2\times②}\begin{cases}x_1=\dfrac{3}{4}\\x_2=-\dfrac{7}{4}\\x_3=-\dfrac{3}{4}\end{cases}\qquad\xrightarrow{r_1+2r_2}\left(\begin{array}{ccc|c}1&0&0&3/4\\0&1&0&-7/4\\0&0&1&-3/4\end{array}\right)$$

这种解线性方程组的方法称为**高斯消元法**.

观察可知,高斯消元法解线性方程组,实质上是对其增广矩阵作**初等行变换**,使之化成**行最简矩阵**,从而"读出"原方程组的解.

例 3 解线性方程组$\begin{cases}2x_1-3x_2+x_3=5,\\x_1-x_2+2x_3=1,\\x_1-2x_2-x_3=5.\end{cases}$

解 对该方程组的增广矩阵进行初等行变换,即

$$\overline{\boldsymbol{A}}=\left(\begin{array}{ccc|c}2&-3&1&5\\1&-1&2&1\\1&-2&-1&5\end{array}\right)\to\left(\begin{array}{ccc|c}1&-1&2&1\\0&-1&-3&3\\0&-1&-3&4\end{array}\right)\to\left(\begin{array}{ccc|c}1&-1&2&1\\0&-1&-3&3\\0&0&0&1\end{array}\right),$$

对应的同解方程组为

$$\begin{cases}x_1-x_2+2x_3=1,\\-x_2-3x_3=3,\\0=1,\end{cases}$$

由第三个方程 $0=1$ 可知,这是一个矛盾方程组,从而方程组无解.

例 4 解线性方程组$\begin{cases}2x_1-3x_2+x_3=5,\\x_1-x_2+2x_3=1,\\x_1-2x_2-x_3=4.\end{cases}$

解 对该方程组的增广矩阵进行初等行变换,即

$$\overline{\boldsymbol{A}}=\left(\begin{array}{ccc|c}2&-3&1&5\\1&-1&2&1\\1&-2&-1&4\end{array}\right)\to\left(\begin{array}{ccc|c}1&-1&2&1\\0&-1&-3&3\\0&-1&-3&3\end{array}\right)\to\left(\begin{array}{ccc|c}1&-1&2&1\\0&-1&-3&3\\0&0&0&0\end{array}\right)\to\left(\begin{array}{ccc|c}1&0&5&-2\\0&1&3&-3\\0&0&0&0\end{array}\right).$$

对应的同解方程组为

$$\begin{cases}x_1+5x_3=-2,\\x_2+3x_3=-3,\end{cases}$$

将方程组改写为

$$\begin{cases}x_1=-2-5x_3,\\x_2=-3-3x_3,\end{cases}$$

即只要任意给定 x_3 的值，可唯一地确定 x_1 与 x_2 的值，从而得到原方程组的一组解，因此原方程组有无穷多个解. 例如 $\begin{cases} x_1=-2, \\ x_2=-3, \\ x_3=0, \end{cases}$ $\begin{cases} x_1=3, \\ x_2=0, \\ x_3=-1, \end{cases}$ $\begin{cases} x_1=-7, \\ x_2=-6, \\ x_3=1 \end{cases}$ 都是方程组的解.

显而易见，消元法是一种最基本有效的求解线性方程组的方法. 通过消元法可知线性方程组解的具体情况. 问题是：方程组的解到底与什么相关联？下面来讨论这个问题.

3.1.3 线性方程组有解的判别定理

定理 3.1.1 n 元线性方程组(3.1.1)有解的充分必要条件是系数矩阵的秩等于增广矩阵的秩，即 $r(\boldsymbol{A})=r(\overline{\boldsymbol{A}})$，同时有：

当 $r(\boldsymbol{A})=r(\overline{\boldsymbol{A}})=n$ 时，有唯一解；

当 $r(\boldsymbol{A})=r(\overline{\boldsymbol{A}})=r<n$ 时，有无穷多个解.

证明 利用初等行变换将增广矩阵 $\overline{\boldsymbol{A}}=(\boldsymbol{A}\mid\boldsymbol{\beta})$ 化为行阶梯形矩阵

$$\boldsymbol{C}=\begin{pmatrix} c_{11} & c_{12} & \cdots & c_{1r} & c_{1,r+1} & \cdots & c_{1n} & d_1 \\ 0 & c_{22} & \cdots & c_{2r} & c_{2,r+1} & \cdots & c_{2n} & d_2 \\ \vdots & \vdots & & \vdots & \vdots & & \vdots & \vdots \\ 0 & 0 & \cdots & c_{rr} & c_{r,r+1} & \cdots & c_{rn} & d_r \\ 0 & 0 & \cdots & 0 & 0 & \cdots & 0 & d_{r+1} \\ 0 & 0 & \cdots & 0 & 0 & \cdots & 0 & 0 \\ \vdots & \vdots & & \vdots & \vdots & & \vdots & \vdots \\ 0 & 0 & \cdots & 0 & 0 & \cdots & 0 & 0 \end{pmatrix},$$

其中 $c_{ii}\neq 0,(i=1,2,\cdots,r\leqslant n)$. $\boldsymbol{C}$ 对应的方程组

$$\begin{cases} c_{11}x_1+c_{12}x_2+\cdots+c_{1r}x_r+\cdots+c_{1n}x_n=d_1, \\ \qquad c_{22}x_2+\cdots+c_{2r}x_r+\cdots+c_{2n}x_n=d_2, \\ \qquad \vdots \\ \qquad c_{rr}x_r+\cdots+c_{rn}x_n=d_r, \\ \qquad 0=d_{r+1}, \\ \qquad 0=0, \\ \qquad \vdots \\ \qquad 0=0 \end{cases} \tag{3.1.3}$$

称为**行阶梯形方程组**. 方程组(3.1.3)与方程组(3.1.1)同解.

显然,方程组(3.1.1)有解的充分必要条件是 $d_{r+1}=0$,即 $r(\mathbf{A})=r(\overline{\mathbf{A}})$.

结合克莱姆法则,当 $r(\mathbf{A})=r(\overline{\mathbf{A}})=n$ 时,方程组有唯一解;当 $r(\mathbf{A})=r(\overline{\mathbf{A}})=r<n$ 时,方程组有无穷多个解.

例 5 求 a,b 的值,使线性方程组

$$\begin{cases} x_1+x_2+x_3+x_4=1, \\ 3x_1+2x_2+x_3+x_4=3, \\ x_2+3x_3+2x_4=0, \\ 5x_1+4x_2+3x_3+bx_4=a \end{cases}$$

(1)有唯一解;(2)无解;(3)有无穷多解,并求其解.

解 对该线性方程组的增广矩阵 $\overline{\mathbf{A}}$ 施行行初等变换,得

$$\overline{\mathbf{A}}=\left(\begin{array}{cccc:c} 1 & 1 & 1 & 1 & 1 \\ 3 & 2 & 1 & 1 & 3 \\ 0 & 1 & 3 & 2 & 0 \\ 5 & 4 & 3 & b & a \end{array}\right)\to\left(\begin{array}{cccc:c} 1 & 1 & 1 & 1 & 1 \\ 0 & -1 & -2 & -2 & 0 \\ 0 & 1 & 3 & 2 & 0 \\ 0 & -1 & -2 & b-5 & a-5 \end{array}\right)$$

$$\to\left(\begin{array}{cccc:c} 1 & 1 & 1 & 1 & 1 \\ 0 & -1 & -2 & -2 & 0 \\ 0 & 0 & 1 & 0 & 0 \\ 0 & 0 & 0 & b-3 & a-5 \end{array}\right),$$

由解的判别定理可知:

(1)$b-3\neq 0$,即 $b\neq 3$ 时,有 $r(\mathbf{A})=r(\overline{\mathbf{A}})=4$,此时方程组有唯一解;

(2)$b-3=0,a-5\neq 0$,即 $b=3,a\neq 5$ 时,有 $r(\mathbf{A})=3,r(\overline{\mathbf{A}})=4$,方程组无解;

(3)$b-3=0,a-5=0$,即 $b=3,a=5$ 时,有 $r(\mathbf{A})=r(\overline{\mathbf{A}})=3<4$,方程组有无穷多解. 继续化简至行最简矩阵:

$$\overline{\mathbf{A}}\to\left(\begin{array}{cccc:c} 1 & 1 & 1 & 1 & 1 \\ 0 & -1 & -2 & -2 & 0 \\ 0 & 0 & 1 & 0 & 0 \\ 0 & 0 & 0 & 0 & 0 \end{array}\right)\to\left(\begin{array}{cccc:c} 1 & 1 & 1 & 1 & 1 \\ 0 & -1 & 0 & -2 & 0 \\ 0 & 0 & 1 & 0 & 0 \\ 0 & 0 & 0 & 0 & 0 \end{array}\right)\to\left(\begin{array}{cccc:c} 1 & 0 & 0 & -1 & 1 \\ 0 & 1 & 0 & 2 & 0 \\ 0 & 0 & 1 & 0 & 0 \\ 0 & 0 & 0 & 0 & 0 \end{array}\right).$$

得到同解方程组

$$\begin{cases} x_1-x_4=1, \\ x_2+2x_4=0, \\ x_3=0, \end{cases}$$

令 $x_4=c$(c 为任意实数),则方程组的通解为

$$\begin{cases}x_1=1+c,\\x_2=-2c,\\x_3=0,\\x_4=c.\end{cases}$$

显然 $x_1=\cdots=x_n=0$ 是**齐次线性方程组** $\boldsymbol{Ax}=\boldsymbol{o}$(其中 $\boldsymbol{o}=(0,0,\cdots,0)^{\mathrm{T}}$)的一个解,这个解称为**零解**或**平凡解**.

定理 3.1.2 n 元齐次线性方程组 $\boldsymbol{Ax}=\boldsymbol{o}$ 恒有解,且存在非零解的充分必要条件是 $r(\boldsymbol{A})<n$,即系数矩阵的秩小于未知量的个数.

推论 n 阶方阵 $\boldsymbol{A}$ 对应的齐次线性方程组 $\boldsymbol{Ax}=\boldsymbol{o}$ 有非零解的充分必要条件是其系数行列式 $|\boldsymbol{A}|=0$,即 $r(\boldsymbol{A})<n$.

例 6 试确定 λ 的值,使齐次线性方程组 $\begin{cases}(\lambda+3)x_1+x_2+2x_3=0,\\\lambda x_1+(\lambda-1)x_2+x_3=0,\\3(\lambda+1)x_1+\lambda x_2+(\lambda+3)x_3=0\end{cases}$ 有非零解,并求其解.

解 方程组的系数行列式为

$$|\boldsymbol{A}|=\begin{vmatrix}\lambda+3&1&2\\\lambda&\lambda-1&1\\3(\lambda+1)&\lambda&\lambda+3\end{vmatrix}=\begin{vmatrix}\lambda&1&2\\0&\lambda-1&1\\\lambda&\lambda&\lambda+3\end{vmatrix}=\begin{vmatrix}\lambda&1&2\\0&\lambda-1&1\\0&\lambda-1&\lambda+1\end{vmatrix}$$

$$=\begin{vmatrix}\lambda&1&2\\0&\lambda-1&1\\0&0&\lambda\end{vmatrix}=\lambda^2(\lambda-1),$$

当 $\lambda=0$ 或 $\lambda=1$ 时,$|\boldsymbol{A}|=0$,方程组有非零解.

当 $\lambda=0$ 时,仅对系数矩阵作初等行变换(齐次方程组的常数列全为0,在行初等变换时不变),有

$$\boldsymbol{A}=\begin{pmatrix}3&1&2\\0&-1&1\\3&0&3\end{pmatrix}\to\begin{pmatrix}3&1&2\\0&-1&1\\0&-1&1\end{pmatrix}\to\begin{pmatrix}1&0&1\\0&1&-1\\0&0&0\end{pmatrix},$$

令 $x_3=c$,得通解为

$$\begin{cases}x_1=-c,\\x_2=c,\\x_3=c\end{cases}\quad(c\text{ 为任意常数}).$$

当 $\lambda = 1$ 时，对系数矩阵作行初等变换，有

$$\boldsymbol{A} = \begin{pmatrix} 4 & 1 & 2 \\ 1 & 0 & 1 \\ 6 & 1 & 4 \end{pmatrix} \to \begin{pmatrix} 1 & 0 & 1 \\ 4 & 1 & 2 \\ 6 & 1 & 4 \end{pmatrix} \to \begin{pmatrix} 1 & 0 & 1 \\ 0 & 1 & -2 \\ 0 & 1 & -2 \end{pmatrix} \to \begin{pmatrix} 1 & 0 & 1 \\ 0 & 1 & -2 \\ 0 & 0 & 0 \end{pmatrix},$$

令 $x_3 = c$，得通解为

$$\begin{cases} x_1 = -c, \\ x_2 = 2c, \\ x_3 = c \end{cases} (c \text{ 为任意实数}).$$

习题 3.1

< A >

1. 写出下列线性方程组的系数矩阵和增广矩阵：

(1) $\begin{cases} 2x_1 - x_2 + 3x_3 - x_4 = 5, \\ 3x_1 + 2x_2 - x_3 + 2x_4 = 3, \\ x_2 + 3x_3 + 2x_4 = 0, \\ 5x_1 - 3x_3 = -2; \end{cases}$

(2) $\begin{cases} 2x - 2y + z - w = 4, \\ x + y + 4z + 2w = -5, \\ x + y - 2z - 5w = 13, \\ 4x - 9y - z + w = -6. \end{cases}$

2. 用消元法求解下列齐次线性方程组：

(1) $\begin{cases} x_1 + 2x_2 - x_3 = 0, \\ 2x_1 + 4x_2 + 7x_3 = 0; \end{cases}$

(2) $\begin{cases} x_1 + 2x_2 - 3x_3 = 0, \\ 2x_1 + 5x_2 + 2x_3 = 0, \\ 3x_1 - x_2 - 4x_3 = 0; \end{cases}$

(3) $\begin{cases} x_1 + 2x_2 + x_3 - x_4 = 0, \\ 3x_1 + 6x_2 - x_3 - 3x_4 = 0, \\ 5x_1 + 10x_2 + x_3 - 5x_4 = 0. \end{cases}$

3. 用消元法求解下列非齐次线性方程组：

(1) $\begin{cases} 4x_1 + 2x_2 - x_3 = 2, \\ 3x_1 - x_2 + 2x_3 = 10, \\ 11x_1 + 3x_2 = 1; \end{cases}$

(2) $\begin{cases} 2x_1 + x_2 - x_3 + x_4 = 1, \\ 4x_1 + 2x_2 - 2x_3 + x_4 = 2, \\ 2x_1 + x_2 - x_3 - x_4 = 1; \end{cases}$

(3) $\begin{cases} 2x_1 - x_2 + 3x_3 = 3, \\ 3x_1 + x_2 - 5x_3 = 0, \\ 4x_1 - x_2 + x_3 = 3, \\ x_1 + 3x_2 - 13x_3 = -6. \end{cases}$

4. 已知 4×3 矩阵 $\boldsymbol{A}$ 的秩为 3，则下列说法不正确的是(　　).

A. 齐次线性方程组 $\boldsymbol{Ax}=\boldsymbol{o}$ 只有零解

B. 齐次线性方程组 $\boldsymbol{A}^{\mathrm{T}}\boldsymbol{x}=\boldsymbol{o}$ 有非零解

C. 非齐次线性方程组 $\boldsymbol{Ax}=\boldsymbol{\beta}$ 一定有解

D. 非齐次线性方程组 $\boldsymbol{A}^{\mathrm{T}}\boldsymbol{x}=\boldsymbol{\beta}$ 一定有解

＜B＞

1. 确定 a 的值，使齐次方程组 $\begin{cases} ax_1+x_2+x_3=0, \\ x_1+ax_2+x_3=0, \\ x_1+x_2+ax_3=0 \end{cases}$ 有非零解，并在有非零解时求其全部解.

2. λ 取何值时，非齐次线性方程组 $\begin{cases} \lambda x_1+x_2+x_3=1, \\ x_1+\lambda x_2+x_3=\lambda, \\ x_1+x_2+\lambda x_3=\lambda^2 \end{cases}$ 有唯一解、无解或无穷多解？并在有无穷多解时求其全部解.

3. 当 a,b 为何值时，线性方程组 $\begin{cases} x_1+x_2+x_3+x_4=0, \\ x_2+2x_3+2x_4=1, \\ -x_2+(a-3)x_3-2x_4=b, \\ 3x_1+2x_2+x_3+ax_4=-1 \end{cases}$ 有唯一解、无解、有无穷多解？并在无穷多解时求其全部解.

3.2 向量与向量组

消元法揭示了线性方程组解的存在与否依赖于各方程之间的关系，为了深入讨论线性方程组解的结构问题，需要讨论方程之间的确切关系. 为此，我们引入向量和向量组的概念，并研究其性质.

3.2.1 n 维向量及其线性运算

定义 3.2.1 数域 F 上的 n 个数 $a_1,a_2,\cdots,a_n$ 组成的一个 n 元有序数组 $(a_1,a_2,\cdots,a_n)$ 称为一个 **n 维向量**，其中 a_i 称为该向量的第 i 个分量，$i=1,2,\cdots,n$. 向量一般用 $\boldsymbol{\alpha},\boldsymbol{\beta},\boldsymbol{\gamma}$ 等小写的希腊字母表示.

向量既可以写成一行 $\boldsymbol{\alpha}=(a_1,a_2,\cdots,a_n)$，称为**行向量**；也可以写成一列

$\boldsymbol{\beta}=\begin{pmatrix}b_1\\b_2\\\vdots\\b_n\end{pmatrix}$，称为**列向量**.

行向量和列向量只是两种不同的写法，意义是相同的. 如不特别声明，本书中所提到的 n 维向量均为列向量.

行向量可看成 $1\times n$ 矩阵，列向量可看成 $n\times 1$ 矩阵，利用矩阵的转置则有

$$\boldsymbol{\beta}=\begin{pmatrix}b_1\\b_2\\\vdots\\b_n\end{pmatrix}=(b_1,b_2,\cdots,b_n)^{\mathrm{T}}.$$

定义 3.2.2 所有分量都是零的向量称为**零向量**，记作 $\boldsymbol{o}=(0,0,\cdots,0)^{\mathrm{T}}$. 如果向量的各分量都是实数，则称之为**实向量**. 本书只讨论实向量.

由于向量是特殊的矩阵，因此向量有如下的**线性运算**：

设 $\boldsymbol{\alpha}=(a_1,a_2,\cdots,a_n)^{\mathrm{T}}$，$\boldsymbol{\beta}=(b_1,b_2,\cdots,b_n)^{\mathrm{T}}$，$k\in\mathbf{R}$，则

$\boldsymbol{\alpha}+\boldsymbol{\beta}=(a_1+b_1,a_2+b_2,\cdots,a_n+b_n)^{\mathrm{T}}$，$\quad k\boldsymbol{\alpha}=(ka_1,ka_2,\cdots,ka_n)^{\mathrm{T}}$.

向量的运算满足下列 8 条运算律：设 $\boldsymbol{\alpha},\boldsymbol{\beta},\boldsymbol{\gamma}$ 都是 n 维向量，k,l 是实数，则

(1)$\boldsymbol{\alpha}+\boldsymbol{\beta}=\boldsymbol{\beta}+\boldsymbol{\alpha}$；

(2)$\boldsymbol{\alpha}+(\boldsymbol{\beta}+\boldsymbol{\gamma})=(\boldsymbol{\alpha}+\boldsymbol{\beta})+\boldsymbol{\gamma}$；

(3)$\boldsymbol{\alpha}+\boldsymbol{o}=\boldsymbol{\alpha}$；

(4)$\boldsymbol{\alpha}+(-\boldsymbol{\alpha})=\boldsymbol{o}$；

(5)$(k+l)\boldsymbol{\alpha}=k\boldsymbol{\alpha}+l\boldsymbol{\alpha}$；

(6)$k(\boldsymbol{\alpha}+\boldsymbol{\beta})=k\boldsymbol{\alpha}+k\boldsymbol{\beta}$；

(7)$(kl)\boldsymbol{\alpha}=k(l\boldsymbol{\alpha})$；

(8)$l\cdot\boldsymbol{\alpha}=\boldsymbol{\alpha}\cdot l$.

例 1 已知 $\boldsymbol{\alpha}=(1,-1,2,0)^{\mathrm{T}}$，$\boldsymbol{\beta}=(2,3,0,1)^{\mathrm{T}}$，$\boldsymbol{\gamma}=(-1,0,2,3)^{\mathrm{T}}$，求满足等式 $2\boldsymbol{\alpha}+3\boldsymbol{\beta}-\boldsymbol{\gamma}-\boldsymbol{\eta}=\boldsymbol{o}$ 的向量 $\boldsymbol{\eta}$.

解 由 $2\boldsymbol{\alpha}+3\boldsymbol{\beta}-\boldsymbol{\gamma}-\boldsymbol{\eta}=\boldsymbol{o}$，得

$$\begin{aligned}\boldsymbol{\eta}&=2\boldsymbol{\alpha}+3\boldsymbol{\beta}-\boldsymbol{\gamma}\\&=2(1,-1,2,0)^{\mathrm{T}}+3(2,3,0,1)^{\mathrm{T}}-(-1,0,2,3)^{\mathrm{T}}\\&=(9,7,2,0)^{\mathrm{T}}.\end{aligned}$$

3.2.2 向量组的线性组合

若干个同维数的列向量(或行向量)所组成的集合称为**向量组**. 例如:矩阵 $\boldsymbol{A}=(a_{ij})_{m\times n}$ 的每一列 $\boldsymbol{\alpha}_j=(a_{1j},a_{2j},\cdots,a_{mj})^{\mathrm{T}}(j=1,2,\cdots,n)$ 都是 m 维列向量,它们组成的向量组称为 $\boldsymbol{A}$ 的**列向量组**;$\boldsymbol{A}$ 的每一行 $\boldsymbol{\beta}_i=(a_{i1},a_{i2},\cdots,a_{in})(i=1,2,\cdots,m)$ 都是 n 维行向量,它们组成的向量组称为 $\boldsymbol{A}$ 的**行向量组**.

矩阵的列向量组和行向量组都是只含有有限个向量的向量组. 反之,由有限个向量所组成的向量组可构成一个矩阵. 例如,由 $\boldsymbol{\alpha}_1=(1,2,3,4)^{\mathrm{T}}$,$\boldsymbol{\alpha}_2=(0,1,3,4)^{\mathrm{T}}$,$\boldsymbol{\alpha}_3=(1,0,0,-1)^{\mathrm{T}}$ 组成的向量组构成矩阵

$$\boldsymbol{A}=(\boldsymbol{\alpha}_1,\boldsymbol{\alpha}_2,\boldsymbol{\alpha}_3)=\begin{pmatrix}1&0&1\\2&1&0\\3&3&0\\4&4&-1\end{pmatrix}.$$

线性方程组(3.1.1)可以写成

$$x_1\boldsymbol{\alpha}_1+x_2\boldsymbol{\alpha}_2+\cdots+x_n\boldsymbol{\alpha}_n=\boldsymbol{\beta},\tag{3.2.1}$$

称为线性方程组(3.1.1)的**向量形式**,其中 $\boldsymbol{\alpha}_i=(a_{1i},a_{2i},\cdots,a_{mi})^{\mathrm{T}}(i=1,2,\cdots,n)$,$\boldsymbol{\beta}=(b_1,b_2,\cdots,b_m)^{\mathrm{T}}$ 是常数列向量,方程组的解 $\boldsymbol{x}=(c_1,c_2,\cdots,c_n)^{\mathrm{T}}$ 是 n 维列向量,称为方程组的**解向量**.

式(3.2.1)表明,线性方程组(3.1.1)是否有解取决于是否存在一组数 c_1,$c_2,\cdots,c_n$ 使得线性关系式 $c_1\boldsymbol{\alpha}_1+c_2\boldsymbol{\alpha}_2+\cdots+c_n\boldsymbol{\alpha}_n=\boldsymbol{\beta}$ 成立,即 $\boldsymbol{\beta}$ 是否可以表示成向量组 $\boldsymbol{\alpha}_1,\boldsymbol{\alpha}_2,\cdots,\boldsymbol{\alpha}_n$ 的线性关系式.

定义 3.2.3 设 $\boldsymbol{\alpha}_1,\boldsymbol{\alpha}_2,\cdots,\boldsymbol{\alpha}_s$ 为 n 维向量组,$\boldsymbol{\beta}$ 为 n 维向量,如果存在一组常数 $k_1,k_2,\cdots,k_s$,使得

$$\boldsymbol{\beta}=k_1\boldsymbol{\alpha}_1+k_2\boldsymbol{\alpha}_2+\cdots+k_s\boldsymbol{\alpha}_s$$

成立,则称向量 $\boldsymbol{\beta}$ 是向量组 $\boldsymbol{\alpha}_1,\boldsymbol{\alpha}_2,\cdots,\boldsymbol{\alpha}_s$ 的一个**线性组合**,或者称向量 $\boldsymbol{\beta}$ 可由向量组 $\boldsymbol{\alpha}_1,\boldsymbol{\alpha}_2,\cdots,\boldsymbol{\alpha}_s$ **线性表示**,而称系数 $k_1,k_2,\cdots,k_s$ 为**线性组合系数**或**线性表示系数**.

例 2 设 $\boldsymbol{\varepsilon}_1=(1,0,\cdots,0)^{\mathrm{T}}$,$\boldsymbol{\varepsilon}_2=(0,1,\cdots,0)^{\mathrm{T}}$,$\cdots$,$\boldsymbol{\varepsilon}_n=(0,0,\cdots,1)^{\mathrm{T}}$,如果 $\boldsymbol{\alpha}=(a_1,a_2,\cdots,a_n)^{\mathrm{T}}$ 为任意一个 n 维列向量,则

$$\boldsymbol{\alpha}=a_1\boldsymbol{\varepsilon}_1+a_2\boldsymbol{\varepsilon}_2+\cdots+a_n\boldsymbol{\varepsilon}_n,$$

即任意一个 n 维向量可由 $\boldsymbol{\varepsilon}_1,\boldsymbol{\varepsilon}_2,\cdots,\boldsymbol{\varepsilon}_n$ 线性表示. $\boldsymbol{\varepsilon}_1,\boldsymbol{\varepsilon}_2,\cdots,\boldsymbol{\varepsilon}_n$ 称为 n **维初始单位向量组**.

例 3 由于 $\boldsymbol{o}=0\cdot\boldsymbol{\alpha}_1+0\cdot\boldsymbol{\alpha}_2+\cdots+0\cdot\boldsymbol{\alpha}_s$,故零向量是任一向量组的线性

组合.

定理 3.2.1 设 $\boldsymbol{\alpha}_1,\boldsymbol{\alpha}_2,\cdots,\boldsymbol{\alpha}_s,\boldsymbol{\beta}$ 均为 n 维向量,则下列命题等价:

(1) $\boldsymbol{\beta}$ 可由向量组 $\boldsymbol{\alpha}_1,\boldsymbol{\alpha}_2,\cdots,\boldsymbol{\alpha}_s$ 线性表示;

(2) 线性方程组 $x_1\boldsymbol{\alpha}_1+x_2\boldsymbol{\alpha}_2+\cdots+x_s\boldsymbol{\alpha}_s=\boldsymbol{\beta}$ 有解;

(3) 矩阵 $\boldsymbol{A}=(\boldsymbol{\alpha}_1,\boldsymbol{\alpha}_2,\cdots,\boldsymbol{\alpha}_s)$ 与 $\overline{\boldsymbol{A}}=(\boldsymbol{\alpha}_1,\boldsymbol{\alpha}_2,\cdots,\boldsymbol{\alpha}_s \mid \boldsymbol{\beta})$ 的秩相等.

例 4 判断 $\boldsymbol{\beta}=(1,2)^{\mathrm{T}}$ 能否由向量组 $\boldsymbol{\alpha}_1=(1,-3)^{\mathrm{T}}$ 和 $\boldsymbol{\alpha}_2=(2,-6)^{\mathrm{T}}$ 线性表示.

解 考虑线性方程组 $x_1\boldsymbol{\alpha}_1+x_2\boldsymbol{\alpha}_2=\boldsymbol{\beta}$,对其增广矩阵 $\overline{\boldsymbol{A}}=(\boldsymbol{\alpha}_1,\boldsymbol{\alpha}_2 \mid \boldsymbol{\beta})$ 作初等行变换,即

$$\overline{\boldsymbol{A}}=(\boldsymbol{\alpha}_1,\boldsymbol{\alpha}_2 \mid \boldsymbol{\beta})=\left(\begin{array}{cc:c}1 & 2 & 1\\ -3 & -6 & 2\end{array}\right)\rightarrow\left(\begin{array}{cc:c}1 & 2 & 1\\ 0 & 0 & 5\end{array}\right).$$

显然,系数矩阵 $\boldsymbol{A}=(\boldsymbol{\alpha}_1,\boldsymbol{\alpha}_2)$ 与增广矩阵 $\overline{\boldsymbol{A}}$ 的秩不相等,即 $x_1\boldsymbol{\alpha}_1+x_2\boldsymbol{\alpha}_2=\boldsymbol{\beta}$ 无解,所以 $\boldsymbol{\beta}$ 不能由向量组 $\boldsymbol{\alpha}_1,\boldsymbol{\alpha}_2$ 线性表示.

例 5 判断向量 $\boldsymbol{\beta}=(-1,1,5)^{\mathrm{T}}$ 能否由向量组 $\boldsymbol{\alpha}_1=(1,2,3)^{\mathrm{T}},\boldsymbol{\alpha}_2=(0,1,4)^{\mathrm{T}},\boldsymbol{\alpha}_3=(2,3,6)^{\mathrm{T}}$ 线性表示.若能,写出表示式.

解 考虑线性方程组 $x_1\boldsymbol{\alpha}_1+x_2\boldsymbol{\alpha}_2+x_3\boldsymbol{\alpha}_3=\boldsymbol{\beta}$,对其增广矩阵 $\overline{\boldsymbol{A}}$ 作初等行变换,即

$$\overline{\boldsymbol{A}}=(\boldsymbol{\alpha}_1,\boldsymbol{\alpha}_2,\boldsymbol{\alpha}_3 \mid \boldsymbol{\beta})=\left(\begin{array}{ccc:c}1 & 0 & 2 & -1\\ 2 & 1 & 3 & 1\\ 3 & 4 & 6 & 5\end{array}\right)\rightarrow\left(\begin{array}{ccc:c}1 & 0 & 0 & 1\\ 0 & 1 & 0 & 2\\ 0 & 0 & 1 & -1\end{array}\right).$$

系数矩阵 $\boldsymbol{A}=(\boldsymbol{\alpha}_1,\boldsymbol{\alpha}_2,\boldsymbol{\alpha}_3)$ 与增广矩阵 $\overline{\boldsymbol{A}}$ 的秩相等,且都等于3,从而 $x_1\boldsymbol{\alpha}_1+x_2\boldsymbol{\alpha}_2+x_3\boldsymbol{\alpha}_3=\boldsymbol{\beta}$ 有唯一解 $x_1=1,x_2=2,x_3=-1$,所以 $\boldsymbol{\beta}$ 可由向量组 $\boldsymbol{\alpha}_1,\boldsymbol{\alpha}_2,\boldsymbol{\alpha}_3$ 线性表示,且表示法唯一,即

$$\boldsymbol{\beta}=\boldsymbol{\alpha}_1+2\boldsymbol{\alpha}_2-\boldsymbol{\alpha}_3.$$

定义 3.2.4 设两个向量组

$$(\boldsymbol{A}):\boldsymbol{\alpha}_1,\boldsymbol{\alpha}_2,\cdots,\boldsymbol{\alpha}_s,\quad (\boldsymbol{B}):\boldsymbol{\beta}_1,\boldsymbol{\beta}_2,\cdots,\boldsymbol{\beta}_t.$$

若向量组($\boldsymbol{B}$)中的每一个向量都可由向量组($\boldsymbol{A}$)线性表示,则称**向量组($\boldsymbol{B}$)可由向量组($\boldsymbol{A}$)线性表示**.如果向量组($\boldsymbol{A}$)和($\boldsymbol{B}$)可以相互线性表示,则称这两个**向量组等价**.

按定义,如果向量组($\boldsymbol{B}$)可由向量组($\boldsymbol{A}$)线性表示,则存在 $k_{1j},k_{2j},\cdots,k_{sj}\ (j=1,2,\cdots,t)$,使得

$$\boldsymbol{\beta}_j = k_{1j}\boldsymbol{\alpha}_1 + k_{2j}\boldsymbol{\alpha}_2 + \cdots + k_{sj}\boldsymbol{\alpha}_s = (\boldsymbol{\alpha}_1, \boldsymbol{\alpha}_2, \cdots, \boldsymbol{\alpha}_s)\begin{pmatrix} k_{1j} \\ k_{2j} \\ \vdots \\ k_{sj} \end{pmatrix},$$

所以

$$(\boldsymbol{\beta}_1, \boldsymbol{\beta}_2, \cdots, \boldsymbol{\beta}_t) = (\boldsymbol{\alpha}_1, \boldsymbol{\alpha}_2, \cdots, \boldsymbol{\alpha}_s)\begin{pmatrix} k_{11} & k_{12} & \cdots & k_{1t} \\ k_{21} & k_{22} & \cdots & k_{2t} \\ \vdots & \vdots & & \vdots \\ k_{s1} & k_{s2} & \cdots & k_{st} \end{pmatrix} = (\boldsymbol{\alpha}_1, \boldsymbol{\alpha}_2, \cdots, \boldsymbol{\alpha}_s)\boldsymbol{K},$$

其中矩阵 $\boldsymbol{K} = (k_{ij})_{s\times t}$ 称为线性表示的**系数矩阵**.

向量组间的等价关系具有下列性质：

(1) 自反性　任意向量组与其自身等价；

(2) 对称性　若向量组(**A**)与(**B**)等价，则向量组(**B**)与(**A**)等价；

(3) 传递性　若向量组(**A**)与(**B**)等价，且向量组(**B**)与(**C**)等价，则向量组(**A**)与(**C**)等价.

3.2.3 向量组的线性相关性

齐次线性方程组 $\boldsymbol{Ax} = \boldsymbol{o}$ 的向量形式为 $x_1\boldsymbol{\alpha}_1 + x_2\boldsymbol{\alpha}_2 + \cdots + x_n\boldsymbol{\alpha}_n = \boldsymbol{o}$，其中向量组 $\boldsymbol{\alpha}_1, \boldsymbol{\alpha}_2, \cdots, \boldsymbol{\alpha}_n$ 是系数矩阵 $\boldsymbol{A} = (a_{ij})_{m\times n}$ 的列向量组. 当 $r(\boldsymbol{A}) < n$ 时，该齐次方程组存在非零解，即存在不全为零的数 $k_1, k_2, \cdots, k_s$，使得 $k_1\boldsymbol{\alpha}_1 + k_2\boldsymbol{\alpha}_2 + \cdots + k_s\boldsymbol{\alpha}_s = \boldsymbol{o}$ 成立.

定义 3.2.5　设 n 维向量组 $\boldsymbol{\alpha}_1, \boldsymbol{\alpha}_2, \cdots, \boldsymbol{\alpha}_s$，若存在一组不全为零的数 $k_1, k_2, \cdots, k_s$，使得

$$k_1\boldsymbol{\alpha}_1 + k_2\boldsymbol{\alpha}_2 + \cdots + k_s\boldsymbol{\alpha}_s = \boldsymbol{o}$$

成立，则称向量组 $\boldsymbol{\alpha}_1, \boldsymbol{\alpha}_2, \cdots, \boldsymbol{\alpha}_s$ **线性相关**；否则，称向量组 $\boldsymbol{\alpha}_1, \boldsymbol{\alpha}_2, \cdots, \boldsymbol{\alpha}_s$ **线性无关**.

例 6　n 维初始单位向量组 $\boldsymbol{\varepsilon}_1, \boldsymbol{\varepsilon}_2, \cdots, \boldsymbol{\varepsilon}_n$ 线性无关.

定理 3.2.2　设 m 维向量组 $\boldsymbol{\alpha}_1, \boldsymbol{\alpha}_2, \cdots, \boldsymbol{\alpha}_s$，矩阵 $\boldsymbol{A} = (\boldsymbol{\alpha}_1, \boldsymbol{\alpha}_2, \cdots, \boldsymbol{\alpha}_s)$，则下列结论等价：

(1) $\boldsymbol{\alpha}_1, \boldsymbol{\alpha}_2, \cdots, \boldsymbol{\alpha}_s$ 线性相关；

(2) 齐次线性方程组 $\boldsymbol{Ax} = \boldsymbol{o}$ 有非零解；

(3) $r(\boldsymbol{A}) < s$.

例 7 判断向量组 $\boldsymbol{\alpha}_1=(1,-2,0,3)^{\mathrm{T}},\boldsymbol{\alpha}_2=(2,5,-1,0)^{\mathrm{T}},\boldsymbol{\alpha}_3=(3,4,-1,-2)^{\mathrm{T}}$ 是否线性相关.

解 对矩阵 $\boldsymbol{A}=(\boldsymbol{\alpha}_1,\boldsymbol{\alpha}_2,\boldsymbol{\alpha}_3)$ 作初等行变换,即

$$\boldsymbol{A}=(\boldsymbol{\alpha}_1,\boldsymbol{\alpha}_2,\boldsymbol{\alpha}_3)=\begin{pmatrix}1&2&3\\-2&5&4\\0&-1&-1\\3&0&-2\end{pmatrix}\rightarrow\begin{pmatrix}1&2&3\\0&1&1\\0&0&1\\0&0&0\end{pmatrix}.$$

显然 $r(\boldsymbol{A})=3$,从而 $\boldsymbol{\alpha}_1,\boldsymbol{\alpha}_2,\boldsymbol{\alpha}_3$ 线性无关.

推论 1 若 $s>m$,则 s 个 m 维向量 $\boldsymbol{\alpha}_1,\boldsymbol{\alpha}_2,\cdots,\boldsymbol{\alpha}_s$ 一定线性相关.

证明 s 个 m 维向量 $\boldsymbol{\alpha}_1,\boldsymbol{\alpha}_2,\cdots,\boldsymbol{\alpha}_s$ 构成一个 $m\times s$ 矩阵 $\boldsymbol{A}=(\boldsymbol{\alpha}_1,\boldsymbol{\alpha}_2,\cdots,\boldsymbol{\alpha}_s)$,则

$$r(\boldsymbol{A})\leqslant\min\{m,s\}<s,$$

由定理 3.2.2 可知,$\boldsymbol{\alpha}_1,\boldsymbol{\alpha}_2,\cdots,\boldsymbol{\alpha}_s$ 一定线性相关,即当向量组含有向量的个数大于所含向量的维数时,向量组一定线性相关.

推论 2 矩阵 $\boldsymbol{A}$ 的列(行)向量组线性相关的充分必要条件是:矩阵 $\boldsymbol{A}$ 的秩小于矩阵 $\boldsymbol{A}$ 的列(行)数.

证明 将 $m\times n$ 矩阵按列进行分块得到 $\boldsymbol{A}=(\boldsymbol{\alpha}_1,\boldsymbol{\alpha}_2,\cdots,\boldsymbol{\alpha}_n)$,由定理 3.2.2 知,$\boldsymbol{\alpha}_1,\boldsymbol{\alpha}_2,\cdots,\boldsymbol{\alpha}_n$ 线性相关的充分必要条件是 $r(\boldsymbol{A})<n$,即矩阵 $\boldsymbol{A}$ 的秩小于矩阵 $\boldsymbol{A}$ 的列数.

同理可证明,矩阵 $\boldsymbol{A}$ 的行向量组线性相关的充分必要条件是矩阵 $\boldsymbol{A}$ 的秩小于矩阵 $\boldsymbol{A}$ 的行数.

例 8 分别判断矩阵 $\boldsymbol{A}=\begin{pmatrix}1&2&-3&0\\-1&-2&2&1\\2&6&7&2\\3&7&8&-1\\4&7&15&3\end{pmatrix}$ 的列向量组和行向量组是否线性相关.

解 因为矩阵 $\boldsymbol{A}$ 是 5×4 矩阵,且 $r(\boldsymbol{A})=4$,所以矩阵 $\boldsymbol{A}$ 的列向量组线性无关,矩阵 $\boldsymbol{A}$ 的行向量组线性相关.

推论 3 设 n 个 n 维向量 $\boldsymbol{\alpha}_j=(a_{1j},a_{2j},\cdots,a_{nj})^{\mathrm{T}}(j=1,2,\cdots,n)$,则向量组 $\boldsymbol{\alpha}_1,\boldsymbol{\alpha}_2,\cdots,\boldsymbol{\alpha}_n$ 线性相关的充分必要条件是

$$\begin{vmatrix} a_{11} & a_{12} & \cdots & a_{1n} \\ a_{21} & a_{22} & \cdots & a_{2n} \\ \vdots & \vdots & & \vdots \\ a_{n1} & a_{n2} & \cdots & a_{nn} \end{vmatrix} = 0.$$

例 9 已知向量组 $\boldsymbol{\alpha}_1 = (1,1,1,1)^T$，$\boldsymbol{\alpha}_2 = (1,-2,4,-8)^T$，$\boldsymbol{\alpha}_3 = (1,-1,1,-1)^T$，$\boldsymbol{\alpha}_4 = (1,x,x^2,x^3)^T$，试问 x 取何值时，向量组 $\boldsymbol{\alpha}_1,\boldsymbol{\alpha}_2,\boldsymbol{\alpha}_3,\boldsymbol{\alpha}_4$ 线性相关？

解 由推论 3 可知，当 $\begin{vmatrix} 1 & 1 & 1 & 1 \\ 1 & -2 & -1 & x \\ 1 & 4 & 1 & x^2 \\ 1 & -8 & -1 & x^3 \end{vmatrix} = 0$ 时，向量组 $\boldsymbol{\alpha}_1,\boldsymbol{\alpha}_2,\boldsymbol{\alpha}_3,\boldsymbol{\alpha}_4$ 线性相关. 利用范德蒙德行列式可得 $(x-1)(x+1)(x+2)=0$，即当 $x=-2$ 或 $x=-1$ 或 $x=1$ 时，向量组 $\boldsymbol{\alpha}_1,\boldsymbol{\alpha}_2,\boldsymbol{\alpha}_3,\boldsymbol{\alpha}_4$ 线性相关.

例 10 设向量组 $\boldsymbol{\alpha}_1,\boldsymbol{\alpha}_2,\boldsymbol{\alpha}_3$ 线性无关，证明：$\boldsymbol{\alpha}_1+\boldsymbol{\alpha}_2,\boldsymbol{\alpha}_2+\boldsymbol{\alpha}_3,\boldsymbol{\alpha}_3+\boldsymbol{\alpha}_1$ 线性无关.

证明 设 $k_1(\boldsymbol{\alpha}_1+\boldsymbol{\alpha}_2)+k_2(\boldsymbol{\alpha}_2+\boldsymbol{\alpha}_3)+k_3(\boldsymbol{\alpha}_3+\boldsymbol{\alpha}_1)=\boldsymbol{o}$，整理得

$$(k_1+k_3)\boldsymbol{\alpha}_1+(k_1+k_2)\boldsymbol{\alpha}_2+(k_2+k_3)\boldsymbol{\alpha}_3=\boldsymbol{o},$$

已知向量组 $\boldsymbol{\alpha}_1,\boldsymbol{\alpha}_2,\boldsymbol{\alpha}_3$ 线性无关，故

$$\begin{cases} k_1+k_3=0, \\ k_1+k_2=0, \\ k_2+k_3=0, \end{cases}$$

方程组的系数行列式

$$\begin{vmatrix} 1 & 0 & 1 \\ 1 & 1 & 0 \\ 0 & 1 & 1 \end{vmatrix} = 2 \neq 0,$$

所以该方程组只有零解，即 $k_1=k_2=k_3=0$，所以 $\boldsymbol{\alpha}_1+\boldsymbol{\alpha}_2,\boldsymbol{\alpha}_2+\boldsymbol{\alpha}_3,\boldsymbol{\alpha}_3+\boldsymbol{\alpha}_1$ 线性无关.

显然，只含有一个向量的向量组线性相关的充分必要条件是此向量为零向量. 下面给出含有两个及两个以上向量的向量组线性相关的充分必要条件.

定理 3.2.3 向量组 $\boldsymbol{\alpha}_1,\boldsymbol{\alpha}_2,\cdots,\boldsymbol{\alpha}_s(s\geqslant 2)$ 线性相关的充分必要条件是至少有一个向量可以由其余的 $s-1$ 个向量线性表示.

证明 必要性 设向量组 $\boldsymbol{\alpha}_1,\boldsymbol{\alpha}_2,\cdots,\boldsymbol{\alpha}_s$ 线性相关，则存在不全为零的数 $k_1,k_2,\cdots,k_s$，使得

$$k_1\boldsymbol{\alpha}_1+k_2\boldsymbol{\alpha}_2+\cdots+k_s\boldsymbol{\alpha}_s=\boldsymbol{o}$$

成立. 不妨设 $k_1\neq 0$,于是

$$\boldsymbol{\alpha}_1=-\frac{k_2}{k_1}\boldsymbol{\alpha}_2-\cdots-\frac{k_s}{k_1}\boldsymbol{\alpha}_s,$$

即 $\boldsymbol{\alpha}_1$ 可由 $\boldsymbol{\alpha}_2,\boldsymbol{\alpha}_3,\cdots,\boldsymbol{\alpha}_s$ 线性表示.

充分性　如果 $\boldsymbol{\alpha}_1,\boldsymbol{\alpha}_2,\cdots,\boldsymbol{\alpha}_s$ 中至少有一个向量可以由其余的 $s-1$ 个向量线性表示,不妨设 $\boldsymbol{\alpha}_1=\lambda_2\boldsymbol{\alpha}_2+\cdots+\lambda_s\boldsymbol{\alpha}_s$,因此存在一组不全为零的数 $-1,\lambda_2,\lambda_3,\cdots,\lambda_s$ 使得

$$(-1)\boldsymbol{\alpha}_1+\lambda_2\boldsymbol{\alpha}_2+\cdots+\lambda_s\boldsymbol{\alpha}_s=\boldsymbol{o}$$

成立,即 $\boldsymbol{\alpha}_1,\boldsymbol{\alpha}_2,\cdots,\boldsymbol{\alpha}_s$ 线性相关.

定理 3.2.4　如果向量组 $\boldsymbol{\alpha}_1,\boldsymbol{\alpha}_2,\cdots,\boldsymbol{\alpha}_s,\boldsymbol{\beta}$ 线性相关,且 $\boldsymbol{\alpha}_1,\boldsymbol{\alpha}_2,\cdots,\boldsymbol{\alpha}_s$ 线性无关,则 $\boldsymbol{\beta}$ 可由 $\boldsymbol{\alpha}_1,\boldsymbol{\alpha}_2,\cdots,\boldsymbol{\alpha}_s$ 线性表示,且表示式唯一.

证明　向量组 $\boldsymbol{\alpha}_1,\boldsymbol{\alpha}_2,\cdots,\boldsymbol{\alpha}_s,\boldsymbol{\beta}$ 线性相关,则存在不全为零的数 $k_1,k_2,\cdots,k_s,k$ 使得

$$k_1\boldsymbol{\alpha}_1+k_2\boldsymbol{\alpha}_2+\cdots+k_s\boldsymbol{\alpha}_s+k\boldsymbol{\beta}=\boldsymbol{o}$$

成立,其中必有 $k\neq 0$,否则与 $\boldsymbol{\alpha}_1,\boldsymbol{\alpha}_2,\cdots,\boldsymbol{\alpha}_s$ 线性无关矛盾,从而

$$\boldsymbol{\beta}=-\frac{k_1}{k}\boldsymbol{\alpha}_1-\frac{k_2}{k}\boldsymbol{\alpha}_2-\cdots-\frac{k_s}{k}\boldsymbol{\alpha}_s,$$

即向量 $\boldsymbol{\beta}$ 可由向量组 $\boldsymbol{\alpha}_1,\boldsymbol{\alpha}_2,\cdots,\boldsymbol{\alpha}_s$ 线性表示.

再证表示式唯一. 设 $\boldsymbol{\beta}$ 有两个表示式

$$h_1\boldsymbol{\alpha}_1+h_2\boldsymbol{\alpha}_2+\cdots+h_s\boldsymbol{\alpha}_s=\boldsymbol{\beta},\quad l_1\boldsymbol{\alpha}_1+l_2\boldsymbol{\alpha}_2+\cdots+l_s\boldsymbol{\alpha}_s=\boldsymbol{\beta},$$

两式相减,得

$$\boldsymbol{o}=(h_1-l_1)\boldsymbol{\alpha}_1+(h_2-l_2)\boldsymbol{\alpha}_2+\cdots+(h_s-l_s)\boldsymbol{\alpha}_s,$$

由于 $\boldsymbol{\alpha}_1,\boldsymbol{\alpha}_2,\cdots,\boldsymbol{\alpha}_s$ 线性无关,于是

$$h_1-l_1=h_2-l_2=\cdots=h_s-l_s=0,$$

即 $h_1=l_1,h_2=l_2,\cdots,h_s=l_s$,所以表示式唯一.

定理 3.2.5　如果向量组(**A**):$\boldsymbol{\alpha}_1,\boldsymbol{\alpha}_2,\cdots,\boldsymbol{\alpha}_s$ 可由向量组(**B**):$\boldsymbol{\beta}_1,\boldsymbol{\beta}_2,\cdots,\boldsymbol{\beta}_t$ 线性表示,且 $s>t$,则向量组 $\boldsymbol{\alpha}_1,\boldsymbol{\alpha}_2,\cdots,\boldsymbol{\alpha}_s$ 线性相关.

证明　设 $x_1\boldsymbol{\alpha}_1+x_2\boldsymbol{\alpha}_2+\cdots+x_s\boldsymbol{\alpha}_s=\boldsymbol{o}$,只需证明它有非零解.

因向量组(**A**)可由向量组(**B**)线性表示,则

$$\begin{cases}\boldsymbol{\alpha}_1=a_{11}\boldsymbol{\beta}_1+a_{12}\boldsymbol{\beta}_2+\cdots+a_{1t}\boldsymbol{\beta}_t,\\ \boldsymbol{\alpha}_2=a_{21}\boldsymbol{\beta}_1+a_{22}\boldsymbol{\beta}_2+\cdots+a_{2t}\boldsymbol{\beta}_t,\\ \quad\vdots\\ \boldsymbol{\alpha}_s=a_{s1}\boldsymbol{\beta}_1+a_{s2}\boldsymbol{\beta}_2+\cdots+a_{st}\boldsymbol{\beta}_t,\end{cases}$$

代入 $x_1\boldsymbol{\alpha}_1+x_2\boldsymbol{\alpha}_2+\cdots+x_s\boldsymbol{\alpha}_s=\boldsymbol{o}$ 整理得

$$(a_{11}x_1+a_{21}x_2+\cdots+a_{s1}x_s)\boldsymbol{\beta}_1+\cdots+(a_{1t}x_1+a_{2t}x_2+\cdots+a_{st}x_s)\boldsymbol{\beta}_t=\boldsymbol{o}.$$

考虑由系数构成的齐次线性方程组

$$\begin{cases}a_{11}x_1+a_{21}x_2+\cdots+a_{s1}x_s=0,\\a_{12}x_1+a_{22}x_2+\cdots+a_{s2}x_s=0,\\ \qquad\qquad\vdots\\a_{1t}x_1+a_{2t}x_2+\cdots+a_{st}x_s=0,\end{cases}$$

因为 $s>t$，即未知量的个数大于方程的个数，方程组存在非零解，即存在不全为零的数 $l_1,l_2,\cdots,l_s$，使得 $l_1\boldsymbol{\alpha}_1+l_2\boldsymbol{\alpha}_2+\cdots+l_s\boldsymbol{\alpha}_s=\boldsymbol{o}$，所以 $\boldsymbol{\alpha}_1,\boldsymbol{\alpha}_2,\cdots,\boldsymbol{\alpha}_s$ 线性相关.

推论 1 若向量组 $\boldsymbol{\alpha}_1,\boldsymbol{\alpha}_2,\cdots,\boldsymbol{\alpha}_s$ 可由向量组 $\boldsymbol{\beta}_1,\boldsymbol{\beta}_2,\cdots,\boldsymbol{\beta}_t$ 线性表示，且 $\boldsymbol{\alpha}_1,\boldsymbol{\alpha}_2,\cdots,\boldsymbol{\alpha}_s$ 线性无关，则 $s\leqslant t$.

推论 2 等价的线性无关向量组所含的向量个数相同.

习题 3.2

＜A＞

1. 已知向量 $\boldsymbol{\alpha}_1=(1,0,1)^{\mathrm{T}},\boldsymbol{\alpha}_2=(3,2,1)^{\mathrm{T}},\boldsymbol{\alpha}_3=(1,-2,0)^{\mathrm{T}},\boldsymbol{\alpha}_4=(0,2,-1)^{\mathrm{T}}$，求：

   (1) $2\boldsymbol{\alpha}_1-\boldsymbol{\alpha}_2+3\boldsymbol{\alpha}_3-2\boldsymbol{\alpha}_4$； (2) $\boldsymbol{\alpha}_1+4\boldsymbol{\alpha}_2-2\boldsymbol{\alpha}_3-\boldsymbol{\alpha}_5$.

2. 已知向量 $\boldsymbol{\alpha}=(3,2,-1,2)^{\mathrm{T}},\boldsymbol{\beta}=(-1,-3,2,4)^{\mathrm{T}}$.

   (1) 如果 $\boldsymbol{\alpha}-\boldsymbol{\xi}=\boldsymbol{\beta}$，求 $\boldsymbol{\xi}$.

   (2) 如果 $2\boldsymbol{\alpha}+2\boldsymbol{\eta}=3\boldsymbol{\beta}$，求 $\boldsymbol{\eta}$.

3. 判断下列各题中的向量 $\boldsymbol{\beta}$ 能否表示为其余向量的线性组合；若能，写出一种表示法.

   (1) $\boldsymbol{\beta}=(3,5,-6)^{\mathrm{T}},\boldsymbol{\alpha}_1=(1,0,1)^{\mathrm{T}},\boldsymbol{\alpha}_2=(1,1,1)^{\mathrm{T}},\boldsymbol{\alpha}_3=(0,-1,-1)^{\mathrm{T}}$；

   (2) $\boldsymbol{\beta}=(8,3,-7,10)^{\mathrm{T}},\boldsymbol{\alpha}_1=(-2,7,1,3)^{\mathrm{T}},\boldsymbol{\alpha}_2=(3,-5,0,-2)^{\mathrm{T}},\boldsymbol{\alpha}_3=(-5,6,3,-1)^{\mathrm{T}}$.

4. 判断下列向量组是线性无关还是线性相关；若线性相关，试找出该向量组的具体线性关系：

   (1) $\boldsymbol{\alpha}_1=(1,0,-1)^{\mathrm{T}},\boldsymbol{\alpha}_2=(-1,1,0)^{\mathrm{T}},\boldsymbol{\alpha}_3=(3,-5,2)^{\mathrm{T}}$；

   (2) $\boldsymbol{\alpha}_1=(1,1,3,1)^{\mathrm{T}},\boldsymbol{\alpha}_2=(3,-1,2,4)^{\mathrm{T}},\boldsymbol{\alpha}_3=(2,2,7,-1)^{\mathrm{T}}$.

5. 已知向量组 $\boldsymbol{\alpha}_1=(1,-2,4)^{\mathrm{T}},\boldsymbol{\alpha}_2=(0,1,2)^{\mathrm{T}},\boldsymbol{\alpha}_3=(2,-3,a)^{\mathrm{T}}$. 问 a 取何值时，$\boldsymbol{\alpha}_1,\boldsymbol{\alpha}_2,\boldsymbol{\alpha}_3$ 线性相关?线性无关?

6. 证明 $\boldsymbol{\beta}_1=2\boldsymbol{\alpha}_1-\boldsymbol{\alpha}_2,\boldsymbol{\beta}_2=\boldsymbol{\alpha}_1+\boldsymbol{\alpha}_2,\boldsymbol{\beta}_3=\boldsymbol{\alpha}_1-3\boldsymbol{\alpha}_2$ 线性相关.
7. 设 $\boldsymbol{\alpha}_1,\boldsymbol{\alpha}_2,\cdots,\boldsymbol{\alpha}_m$ 线性无关，证明：向量组

$$\boldsymbol{\beta}_1=\boldsymbol{\alpha}_1,\boldsymbol{\beta}_2=\boldsymbol{\alpha}_1+\boldsymbol{\alpha}_2,\boldsymbol{\beta}_3=\boldsymbol{\alpha}_1+\boldsymbol{\alpha}_2+\boldsymbol{\alpha}_3,\cdots,\boldsymbol{\beta}_m=\boldsymbol{\alpha}_1+\boldsymbol{\alpha}_2+\cdots+\boldsymbol{\alpha}_m$$

也线性无关.

<B>

1. 已知向量组 $\boldsymbol{\alpha}_1=(2,8,0,4)^{\mathrm{T}},\boldsymbol{\alpha}_2=(2,7,1,3)^{\mathrm{T}},\boldsymbol{\alpha}_3=(0,-1,1,a)^{\mathrm{T}},\boldsymbol{\beta}=(3,10,b,4)^{\mathrm{T}}$.
   (1) 当 a 和 b 取何值时，$\boldsymbol{\beta}$ 不能用 $\boldsymbol{\alpha}_1,\boldsymbol{\alpha}_2,\boldsymbol{\alpha}_3$ 线性表示？
   (2) 当 a 和 b 取何值时，$\boldsymbol{\beta}$ 可以由 $\boldsymbol{\alpha}_1,\boldsymbol{\alpha}_2,\boldsymbol{\alpha}_3$ 线性表示?求出相应的表示式.
2. 设 $\boldsymbol{\beta}_1=\boldsymbol{\alpha}_1-\boldsymbol{\alpha}_2+\boldsymbol{\alpha}_3,\boldsymbol{\beta}_2=\boldsymbol{\alpha}_1+\boldsymbol{\alpha}_2-\boldsymbol{\alpha}_3,\boldsymbol{\beta}_3=-\boldsymbol{\alpha}_1+\boldsymbol{\alpha}_2+\boldsymbol{\alpha}_3$. 证明：向量组 $\boldsymbol{\beta}_1,\boldsymbol{\beta}_2,\boldsymbol{\beta}_3$ 与 $\boldsymbol{\alpha}_1,\boldsymbol{\alpha}_2,\boldsymbol{\alpha}_3$ 等价.
3. 若 n 维基本单位向量组 $\boldsymbol{\varepsilon}_1,\boldsymbol{\varepsilon}_2,\cdots,\boldsymbol{\varepsilon}_n$ 可以由 n 维向量组 $\boldsymbol{\alpha}_1,\boldsymbol{\alpha}_2,\cdots,\boldsymbol{\alpha}_n$ 线性表示，证明 $\boldsymbol{\alpha}_1,\boldsymbol{\alpha}_2,\cdots,\boldsymbol{\alpha}_n$ 线性无关.
4. 设向量组 $\boldsymbol{\alpha}_1,\boldsymbol{\alpha}_2,\boldsymbol{\alpha}_3$ 可以由向量组 $\boldsymbol{\beta}_1,\boldsymbol{\beta}_2$ 线性表示，证明：向量组 $\boldsymbol{\alpha}_1,\boldsymbol{\alpha}_2,\boldsymbol{\alpha}_3$ 线性相关.

3.3 向量组的秩

向量组中线性无关部分组所含向量的最多个数在一定程度上反映了原向量组线性相关的“程度”. 本节将给出向量组线性相关“程度”大小的数量指标 —— **向量组的秩**，它揭示了向量组中各向量间的关系. 该指标在线性方程组解的理论研究中起着重要的作用.

3.3.1 向量组的极大无关组

当向量组线性相关时，向量组中的某些向量可以由另外一些向量线性表示. 下面讨论如何用最少的向量来表示其他向量，从而在向量组的研究中去掉“多余”的向量.

定义 3.3.1 如果 n 维向量组 $\boldsymbol{\alpha}_1,\boldsymbol{\alpha}_2,\cdots,\boldsymbol{\alpha}_s$ 的一个部分组 $\boldsymbol{\alpha}_{i_1},\boldsymbol{\alpha}_{i_2},\cdots,\boldsymbol{\alpha}_{i_r}$ 满足：

(1) $\boldsymbol{\alpha}_{i_1},\boldsymbol{\alpha}_{i_2},\cdots,\boldsymbol{\alpha}_{i_r}$ 线性无关，

(2) 向量组 $\boldsymbol{\alpha}_1,\boldsymbol{\alpha}_2,\cdots,\boldsymbol{\alpha}_s$ 中任意一个向量都可以表示为 $\boldsymbol{\alpha}_{i_1},\boldsymbol{\alpha}_{i_2},\cdots,\boldsymbol{\alpha}_{i_r}$ 的线性组合，

则称 $\boldsymbol{\alpha}_{i_1},\boldsymbol{\alpha}_{i_2},\cdots,\boldsymbol{\alpha}_{i_r}$ 为向量组 $\boldsymbol{\alpha}_1,\boldsymbol{\alpha}_2,\cdots,\boldsymbol{\alpha}_s$ 的一个**极大无关部分组**，简称**极大无**

关组.

例 1 设 $\boldsymbol{\alpha}_1=(1,2,-1,2)^{\mathrm{T}},\boldsymbol{\alpha}_2=(2,4,1,1)^{\mathrm{T}},\boldsymbol{\alpha}_3=(2,4,-2,4)^{\mathrm{T}},\boldsymbol{\alpha}_4=(-1,-2,-2,1)^{\mathrm{T}}$,求向量组 $\boldsymbol{\alpha}_1,\boldsymbol{\alpha}_2,\boldsymbol{\alpha}_3,\boldsymbol{\alpha}_4$ 的一个极大无关组.

解(逐步扩充法) 首先 $\boldsymbol{\alpha}_1\neq\boldsymbol{o}$,故 $\boldsymbol{\alpha}_1$ 线性无关;又 $\boldsymbol{\alpha}_2$ 与 $\boldsymbol{\alpha}_1$ 不成比例,故 $\boldsymbol{\alpha}_1,\boldsymbol{\alpha}_2$ 线性无关;而 $\boldsymbol{\alpha}_3=2\boldsymbol{\alpha}_1+0\cdot\boldsymbol{\alpha}_2$,故 $\boldsymbol{\alpha}_1,\boldsymbol{\alpha}_2,\boldsymbol{\alpha}_3$ 线性相关,且 $\boldsymbol{\alpha}_4=\boldsymbol{\alpha}_1-\boldsymbol{\alpha}_2$,故 $\boldsymbol{\alpha}_1,\boldsymbol{\alpha}_2,\boldsymbol{\alpha}_4$ 线性相关.因此,$\boldsymbol{\alpha}_1,\boldsymbol{\alpha}_2$ 是极大无关组.同理可得,$\boldsymbol{\alpha}_2,\boldsymbol{\alpha}_3$ 也是一个极大无关组.

注 向量组的极大无关组不是唯一的.

例如,例 1 中 $\boldsymbol{\alpha}_1,\boldsymbol{\alpha}_2$ 和 $\boldsymbol{\alpha}_2,\boldsymbol{\alpha}_3$ 均为向量组 $\boldsymbol{\alpha}_1,\boldsymbol{\alpha}_2,\boldsymbol{\alpha}_3,\boldsymbol{\alpha}_4$ 的极大无关组.

利用定义 3.3.1 可得到下面的结论:

(1) 向量组与其任一极大无关组等价;

(2) 向量组的任意两个极大无关组等价;

(3) 向量组的任何极大无关组所含的向量个数相同.

3.3.2 向量组的秩

定义 3.3.2 n 维向量组 $\boldsymbol{\alpha}_1,\boldsymbol{\alpha}_2,\cdots,\boldsymbol{\alpha}_s$ 的极大无关组所含向量的个数称为该向量组的**秩**,记为 $r(\boldsymbol{\alpha}_1,\boldsymbol{\alpha}_2,\cdots,\boldsymbol{\alpha}_s)$.

例如,例 1 中向量组 $\boldsymbol{\alpha}_1,\boldsymbol{\alpha}_2,\boldsymbol{\alpha}_3,\boldsymbol{\alpha}_4$ 的秩为 2,即 $r(\boldsymbol{\alpha}_1,\boldsymbol{\alpha}_2,\boldsymbol{\alpha}_3,\boldsymbol{\alpha}_4)=2$.

由定义 3.3.2 可得到下面的结论:

(1) 仅含零向量的向量组的秩为零;

(2) 设 $\boldsymbol{\alpha}_1,\boldsymbol{\alpha}_2,\cdots,\boldsymbol{\alpha}_s$ 为 n 维非零向量组,则 $0<r(\boldsymbol{\alpha}_1,\boldsymbol{\alpha}_2,\cdots,\boldsymbol{\alpha}_s)\leqslant\min\{n,s\}$;

(3) n 维基本单位向量组 $\boldsymbol{\varepsilon}_1,\boldsymbol{\varepsilon}_2,\cdots,\boldsymbol{\varepsilon}_n$ 线性无关,从而 $r(\boldsymbol{\varepsilon}_1,\boldsymbol{\varepsilon}_2,\cdots,\boldsymbol{\varepsilon}_n)=n$;

(4) 向量组线性相关的充分必要条件是向量组的秩小于向量组所含向量的个数.

定理 3.3.1 如果向量组 $\boldsymbol{\alpha}_1,\boldsymbol{\alpha}_2,\cdots,\boldsymbol{\alpha}_s$ 可以由向量组 $\boldsymbol{\beta}_1,\boldsymbol{\beta}_2,\cdots,\boldsymbol{\beta}_t$ 线性表示,则

$$r(\boldsymbol{\alpha}_1,\boldsymbol{\alpha}_2,\cdots,\boldsymbol{\alpha}_s)\leqslant r(\boldsymbol{\beta}_1,\boldsymbol{\beta}_2,\cdots,\boldsymbol{\beta}_t).$$

证明 设 $r(\boldsymbol{\alpha}_1,\boldsymbol{\alpha}_2,\cdots,\boldsymbol{\alpha}_s)=k,r(\boldsymbol{\beta}_1,\boldsymbol{\beta}_2,\cdots,\boldsymbol{\beta}_t)=l$,且向量组 $\boldsymbol{\alpha}_1,\boldsymbol{\alpha}_2,\cdots,\boldsymbol{\alpha}_s$ 和向量组 $\boldsymbol{\beta}_1,\boldsymbol{\beta}_2,\cdots,\boldsymbol{\beta}_t$ 的极大无关组分别为 $\boldsymbol{\alpha}_{i_1},\boldsymbol{\alpha}_{i_2},\cdots,\boldsymbol{\alpha}_{i_k}$ 和 $\boldsymbol{\beta}_{j_1},\boldsymbol{\beta}_{j_2},\cdots,\boldsymbol{\beta}_{j_l}$.由已知条件知,$\boldsymbol{\alpha}_{i_1},\boldsymbol{\alpha}_{i_2},\cdots,\boldsymbol{\alpha}_{i_k}$ 可以由 $\boldsymbol{\beta}_{j_1},\boldsymbol{\beta}_{j_2},\cdots,\boldsymbol{\beta}_{j_l}$ 线性表示,又 $\boldsymbol{\alpha}_{i_1},\boldsymbol{\alpha}_{i_2},\cdots,\boldsymbol{\alpha}_{i_k}$ 线性无关,根据定理 3.2.5 的推论 1 知,$k\leqslant l$,即 $r(\boldsymbol{\alpha}_1,\boldsymbol{\alpha}_2,\cdots,\boldsymbol{\alpha}_s)\leqslant r(\boldsymbol{\beta}_1,\boldsymbol{\beta}_2,\cdots,\boldsymbol{\beta}_t)$.

推论 1 等价向量组的秩相同.

3.3.3 向量组的秩与矩阵的秩之间的关系

利用逐步扩充法求得极大无关组，极大无关组中向量个数即为秩，但这种方法比较复杂，下面介绍利用矩阵的初等变换判断向量组线性相关性及求秩的方法.

定义 3.3.3 矩阵 $\boldsymbol{A}$ 的行(列)向量组的秩称为矩阵 $\boldsymbol{A}$ 的行(列)秩.

例 2 求矩阵 $\boldsymbol{A}=\begin{pmatrix}1&1&1\\0&1&2\\0&0&0\end{pmatrix}$ 的行秩和列秩.

解 记 $\boldsymbol{A}$ 的行向量组为 $\boldsymbol{\alpha}_1=(1,1,1)$，$\boldsymbol{\alpha}_2=(0,1,2)$，$\boldsymbol{\alpha}_3=(0,0,0)$，显然 $\boldsymbol{\alpha}_1,\boldsymbol{\alpha}_2$ 线性无关，而零向量可以由任何向量组线性表示，故 $\boldsymbol{\alpha}_1,\boldsymbol{\alpha}_2$ 为 $\boldsymbol{A}$ 的行向量组的极大无关组，所以 $\boldsymbol{A}$ 的行秩为 2.

同理可得 $\boldsymbol{A}$ 的列秩为 2.

定理 3.3.2 矩阵 $\boldsymbol{A}$ 的秩 $=$ $\boldsymbol{A}$ 的列秩 $=$ $\boldsymbol{A}$ 的行秩.

证明 设 $\boldsymbol{A}=(\boldsymbol{\alpha}_1,\boldsymbol{\alpha}_2,\cdots,\boldsymbol{\alpha}_n)$ 的列秩为 s，$r(\boldsymbol{A})=r$，并设 $\boldsymbol{A}$ 的 r 阶子式 $D_r\neq 0$，则根据定理3.2.2的推论2可知，D_r 所对应的 r 列向量线性无关，即 $s\geqslant r$；另一方面，由矩阵 $\boldsymbol{A}$ 的列秩为 s 知，$\boldsymbol{A}$ 的列向量组中有 s 个列向量线性无关，由这 s 个向量构成的矩阵记为 $\boldsymbol{A}_s$，则 $\boldsymbol{A}_s$ 中至少有一个 s 阶子式不为零，因此 $r(\boldsymbol{A}_s)=s$，于是 $r=r(\boldsymbol{A})\geqslant r(\boldsymbol{A}_s)=s$，即矩阵 $\boldsymbol{A}$ 的秩等于 $\boldsymbol{A}$ 的列秩.

同理可证 $\boldsymbol{A}$ 的行秩也等于矩阵 $\boldsymbol{A}$ 的秩.

该定理提供了一个求向量组的秩、判别向量组线性相关性的行之有效的方法.

例 3 求向量组 $\boldsymbol{\alpha}_1=(2,4,2)^{\mathrm{T}}$，$\boldsymbol{\alpha}_2=(1,1,0)^{\mathrm{T}}$，$\boldsymbol{\alpha}_3=(2,3,1)^{\mathrm{T}}$，$\boldsymbol{\alpha}_4=(3,5,2)^{\mathrm{T}}$ 的一个极大无关组，并把其余向量用该极大无关组线性表示.

解 对矩阵 $\boldsymbol{A}=(\boldsymbol{\alpha}_1,\boldsymbol{\alpha}_2,\boldsymbol{\alpha}_3,\boldsymbol{\alpha}_4)$ 作初等行变换，将其化为简化的阶梯形矩阵，即

$$\boldsymbol{A}=\begin{pmatrix}2&1&2&3\\4&1&3&5\\2&0&1&2\end{pmatrix}\to\begin{pmatrix}2&1&2&3\\0&-1&-1&-1\\0&-1&-1&-1\end{pmatrix}\to\begin{pmatrix}2&1&2&3\\0&1&1&1\\0&0&0&0\end{pmatrix}\to\begin{pmatrix}1&0&1/2&1\\0&1&1&1\\0&0&0&0\end{pmatrix}$$
$$=(\boldsymbol{\varepsilon}_1,\boldsymbol{\varepsilon}_2,\boldsymbol{\beta}_3,\boldsymbol{\beta}_4).$$

由行最简矩阵知：$\boldsymbol{\varepsilon}_1,\boldsymbol{\varepsilon}_2$ 为 $\boldsymbol{\varepsilon}_1,\boldsymbol{\varepsilon}_2,\boldsymbol{\beta}_3,\boldsymbol{\beta}_4$ 的一个极大无关组，且 $\boldsymbol{\beta}_3=\dfrac{1}{2}\boldsymbol{\varepsilon}_1+\boldsymbol{\varepsilon}_2$，$\boldsymbol{\beta}_4=\boldsymbol{\varepsilon}_1+\boldsymbol{\varepsilon}_2$；相应地，$\boldsymbol{\alpha}_1,\boldsymbol{\alpha}_2$ 为 $\boldsymbol{\alpha}_1,\boldsymbol{\alpha}_2,\boldsymbol{\alpha}_3,\boldsymbol{\alpha}_4$ 的一个极大无关组，且 $\boldsymbol{\alpha}_3=\dfrac{1}{2}\boldsymbol{\alpha}_1$

$+\boldsymbol{\alpha}_2, \boldsymbol{\alpha}_4=\boldsymbol{\alpha}_1+\boldsymbol{\alpha}_2$.

例 4 求向量组 $\boldsymbol{\alpha}_1=(1,2,2,3)^{\mathrm{T}}, \boldsymbol{\alpha}_2=(1,-1,-3,6)^{\mathrm{T}}, \boldsymbol{\alpha}_3=(-2,-1,1,-9)^{\mathrm{T}}, \boldsymbol{\alpha}_4=(1,1,-1,7)^{\mathrm{T}}, \boldsymbol{\alpha}_5=(4,2,2,9)^{\mathrm{T}}$ 的秩.

解 对矩阵 $\boldsymbol{A}=(\boldsymbol{\alpha}_1, \boldsymbol{\alpha}_2, \boldsymbol{\alpha}_3, \boldsymbol{\alpha}_4, \boldsymbol{\alpha}_5)$ 作初等行变换，将其化为阶梯形矩阵，即

$$\boldsymbol{A}=\begin{pmatrix}1 & 1 & -2 & 1 & 4\\ 2 & -1 & -1 & 1 & 2\\ 2 & -3 & 1 & -1 & 2\\ 3 & 6 & -9 & 7 & 9\end{pmatrix} \rightarrow \begin{pmatrix}1 & 1 & -2 & 1 & 4\\ 0 & -3 & 3 & -1 & -6\\ 0 & -5 & 5 & -3 & -6\\ 0 & 3 & -3 & 4 & -3\end{pmatrix}$$

$$\rightarrow \begin{pmatrix}1 & 1 & -2 & 1 & 4\\ 0 & 1 & -1 & 1/3 & 2\\ 0 & 0 & 0 & -4/3 & 4\\ 0 & 0 & 0 & 1 & -3\end{pmatrix} \rightarrow \begin{pmatrix}1 & 1 & -2 & 1 & 4\\ 0 & 1 & -1 & 1 & 0\\ 0 & 0 & 0 & 1 & -3\\ 0 & 0 & 0 & 0 & 0\end{pmatrix},$$

故 $r(\boldsymbol{A})=3$，即 $r(\boldsymbol{\alpha}_1, \boldsymbol{\alpha}_2, \boldsymbol{\alpha}_3, \boldsymbol{\alpha}_4, \boldsymbol{\alpha}_5)=r(\boldsymbol{A})=3$.

定理 3.3.3 设 $\boldsymbol{A}$ 和 $\boldsymbol{B}$ 均为 $m \times n$ 矩阵，则 $r(\boldsymbol{A}+\boldsymbol{B}) \leqslant r(\boldsymbol{A})+r(\boldsymbol{B})$.

证明 设 $r(\boldsymbol{A})=s, r(\boldsymbol{B})=t, \boldsymbol{A}=(\boldsymbol{\alpha}_1, \boldsymbol{\alpha}_2, \cdots, \boldsymbol{\alpha}_n), \boldsymbol{B}=(\boldsymbol{\beta}_1, \boldsymbol{\beta}_2, \cdots, \boldsymbol{\beta}_n)$，则

$$\boldsymbol{A}+\boldsymbol{B}=(\boldsymbol{\alpha}_1+\boldsymbol{\beta}_1, \boldsymbol{\alpha}_2+\boldsymbol{\beta}_2, \cdots, \boldsymbol{\alpha}_n+\boldsymbol{\beta}_n).$$

设 $\boldsymbol{A}$ 和 $\boldsymbol{B}$ 的列向量组的极大无关组分别为 $\boldsymbol{\alpha}_{k_1}, \boldsymbol{\alpha}_{k_2}, \cdots, \boldsymbol{\alpha}_{k_s}; \boldsymbol{\beta}_{l_1}, \boldsymbol{\beta}_{l_2}, \cdots, \boldsymbol{\beta}_{l_t}$，显然 $\boldsymbol{A}+\boldsymbol{B}$ 的每个列向量 $\boldsymbol{\alpha}_i+\boldsymbol{\beta}_i$ 都可以用向量组 $\boldsymbol{\alpha}_{k_1}, \boldsymbol{\alpha}_{k_2}, \cdots, \boldsymbol{\alpha}_{k_s}, \boldsymbol{\beta}_{l_1}, \boldsymbol{\beta}_{l_2}, \cdots, \boldsymbol{\beta}_{l_t}$ 线性表示，因此

$$r(\boldsymbol{A}+\boldsymbol{B})=r(\boldsymbol{\alpha}_1+\boldsymbol{\beta}_1, \boldsymbol{\alpha}_2+\boldsymbol{\beta}_2, \cdots, \boldsymbol{\alpha}_n+\boldsymbol{\beta}_n) \leqslant s+t=r(\boldsymbol{A})+r(\boldsymbol{B}).$$

定理 3.3.4 设 $\boldsymbol{A}$ 和 $\boldsymbol{B}$ 分别为 $m \times n$ 和 $n \times s$ 矩阵，则 $r(\boldsymbol{AB}) \leqslant \min\{r(\boldsymbol{A}), r(\boldsymbol{B})\}$.

证明 设 $\boldsymbol{A}_{m \times n}=(a_{ij})_{m \times n}=(\boldsymbol{\alpha}_1, \boldsymbol{\alpha}_2, \cdots, \boldsymbol{\alpha}_n), \boldsymbol{B}=(b_{ij})_{n \times s}, \boldsymbol{AB}=(\boldsymbol{\gamma}_1, \cdots, \boldsymbol{\gamma}_j, \cdots, \boldsymbol{\gamma}_s)$，则

$$(\boldsymbol{\gamma}_1, \cdots, \boldsymbol{\gamma}_j, \cdots, \boldsymbol{\gamma}_s)=(\boldsymbol{\alpha}_1, \boldsymbol{\alpha}_2, \cdots, \boldsymbol{\alpha}_n)\begin{pmatrix}b_{11} & \cdots & b_{1j} & \cdots & b_{1s}\\ b_{21} & \cdots & b_{2j} & \cdots & b_{2s}\\ \vdots & & \vdots & & \vdots\\ b_{n1} & \cdots & b_{nj} & \cdots & b_{ns}\end{pmatrix}.$$

因此有 $\boldsymbol{\gamma}_j=b_{1j}\boldsymbol{\alpha}_1+b_{2j}\boldsymbol{\alpha}_2+\cdots+b_{nj}\boldsymbol{\alpha}_n\ (j=1,2,\cdots,s)$，即 $\boldsymbol{AB}$ 的列向量均可由 $\boldsymbol{A}$ 的列向量组线性表示，故 $r(\boldsymbol{AB}) \leqslant r(\boldsymbol{A})$.

又因为 $r(\boldsymbol{AB})=r((\boldsymbol{AB})^{\mathrm{T}})=r(\boldsymbol{B}^{\mathrm{T}}\boldsymbol{A}^{\mathrm{T}}) \leqslant r(\boldsymbol{B}^{\mathrm{T}})=r(\boldsymbol{B})$，即 $r(\boldsymbol{AB}) \leqslant \min\{r(\boldsymbol{A}), r(\boldsymbol{B})\}$.

习题 3.3

<A>

1. 证明下列各向量组中 $\boldsymbol{\alpha}_1,\boldsymbol{\alpha}_2,\boldsymbol{\alpha}_3$ 是一个极大无关组，并用 $\boldsymbol{\alpha}_1,\boldsymbol{\alpha}_2,\boldsymbol{\alpha}_3$ 线性表示 $\boldsymbol{\alpha}_4$：

(1) $\boldsymbol{\alpha}_1=(1,0,0,1)^{\mathrm{T}},\boldsymbol{\alpha}_2=(0,1,0,-1)^{\mathrm{T}},\boldsymbol{\alpha}_3=(0,0,1,-1)^{\mathrm{T}},\boldsymbol{\alpha}_4=(2,-1,3,0)^{\mathrm{T}}$；

(2) $\boldsymbol{\alpha}_1=(1,0,1,0,1)^{\mathrm{T}},\boldsymbol{\alpha}_2=(0,1,1,0,1)^{\mathrm{T}},\boldsymbol{\alpha}_3=(1,1,0,0,1)^{\mathrm{T}},\boldsymbol{\alpha}_4=(-3,-2,3,0,-1)^{\mathrm{T}}$.

2. 求下列向量组的秩和一个极大无关组：

(1) $\boldsymbol{\alpha}_1=(1,0,3)^{\mathrm{T}},\boldsymbol{\alpha}_2=(2,-1,0)^{\mathrm{T}},\boldsymbol{\alpha}_3=(7,1,-4)^{\mathrm{T}},\boldsymbol{\alpha}_4=(8,-1,5)^{\mathrm{T}}$；

(2) $\boldsymbol{\alpha}_1=(1,1,3,1)^{\mathrm{T}},\boldsymbol{\alpha}_2=(-1,1,-1,3)^{\mathrm{T}},\boldsymbol{\alpha}_3=(5,-2,8,-9)^{\mathrm{T}},\boldsymbol{\alpha}_4=(-1,3,1,7)^{\mathrm{T}}$.

3. 求下列向量组的一个极大无关组，并将该组中其余向量用极大无关组线性表示：

(1) $\boldsymbol{\alpha}_1=(1,2,-3)^{\mathrm{T}},\boldsymbol{\alpha}_2=(-2,1,1)^{\mathrm{T}},\boldsymbol{\alpha}_3=(1,-3,2)^{\mathrm{T}},\boldsymbol{\alpha}_4=(2,-1,4)^{\mathrm{T}}$；

(2) $\boldsymbol{\alpha}_1=(1,1,2,3)^{\mathrm{T}},\boldsymbol{\alpha}_2=(1,-1,1,1)^{\mathrm{T}},\boldsymbol{\alpha}_3=(1,3,3,5)^{\mathrm{T}},\boldsymbol{\alpha}_4=(4,-2,5,6)^{\mathrm{T}},\boldsymbol{\alpha}_5=(3,1,5,7)^{\mathrm{T}}$.

<B>

1. 向量组 $\boldsymbol{\alpha}_1,\boldsymbol{\alpha}_2,\cdots,\boldsymbol{\alpha}_s$ 的秩不为零的充分必要条件是(　　).

A. $\boldsymbol{\alpha}_1,\boldsymbol{\alpha}_2,\cdots,\boldsymbol{\alpha}_s$ 中至少有一个非零向量

B. $\boldsymbol{\alpha}_1,\boldsymbol{\alpha}_2,\cdots,\boldsymbol{\alpha}_s$ 中全是非零向量

C. $\boldsymbol{\alpha}_1,\boldsymbol{\alpha}_2,\cdots,\boldsymbol{\alpha}_s$ 线性无关

D. $\boldsymbol{\alpha}_1,\boldsymbol{\alpha}_2,\cdots,\boldsymbol{\alpha}_s$ 线性相关

2. 向量组 $\boldsymbol{\alpha}_1,\boldsymbol{\alpha}_2,\cdots,\boldsymbol{\alpha}_s$ 的秩为 r，则下述四个结论：

①$\boldsymbol{\alpha}_1,\boldsymbol{\alpha}_2,\cdots,\boldsymbol{\alpha}_s$ 中至少有一个含 r 个向量的部分组线性无关；

②$\boldsymbol{\alpha}_1,\boldsymbol{\alpha}_2,\cdots,\boldsymbol{\alpha}_s$ 中任意含 r 个向量的线性无关部分组与 $\boldsymbol{\alpha}_1,\boldsymbol{\alpha}_2,\cdots,\boldsymbol{\alpha}_s$ 可相互线性表示；

③$\boldsymbol{\alpha}_1,\boldsymbol{\alpha}_2,\cdots,\boldsymbol{\alpha}_s$ 中任意含 r 个向量的部分组都线性无关；

④$\boldsymbol{\alpha}_1,\boldsymbol{\alpha}_2,\cdots,\boldsymbol{\alpha}_s$ 中任意 $r+1$ 个向量的部分组都线性相关；

中正确的为(　　).

A. ①②③　　B. ①②④　　C. ①③④　　D. ②③④

3. 若向量组 $(\boldsymbol{A})$：$\boldsymbol{\alpha}_1,\boldsymbol{\alpha}_2,\cdots,\boldsymbol{\alpha}_n$ 与向量组 $(\boldsymbol{B})$：$\boldsymbol{\alpha}_1,\boldsymbol{\alpha}_2,\cdots,\boldsymbol{\alpha}_n,\boldsymbol{\alpha}_{n+1},\cdots,\boldsymbol{\alpha}_s\ (s>n)$ 有相同的秩，求证：向量组 $(\boldsymbol{A})$ 与向量组 $(\boldsymbol{B})$ 等价.

3.4 线性方程组解的结构

当线性方程组 $\boldsymbol{Ax}=\boldsymbol{\beta}$ 满足 $r(\boldsymbol{A}\,\vdots\,\boldsymbol{\beta})=r(\boldsymbol{A})<n$ 时，方程组有无穷多个解，这无穷多个解是否有关联？如何表示？本节利用向量组的线性相关性来讨论这些问题.

3.4.1 齐次线性方程组解的结构

考虑 n 元齐次线性方程组

$$\boldsymbol{Ax}=\boldsymbol{o},\tag{3.4.1}$$

其中 $\boldsymbol{A}=(a_{ij})_{m\times n}$，$\boldsymbol{x}=(x_1,x_2,\cdots,x_n)^{\mathrm{T}}$.

齐次线性方程组的解具有以下性质：

若 $\boldsymbol{\xi}_1,\boldsymbol{\xi}_2,\cdots,\boldsymbol{\xi}_s$ 是方程组 $\boldsymbol{Ax}=\boldsymbol{o}$ 的解，则 $k_1\boldsymbol{\xi}_1+k_2\boldsymbol{\xi}_2+\cdots+k_s\boldsymbol{\xi}_s$ 也是该方程组的解，其中 $k_1,k_2,\cdots,k_s$ 为任意实数.

上述性质表明，若齐次线性方程组有非零解，它必有无穷多个解，这无穷多个解构成了一个 n 维向量组，这个向量组的极大无关组至多含有 n 个解向量. 如果能求出此向量组的一个极大无关组，则可以用它的线性组合来表示方程组的通解. 为此引入基础解系的概念.

定义 3.4.1 齐次线性方程组 $\boldsymbol{Ax}=\boldsymbol{o}$ 的一组解 $\boldsymbol{\xi}_1,\boldsymbol{\xi}_2,\cdots,\boldsymbol{\xi}_s$ 满足：

(1) $\boldsymbol{\xi}_1,\boldsymbol{\xi}_2,\cdots,\boldsymbol{\xi}_s$ 线性无关；

(2) $\boldsymbol{Ax}=\boldsymbol{o}$ 的任意一个解都能由 $\boldsymbol{\xi}_1,\boldsymbol{\xi}_2,\cdots,\boldsymbol{\xi}_s$ 线性表示，

则称 $\boldsymbol{\xi}_1,\boldsymbol{\xi}_2,\cdots,\boldsymbol{\xi}_s$ 是齐次线性方程组 $\boldsymbol{Ax}=\boldsymbol{o}$ 的一个**基础解系**.

定理 3.4.1 如果 n 元齐次线性方程组(3.4.1)的系数矩阵 $\boldsymbol{A}$ 的秩 $r(\boldsymbol{A})=r<n$，则方程组(3.4.1)存在基础解系，且基础解系中包含 $n-r$ 个解向量.

证明 因为 $r(\boldsymbol{A})=r<n$，不失一般性，可设 $\boldsymbol{A}$ 的左上角的 r 阶子式不为零. 对 $\boldsymbol{A}$ 作初等行变换，可得到

$$\boldsymbol{A}\to\cdots\to\begin{pmatrix}1&0&\cdots&0&c_{1,r+1}&\cdots&c_{1n}\\0&1&\cdots&0&c_{2,r+1}&\cdots&c_{2n}\\\vdots&\vdots&&\vdots&\vdots&&\vdots\\0&0&\cdots&1&c_{r,r+1}&\cdots&c_{rn}\\0&0&\cdots&0&0&\cdots&0\\0&0&\cdots&0&0&\cdots&0\\\vdots&\vdots&&\vdots&\vdots&&\vdots\\0&0&\cdots&0&0&\cdots&0\end{pmatrix},$$

对应的同解方程组为

$$\begin{cases} x_1 + c_{1,r+1}x_{r+1} + c_{1,r+2}x_{r+2} + \cdots + c_{1n}x_n = 0, \\ x_2 + c_{2,r+1}x_{r+1} + c_{2,r+2}x_{r+2} + \cdots + c_{2n}x_n = 0, \\ \qquad \vdots \\ x_r + c_{r,r+1}x_{r+1} + c_{r,r+2}x_{r+2} + \cdots + c_{rn}x_n = 0, \end{cases}$$

即

$$\begin{cases} x_1 = -c_{1,r+1}x_{r+1} - c_{1,r+2}x_{r+2} - \cdots - c_{1n}x_n, \\ x_2 = -c_{2,r+1}x_{r+1} - c_{2,r+2}x_{r+2} - \cdots - c_{2n}x_n, \\ \quad \vdots \\ x_r = -c_{r,r+1}x_{r+1} - c_{r,r+2}x_{r+2} - \cdots - c_{rn}x_n, \end{cases} \tag{3.4.2}$$

其中 $x_{r+1}, x_{r+2}, \cdots, x_n$ 为自由未知量，对这 $n-r$ 个未知量分别取值

$$\begin{pmatrix} x_{r+1} \\ x_{r+2} \\ \vdots \\ x_n \end{pmatrix} = \underbrace{\begin{pmatrix} 1 \\ 0 \\ \vdots \\ 0 \end{pmatrix}, \begin{pmatrix} 0 \\ 1 \\ \vdots \\ 0 \end{pmatrix}, \cdots, \begin{pmatrix} 0 \\ 0 \\ \vdots \\ 1 \end{pmatrix}}_{n-r\text{个向量}},$$

可得到方程组(3.4.1)的 $n-r$ 个解向量：

$$\boldsymbol{\xi}_1 = \begin{pmatrix} -c_{1,r+1} \\ -c_{2,r+1} \\ \vdots \\ -c_{r,r+1} \\ 1 \\ 0 \\ \vdots \\ 0 \end{pmatrix}, \quad \boldsymbol{\xi}_2 = \begin{pmatrix} -c_{1,r+2} \\ -c_{2,r+2} \\ \vdots \\ -c_{r,r+2} \\ 0 \\ 1 \\ \vdots \\ 0 \end{pmatrix}, \cdots, \boldsymbol{\xi}_{n-r} = \begin{pmatrix} -c_{1n} \\ -c_{2n} \\ \vdots \\ -c_{rn} \\ 0 \\ 0 \\ \vdots \\ 1 \end{pmatrix}.$$

下面证明 $\boldsymbol{\xi}_1, \boldsymbol{\xi}_2, \cdots, \boldsymbol{\xi}_{n-r}$ 是方程组(3.4.1)的一个基础解系.

首先，证明 $\boldsymbol{\xi}_1, \boldsymbol{\xi}_2, \cdots, \boldsymbol{\xi}_{n-r}$ 线性无关. 记

$$\boldsymbol{K}=(\boldsymbol{\xi}_1,\boldsymbol{\xi}_2,\cdots,\boldsymbol{\xi}_{n-r})=\begin{pmatrix}-c_{1,r+1} & -c_{1,r+2} & \cdots & -c_{1n}\\ -c_{2,r+1} & -c_{2,r+2} & \cdots & -c_{2n}\\ \vdots & \vdots & & \vdots\\ -c_{r,r+1} & -c_{r,r+2} & \cdots & -c_{rn}\\ 1 & 0 & \cdots & 0\\ 0 & 1 & \cdots & 0\\ \vdots & \vdots & & \vdots\\ 0 & 0 & \cdots & 1\end{pmatrix}_{n\times(n-r)},$$

显然，$\boldsymbol{K}$ 有一个 $n-r$ 阶子式不等于零，所以 $r(\boldsymbol{\xi}_1,\boldsymbol{\xi}_2,\cdots,\boldsymbol{\xi}_{n-r})=n-r$，即 $\boldsymbol{\xi}_1,\boldsymbol{\xi}_2,\cdots,\boldsymbol{\xi}_{n-r}$ 线性无关.

其次，证明方程组(3.4.1)的任意一个解 $\boldsymbol{\xi}=(k_1,k_2,\cdots,k_n)^{\mathrm{T}}$ 可以用 $\boldsymbol{\xi}_1,\boldsymbol{\xi}_2,\cdots,\boldsymbol{\xi}_{n-r}$ 线性表示.事实上，因为方程组(3.4.1)与方程组(3.4.2)同解，故有

$$\begin{cases}k_1=-c_{1,r+1}k_{r+1}-c_{1,r+2}k_{r+2}-\cdots-c_{1n}k_n,\\ k_2=-c_{2,r+1}k_{r+1}-c_{2,r+2}k_{r+2}-\cdots-c_{2n}k_n,\\ \quad\vdots\\ k_r=-c_{r,r+1}k_{r+1}-c_{r,r+2}k_{r+2}-\cdots-c_{rn}k_n,\end{cases}$$

于是

$$\boldsymbol{\xi}=k_{r+1}\begin{pmatrix}-c_{1,r+1}\\ -c_{2,r+1}\\ \vdots\\ -c_{r,r+1}\\ 1\\ 0\\ \vdots\\ 0\end{pmatrix}+k_{r+2}\begin{pmatrix}-c_{1,r+2}\\ -c_{2,r+2}\\ \vdots\\ -c_{r,r+2}\\ 0\\ 1\\ \vdots\\ 0\end{pmatrix}+\cdots+k_n\begin{pmatrix}-c_{1n}\\ -c_{2n}\\ \vdots\\ -c_{rn}\\ 0\\ 0\\ \vdots\\ 1\end{pmatrix}=k_{r+1}\boldsymbol{\xi}_1+k_{r+2}\boldsymbol{\xi}_2+\cdots+k_n\boldsymbol{\xi}_{n-r},$$

即方程组(3.4.1)的任意一个解 $\boldsymbol{\xi}$ 可以由 $\boldsymbol{\xi}_1,\boldsymbol{\xi}_2,\cdots,\boldsymbol{\xi}_{n-r}$ 线性表示.因此，$\boldsymbol{\xi}_1,\boldsymbol{\xi}_2,\cdots,\boldsymbol{\xi}_{n-r}$ 是方程组(3.4.1)的一个基础解系.

注　基础解系并非唯一，事实上，任意 $n-r$ 个线性无关的解均可构成方程组(3.4.1)的基础解系.

例 1　求齐次线性方程组 $\begin{cases}2x_1+x_2-2x_3+3x_4=0,\\ 3x_1+2x_2-x_3+2x_4=0,\\ x_1+x_2+x_3-x_4=0\end{cases}$ 的基础解系，并用

基础解系表示方程组的通解.

解 对方程组系数矩阵作初等行变换，将其化为行最简阶梯形矩阵，即

$$\boldsymbol{A}=\begin{pmatrix}2&1&-2&3\\3&2&-1&2\\1&1&1&-1\end{pmatrix}\to\begin{pmatrix}1&1&1&-1\\0&-1&-4&5\\0&0&0&0\end{pmatrix}\to\begin{pmatrix}1&0&-3&4\\0&1&4&-5\\0&0&0&0\end{pmatrix}.$$

得到同解方程组为

$$\begin{cases}x_1-3x_3+4x_4=0,\\x_2+4x_3-5x_4=0,\end{cases}$$

令$(x_3,x_4)^{\mathrm{T}}$分别为$(1,0)^{\mathrm{T}}$，$(0,1)^{\mathrm{T}}$，得到方程组的基础解系$\boldsymbol{\xi}_1=(3,-4,1,0)^{\mathrm{T}}$，$\boldsymbol{\xi}_2=(-4,5,0,1)^{\mathrm{T}}$，则方程组的通解可表示为$\boldsymbol{\xi}=c_1\boldsymbol{\xi}_1+c_2\boldsymbol{\xi}_2(c_1,c_2\in\mathbf{R})$.

例 2 已知$\boldsymbol{B}$是一个3阶非零矩阵，它的每一列都是方程组$\begin{cases}x_1+2x_2-2x_3=0,\\2x_1-x_2+\lambda x_3=0,\\3x_1+x_2-x_3=0\end{cases}$的解，求$\lambda$的值和$|\boldsymbol{B}|$.

解 已知$\boldsymbol{B}\neq\boldsymbol{O}$且$\boldsymbol{B}$的列向量是方程组的解向量，因此齐次方程组有非零解，其系数矩阵$\boldsymbol{A}$的秩小于3，于是

$$|\boldsymbol{A}|=\begin{vmatrix}1&2&-2\\2&-1&\lambda\\3&1&-1\end{vmatrix}=5\lambda-5=0\Rightarrow\lambda=1.$$

当$\lambda=1$时，$r(\boldsymbol{A})=2$，则此方程组的基础解系中只有一个解向量，故$\boldsymbol{B}$的列向量组线性相关，从而$|\boldsymbol{B}|=0$.

例 3 设矩阵$\boldsymbol{A}_{m\times n}$和$\boldsymbol{B}_{n\times s}$满足$\boldsymbol{AB}=\boldsymbol{O}$. 证明：

(1)$\boldsymbol{B}$的列向量均为n元线性方程组$\boldsymbol{Ax}=\boldsymbol{o}$的解；

(2)$r(\boldsymbol{A})+r(\boldsymbol{B})\leqslant n$.

证明 (1) 设矩阵$\boldsymbol{B}=(\boldsymbol{\beta}_1,\boldsymbol{\beta}_2,\cdots,\boldsymbol{\beta}_s)$，其中$\boldsymbol{\beta}_j(j=1,2,\cdots,s)$为$\boldsymbol{B}$的第$j$个列向量，则

$$\boldsymbol{AB}=\boldsymbol{O}\Leftrightarrow\boldsymbol{A}(\boldsymbol{\beta}_1,\boldsymbol{\beta}_2,\cdots,\boldsymbol{\beta}_s)=(\boldsymbol{o},\boldsymbol{o},\cdots,\boldsymbol{o})\Leftrightarrow\boldsymbol{A\beta}_j=\boldsymbol{o}\quad(j=1,2,\cdots,s),$$

即$\boldsymbol{\beta}_j(j=1,2,\cdots,s)$为$n$元线性方程组$\boldsymbol{Ax}=\boldsymbol{o}$的解.

(2) 若$r(\boldsymbol{A})=n$，则n元线性方程组$\boldsymbol{Ax}=\boldsymbol{o}$仅有零解，从而必有$\boldsymbol{B}=\boldsymbol{O}$，因此$r(\boldsymbol{B})=0$，于是$r(\boldsymbol{A})+r(\boldsymbol{B})=n$.

若$r(\boldsymbol{A})=r<n$，则n元线性方程组$\boldsymbol{Ax}=\boldsymbol{o}$存在基础解系，且其基础解系中包含$n-r$个解向量，即方程组$\boldsymbol{Ax}=\boldsymbol{o}$的解向量组的秩为$n-r$，因此$r(\boldsymbol{B})=r(\boldsymbol{\beta}_1,\boldsymbol{\beta}_2,\cdots,\boldsymbol{\beta}_s)\leqslant n-r$，即$r(\boldsymbol{A})+r(\boldsymbol{B})\leqslant n$.

3.4.2 非齐次线性方程组解的结构

设 n 元非齐次线性方程组

$$\boldsymbol{Ax}=\boldsymbol{\beta},$$

其中 $\boldsymbol{A}=(a_{ij})_{m\times n},\boldsymbol{x}=(x_1,x_2,\cdots,x_n)^{\mathrm{T}},\boldsymbol{\beta}=(b_1,b_2,\cdots,b_n)^{\mathrm{T}}\neq\boldsymbol{o}$，称对应的 n 元齐次线性方程组 $\boldsymbol{Ax}=\boldsymbol{o}$ 为 $\boldsymbol{Ax}=\boldsymbol{\beta}$ 的**导出方程组**，简称**导出组**.

例如，非齐次线性方程组 $\begin{cases}x_1+x_2-x_3=3,\\x_1+x_2+x_3=5,\\2x_1+2x_2=4\end{cases}$ 的导出组为

$$\begin{cases}x_1+x_2-x_3=0,\\x_1+x_2+x_3=0,\\2x_1+2x_2=0.\end{cases}$$

性质1 设 $\boldsymbol{\eta}_1,\boldsymbol{\eta}_2$ 为非齐次线性方程组 $\boldsymbol{Ax}=\boldsymbol{\beta}$ 的任意两个解，则 $\boldsymbol{\eta}_1-\boldsymbol{\eta}_2$ 是其导出组的解.

性质2 设 $\boldsymbol{\eta}$ 是非齐次线性方程组 $\boldsymbol{Ax}=\boldsymbol{\beta}$ 的任意一个解，$\boldsymbol{\xi}$ 是其导出组 $\boldsymbol{Ax}=\boldsymbol{o}$ 的一个解，则 $\boldsymbol{\eta}+\boldsymbol{\xi}$ 仍是 $\boldsymbol{Ax}=\boldsymbol{\beta}$ 的解.

定理 3.4.2 若 $r(\boldsymbol{A})=r(\overline{\boldsymbol{A}})=r<n$，则非齐次线性方程组 $\boldsymbol{Ax}=\boldsymbol{\beta}$ 的通解可表示为

$$\boldsymbol{\eta}=\boldsymbol{\eta}_0+c_1\boldsymbol{\xi}_1+c_2\boldsymbol{\xi}_2+\cdots+c_{n-r}\boldsymbol{\xi}_{n-r}\quad(c_1,c_2,\cdots,c_{n-r}\in\mathbf{R}),$$

其中 $\boldsymbol{\eta}_0$ 是 $\boldsymbol{Ax}=\boldsymbol{\beta}$ 的解，$\boldsymbol{\xi}_1,\boldsymbol{\xi}_2,\cdots,\boldsymbol{\xi}_{n-r}$ 是导出组 $\boldsymbol{Ax}=\boldsymbol{o}$ 的基础解系.

定理 3.4.2 表明：非齐次线性方程组的解可以表示为导出组的基础解系与非齐次线性方程组的一个解的线性组合.

例 4 求方程组 $\begin{cases}x_1+2x_2-x_3+3x_4+x_5=2,\\-x_1-2x_2+x_3-x_4+3x_5=4,\\2x_1+4x_2-2x_3+6x_4+3x_5=6\end{cases}$ 的通解.

解 对方程组的增广矩阵作初等行变换：

$$\overline{\boldsymbol{A}}=\left(\begin{array}{ccccc:c}1&2&-1&3&1&2\\-1&-2&1&-1&3&4\\2&4&-2&6&3&6\end{array}\right)\rightarrow\left(\begin{array}{ccccc:c}1&2&-1&3&1&2\\0&0&0&2&4&6\\0&0&0&0&1&2\end{array}\right)$$

$$\rightarrow\left(\begin{array}{ccccc:c}1&2&-1&0&-5&-7\\0&0&0&1&2&3\\0&0&0&0&1&2\end{array}\right)\rightarrow\left(\begin{array}{ccccc:c}1&2&-1&0&0&3\\0&0&0&1&0&-1\\0&0&0&0&1&2\end{array}\right),$$

于是得到原方程组的同解方程组为

$$\begin{cases} x_1+2x_2-x_3 = 3, \\ x_4 = -1, \\ x_5 = 2, \end{cases}$$

不难求得原方程组的一个特解为 $\boldsymbol{\eta}_0=(3,0,0,-1,2)^{\mathrm{T}}$.

原方程组的导出组的同解方程组为

$$\begin{cases} x_1+2x_2-x_3 = 0, \\ x_4 = 0, \\ x_5 = 0, \end{cases}$$

分别令 $(x_2,x_3)^{\mathrm{T}}$ 为 $(1,0)^{\mathrm{T}},(0,1)^{\mathrm{T}}$,得基础解系为 $\boldsymbol{\xi}=(-2,1,0,0,0)^{\mathrm{T}},\boldsymbol{\xi}_2=(1,0,1,0,0)^{\mathrm{T}}$,于是原方程组的通解为 $\boldsymbol{\eta}=\boldsymbol{\eta}_0+c_1\boldsymbol{\xi}_1+c_2\boldsymbol{\xi}_2\ (c_1,c_2\in\mathbf{R})$.

例5 已知线性方程组 $\begin{cases} ax_1+x_2+x_3=4, \\ x_1+bx_2+x_3=3, \\ x_1+2bx_2+x_3=4, \end{cases}$ 试确定 a,b 的值,使方程组有无穷多个解,并利用导出组的基础解系写出其通解.

解 对方程组的增广矩阵作初等行变换,有

$$\overline{\mathbf{A}}=\left(\begin{array}{ccc:c} a & 1 & 1 & 4 \\ 1 & b & 1 & 3 \\ 1 & 2b & 1 & 4 \end{array}\right)\rightarrow\left(\begin{array}{ccc:c} 0 & 1-ab & 1-a & 4-3a \\ 1 & b & 1 & 3 \\ 0 & b & 0 & 1 \end{array}\right)\rightarrow\left(\begin{array}{ccc:c} 1 & 0 & 1 & 2 \\ 0 & 1-ab & 1-a & 4-3a \\ 0 & b & 0 & 1 \end{array}\right),$$

因此,当 $a=1$ 且 $b=1/2$ 时,$r(\mathbf{A})=r(\overline{\mathbf{A}})=2<3$,方程组有无穷多个解.

当 $a=1$ 且 $b=1/2$ 时,继续对矩阵作初等行变换,即

$$\overline{\mathbf{A}}\rightarrow\left(\begin{array}{ccc:c} 1 & 0 & 1 & 2 \\ 0 & 1/2 & 0 & 1 \\ 0 & 1/2 & 0 & 1 \end{array}\right)\rightarrow\left(\begin{array}{ccc:c} 1 & 0 & 1 & 2 \\ 0 & 1 & 0 & 2 \\ 0 & 0 & 0 & 0 \end{array}\right),$$

于是得到原方程组与其导出组的同解方程组分别为

$$\begin{cases} x_1+x_3=2, \\ x_2=2, \end{cases}\quad\begin{cases} x_1+x_3=0, \\ x_2=0. \end{cases}$$

不难求得原方程组的一个特解为 $\boldsymbol{\eta}_0=(2,2,0)^{\mathrm{T}}$,导出组的基础解系为 $\boldsymbol{\xi}_1=(-1,0,1)^{\mathrm{T}}$,从而原方程组的通解可表示为

$$\boldsymbol{\eta}=\boldsymbol{\eta}_0+c\boldsymbol{\xi}_1=(2,2,0)^{\mathrm{T}}+c(-1,0,1)^{\mathrm{T}}\quad(c\in\mathbf{R}).$$

例6 设三元非齐次线性方程组 $\mathbf{A}\boldsymbol{x}=\boldsymbol{\beta}$ 满足 $r(\overline{\mathbf{A}})=r(\mathbf{A})=2$,其中 $\mathbf{A}$ 为 4×3 矩阵,且 $\boldsymbol{\eta}_1=(-1,1,0)^{\mathrm{T}},\boldsymbol{\eta}_2=(1,0,1)^{\mathrm{T}}$ 是方程组的两个解,求方程组的

通解.

解 由于 $r(\boldsymbol{A} \mid \boldsymbol{\beta}) = r(\boldsymbol{A}) = 2 < 3$，所以方程组 $\boldsymbol{Ax} = \boldsymbol{\beta}$ 有无穷多个解，且其导出组的基础解系中只有一个非零解向量. 由解的性质知，$\boldsymbol{\eta}_1 - \boldsymbol{\eta}_2$ 为导出组的解，而 $\boldsymbol{\eta}_1 - \boldsymbol{\eta}_2 = (-2,1,-1)^{\mathrm{T}} \neq \boldsymbol{o}$，从而 $\boldsymbol{\eta}_1 - \boldsymbol{\eta}_2$ 即可作为导出组的基础解系. 因此，方程组的全部解可以表示为

$$\boldsymbol{x} = \boldsymbol{\eta}_1 + c(\boldsymbol{\eta}_1 - \boldsymbol{\eta}_2) = (-1,1,0)^{\mathrm{T}} + c(-2,1,-1)^{\mathrm{T}} \quad (c \in \mathbf{R}).$$

习题 3.4

<A>

1. 求下列齐次线性方程组的基础解系，并用基础解系表示方程组的全部解：

(1) $\begin{cases} 2x_1 + x_2 - 2x_3 + x_4 = 0, \\ 3x_1 - x_2 + 2x_3 - 7x_4 = 0, \\ -x_1 + 2x_2 - 4x_3 + 7x_4 = 0; \end{cases}$ (2) $\begin{cases} x_1 - x_2 + x_3 - 2x_4 + x_5 = 0, \\ -x_1 + x_2 - x_3 - x_4 + x_5 = 0, \\ 5x_1 - 5x_2 + 5x_3 - 7x_4 + 3x_5 = 0, \\ x_1 - x_2 - 3x_3 + x_4 + 3x_5 = 0. \end{cases}$

2. 解下列线性方程组：

(1) $\begin{cases} 4x_1 + 2x_2 - x_3 = 2, \\ 3x_1 - x_2 + 2x_3 = 10, \\ 11x_1 + 3x_2 = 8; \end{cases}$ (2) $\begin{cases} x_1 + 7x_2 + 3x_3 + 2x_4 = 6, \\ 3x_1 + 5x_2 + 2x_3 + 4x_4 = 4, \\ 9x_1 + 4x_2 + x_3 + 14x_4 = 2; \end{cases}$

(3) $\begin{cases} x_1 + x_2 + 2x_3 + 3x_4 = 1, \\ x_1 + 2x_2 + 3x_3 - x_4 = -4, \\ 3x_1 - x_2 - x_3 - 2x_4 = -4, \\ 2x_1 + 3x_2 - x_3 - x_4 = -6; \end{cases}$ (4) $\begin{cases} x_1 + x_2 - 3x_3 - x_4 = 1, \\ 3x_1 - x_2 - 3x_3 + 4x_4 = 4, \\ x_1 + 5x_2 - 9x_3 - 8x_4 = 0. \end{cases}$

3. a,b 取何值时，线性方程组

$$\begin{cases} x_1 + x_2 + x_3 + x_4 = 0, \\ x_2 + 2x_3 + 2x_4 = 1, \\ x_2 + (3-a)x_3 + 2x_4 = b, \\ 3x_1 + 2x_2 + x_3 + ax_4 = -1 \end{cases}$$

有无穷多个解？无解？有唯一解？在有无穷多个解的情况下，求出其全部解.

4. 设 $\boldsymbol{\xi}_1,\boldsymbol{\xi}_2,\boldsymbol{\xi}_3$ 是齐次线性方程组的基础解系，问 $\boldsymbol{\xi}_1+\boldsymbol{\xi}_2+\boldsymbol{\xi}_3,\boldsymbol{\xi}_1+\boldsymbol{\xi}_2,\boldsymbol{\xi}_1-\boldsymbol{\xi}_2$ 是否也构成齐次方程组的基础解系？

<B>

1. 证明线性方程组

$$\begin{cases} x_1 - x_2 = a_1, \\ x_2 - x_3 = a_2, \\ \quad\vdots \\ x_{n-1} - x_n = a_{n-1}, \\ -x_1 + x_n = a_n \end{cases}$$

有解的充分必要条件是 $a_1 + a_2 + \cdots + a_n = 0$，并在有解的情况下，求出它的全部解.

2. 设非齐次线性方程组 $\boldsymbol{Ax} = \boldsymbol{\beta}$，$\boldsymbol{A}$ 为 $m \times n$ 矩阵，$r(\boldsymbol{A}) = r < n$，且 $\boldsymbol{\eta}_0, \boldsymbol{\eta}_1, \cdots, \boldsymbol{\eta}_{n-r}$ 为其 $n - r + 1$ 个线性无关的解，试求方程组 $\boldsymbol{Ax} = \boldsymbol{\beta}$ 的全部解.

*3.5 线性方程组在经济学中的应用——投入产出模型

投入产出是国民经济各部门间投入原材料和产出产品的平衡关系. 投入产出分析是俄罗斯裔美国经济学家沃西里 · 列昂惕夫（Wassily Leontief，1906—1999）于 20 世纪 30 年代首先提出的，主要应用线性代数的理论和方法，研究一个经济系统（企业、地区、国家等）各部门间投入产出的平衡关系，并应用于经济分析与预测，其数学模型称为投入产出模型. 目前，这种分析方法已在世界各地广泛应用，列昂惕夫也因创立投入产出分析方法而获得 1973 年诺贝尔经济学奖.

3.5.1 投入产出平衡表

设一个经济系统可以分为 n 个生产部门，各部门分别用 $1,2,\cdots,n$ 表示，并作如下假设：

(1) 部门 i 只生产一种产品（称为部门 i 的产出），不同部门的产品不能相互替代；

(2) 部门 i 在生产过程中至少需要消耗另一部门 j 的产品（称为部门 j 对部门 i 的投入），并且消耗的各部门产品的投入量与该部门的总产出量成正比.

根据上述假设，一方面，每一生产部门将自己的产品分配给各部门作为生产资料或满足社会的非生产性消费需要，并提供积累；另一方面，每一生产部门在生产过程中也消耗其他部门的产品，所以该经济系统内各部门之间形成一个错综复杂的关系，这一关系可以用投入产出（平衡）表来表示.

按计量单位的不同，投入产出表可以分为价值型和实物型两种. 在价值型投入产出表中，各部门的投入和产出均以货币单位表示；在实物型投入产出表中，则以各产品的实物单位表示，如米、千克、吨等.本书只介绍价值型投入产出表，如表 3-1 所示，因此文中提到的“产品”、“总产品”、“中间产品”、“最终产品”等，分别指“产品的价值”、“总产品的价值”、“中间产品的价值”、“最终产品的价值”等.

表 3-1　价值型投入产出表

部门间流量（投入＼产出）		中间产品							最终产品				总产品
		部门 1	部门 2	…	部门 j	…	部门 n	合计 $\sum$	积累	消费	…	合计 $\sum$	
物质消耗	部门 1	x_{11}	x_{12}	…	x_{1j}	…	x_{1n}	$\sum_j x_{1j}$				y_1	x_1
	部门 2	x_{21}	x_{22}	…	x_{2j}	…	x_{2n}	$\sum_j x_{2j}$				y_2	x_2
	⋮	⋮	⋮		⋮		⋮	⋮				⋮	⋮
	部门 n	x_{n1}	x_{n2}	…	x_{nj}	…	x_{nn}	$\sum_j x_{nj}$				y_n	x_n
合计 $\sum$		$\sum_i x_{i1}$	$\sum_i x_{i2}$	…	$\sum_i x_{ij}$	…	$\sum_i x_{in}$	$\sum_i \sum_j x_{ij}$				$\sum_i y_i$	$\sum_i x_i$
新创造价值	劳动报酬	v_1	v_2	…	v_j	…	v_n	$\sum_j v_j$					
	纯收入	m_1	m_2	…	m_j	…	m_n	$\sum_j m_j$					
	合计 $\sum$	z_1	z_2	…	z_j	…	z_n	$\sum_j z_j$					
总投入		x_1	x_2	…	x_j	…	x_n	$\sum_j x_j$					

其中：

$x_i(i=1,2,\cdots,n)$ 表示部门 i 的总产品；

$y_i(i=1,2,\cdots,n)$ 表示部门 i 的最终产品；

$x_{ij}(i,j=1,2,\cdots,n)$ 表示部门 i 提供给部门 j 的产品量，即部门 j 消耗部门 i 的产品量，简称部门间流量；

$v_j(j=1,2,\cdots,n)$ 表示部门 j 的劳动报酬（包括工资、奖金等）；

$m_j(j=1,2,\cdots,n)$ 表示部门 j 创造的纯收入（包括利润、税金等）；

$z_j(j=1,2,\cdots,n)$ 表示部门 j 新创造的价值，即 $z_j=v_j+m_j$.

以互相垂直的双线把价值型投入产出表分为四个部分，即左上、右上、左下、右下，分别称为第 Ⅰ 象限、第 Ⅱ 象限、第 Ⅲ 象限、第 Ⅳ 象限.

在第 Ⅰ 象限中，每个部门既是生产者又同时是消费者.从每一行来看，每一个部门作为生产部门，将自己的产品分配给各部门；从每一列来看，该部门又作为消耗部门，在生产过程中消耗各部门的产品.行与列的交叉点是部门间流量,既表示行部门分配给列部门的产品量,同时也表示列部门消耗行部门的产品量.

在第Ⅱ象限中,每一行反映了每个部门最终产品的分配情况,每一列反映了各部门提供的用于消费、积累等方面的最终产品的数量情况.

在第Ⅲ象限中,每一行反映了各部门新创造价值的构成情况,每一列反映了每个部门新创造的价值情况.

第Ⅳ象限反映总收入的再分配,由于该部分的经济内容比较复杂,有待进一步研究,因此在目前的投入产出表中一般不编制这部分内容.

3.5.2 平衡方程

1. 产品分配平衡方程组

从表3-1中第Ⅰ、第Ⅱ象限的每一行来看,每个部门作为生产部门分配给各部门用于生产消耗的产品,加上该部门的最终产品,应等于它的总产品,即

$$x_i = \sum_{j=1}^{n} x_{ij} + y_i \quad (i = 1,2,\cdots,n). \tag{3.5.1}$$

这个方程组反映了各物质生产部门的分配使用情况,称为**产品分配平衡方程组**.

2. 产值构成平衡方程组

从表3-1中第Ⅰ、第Ⅲ象限的每一列来看,每个部门作为消耗部门,各部门为它的生产消耗转移的产品价值,加上该部门新创造的价值,应等于它的总产值,即

$$x_j = \sum_{i=1}^{n} x_{ij} + z_j \quad (j = 1,2,\cdots,n). \tag{3.5.2}$$

这个方程组反映了各部门产品的价值构成情况,称为**产值构成平衡方程组**.

方程组(3.5.1)和方程组(3.5.2)称为**投入产出模型**,它们表示所研究的经济活动之间的数量依存关系.一般情况下,一个部门的最终产品并不等于它所创造的价值,但是所有部门的最终产品之和一定等于它们创造的价值之和,即

$$y_1 + y_2 + \cdots + y_n = z_1 + z_2 + \cdots + z_n.$$

3.5.3 直接消耗系数

为揭示部门间流量与总投入的内在联系,还要考虑一个部门消耗各部门的

产品在对该部门的总投入中所占比重，于是引入下面的概念.

1. 直接消耗系数的概念

根据假设(2)，记

$$a_{ij}=\frac{x_{ij}}{x_j}\quad(i,j=1,2,\cdots,n),\tag{3.5.3}$$

则 a_{ij} 表示部门 j 生产单位产品而由部门 i 直接分配的产品量，称为部门 j 对部门 i 的**直接消耗系数**.

物质生产部门之间的直接消耗系数，是以部门间的生产技术联系为基础的，因而是相对稳定的. 例如，生产一吨化肥所消耗的煤炭、电力等，都是由生产技术条件决定的. 直接消耗系数也称为**技术系数**.

各部门间的直接消耗系数构成的 n 阶矩阵

$$\boldsymbol{A}=(a_{ij})=\begin{pmatrix}a_{11}&a_{12}&\cdots&a_{1n}\\a_{21}&a_{22}&\cdots&a_{2n}\\\vdots&\vdots&&\vdots\\a_{n1}&a_{n2}&\cdots&a_{nn}\end{pmatrix}\tag{3.5.4}$$

称为**直接消耗系数矩阵**.

2. 直接消耗系数的性质

直接消耗系数 $a_{ij}(i,j=1,2,\cdots,n)$ 具有下列性质.

(1) $0\leqslant a_{ij}<1(i,j=1,2,\cdots,n)$.

这一结论可由 $a_{ij}=\dfrac{x_{ij}}{x_j}$ 及 $x_{ij}\geqslant 0,x_j>0,x_{ij}<x_j(i,j=1,2,\cdots,n)$ 直接得到.

(2) $\sum\limits_{i=1}^{n}a_{ij}<1(j=1,2,\cdots,n)$.

这一结论可由价值型投入产出表 3-1 的经济意义推出. 事实上，如果存在 $k(1\leqslant k\leqslant n)$，使得 $\sum\limits_{i=1}^{n}a_{ik}\geqslant 1$，则由 $a_{ik}=\dfrac{x_{ik}}{x_k}(i=1,2,\cdots,n)$ 可得到 $\sum\limits_{i=1}^{n}x_{ik}\geqslant x_k$，这表明部门 k 的总产出未超过该部门生产活动的总消耗，这样的生产活动是无法进行的. 由此可知，性质(2) 成立.

3. 产品分配平衡方程组的矩阵形式

利用直接消耗系数矩阵 $\boldsymbol{A}$，产品分配平衡方程组和产值构成平衡方程组可以写成矩阵形式.

由式(3.5.3) 可得到

$$x_{ij}=a_{ij}x_j\quad(i,j=1,2,\cdots,n),\tag{3.5.5}$$

将式(3.5.5)代入产品分配平衡方程组(3.5.1),得

$$x_i=\sum_{j=1}^{n}a_{ij}x_j+y_i\quad(i=1,2,\cdots,n),\tag{3.5.6}$$

即

$$\begin{cases}x_1=a_{11}x_1+a_{12}x_2+\cdots+a_{1n}x_n+y_1,\\x_2=a_{21}x_1+a_{22}x_2+\cdots+a_{2n}x_n+y_2,\\\quad\vdots\\x_n=a_{n1}x_1+a_{n2}x_2+\cdots+a_{nn}x_n+y_n.\end{cases}\tag{3.5.7}$$

记 $\boldsymbol{x}=(x_1,x_2,\cdots,x_n)^{\mathrm{T}}$,$\boldsymbol{y}=(y_1,y_2,\cdots,y_n)^{\mathrm{T}}$,则产品分配平衡方程组(3.5.1)可表示为

$$\boldsymbol{x}=\boldsymbol{A}\boldsymbol{x}+\boldsymbol{y}\quad\text{或}\quad(\boldsymbol{E}-\boldsymbol{A})\boldsymbol{x}=\boldsymbol{y}.\tag{3.5.8}$$

其中矩阵 $\boldsymbol{E}-\boldsymbol{A}$ 称为**里昂惕夫矩阵**.根据直接消耗系数矩阵 $\boldsymbol{A}$ 的性质,可以证明里昂惕夫矩阵 $\boldsymbol{E}-\boldsymbol{A}$ 可逆.

4. 产值构成平衡方程组的矩阵形式

将式(3.5.5)代入产值构成平衡方程组(3.5.2),得

$$x_j=\sum_{i=1}^{n}a_{ij}x_j+z_j\quad(j=1,2,\cdots,n),\tag{3.5.9}$$

即

$$\begin{cases}x_1=a_{11}x_1+a_{21}x_1+\cdots+a_{n1}x_1+z_1,\\x_2=a_{12}x_2+a_{22}x_2+\cdots+a_{n2}x_2+z_2,\\\quad\vdots\\x_n=a_{1n}x_n+a_{2n}x_n+\cdots+a_{nn}x_n+z_n.\end{cases}\tag{3.5.10}$$

记 $\boldsymbol{z}=(z_1,z_2,\cdots,z_n)^{\mathrm{T}}$,

$$\boldsymbol{D}=\begin{pmatrix}\sum_{i=1}^{n}a_{i1}&&&\\&\sum_{i=1}^{n}a_{i2}&&\\&&\ddots&\\&&&\sum_{i=1}^{n}a_{in}\end{pmatrix},$$

则产值构成平衡方程组(3.5.2)可表示为

$$\boldsymbol{x}=\boldsymbol{D}\boldsymbol{x}+\boldsymbol{z}\quad\text{或}\quad(\boldsymbol{E}-\boldsymbol{D})\boldsymbol{x}=\boldsymbol{z}.\tag{3.5.11}$$

其中矩阵 $\boldsymbol{D}$ 称为**中间投入系数矩阵**或**劳动对象投入系数矩阵**，它具有重要的经济意义，其主对角线上的元素 $\sum_{i=1}^{n} a_{ij}(j=1,2,\cdots,n)$ 表示部门 j 产值中消耗劳动对象（原材料、辅助材料等）所占比重.

3.5.4 平衡方程组的解

利用投入产出模型进行经济分析时，首先根据该经济系统报告期的统计数据求出直接消耗系数矩阵 $\boldsymbol{A}$. 假设直接消耗系数在一定时期内具有稳定性，因而常利用上一报告期的直接消耗系数来估计本报告期的直接消耗系数. 其次，由于矩阵 $\boldsymbol{E}-\boldsymbol{A}$ 和 $\boldsymbol{E}-\boldsymbol{D}$ 均可逆，且 $(\boldsymbol{E}-\boldsymbol{A})^{-1}$ 和 $(\boldsymbol{E}-\boldsymbol{D})^{-1}$ 非负，从而方程组(3.5.8)和(3.5.11)有唯一解.

1. 解产品分配平衡方程组

在方程组(3.5.8)中，分以下两种情况：

(1) 如果已知 $\boldsymbol{x}=(x_1,x_2,\cdots,x_n)^{\mathrm{T}}$，则可求得

$$\boldsymbol{y}=(\boldsymbol{E}-\boldsymbol{A})\boldsymbol{x};$$

(2) 如果已知 $\boldsymbol{y}=(y_1,y_2,\cdots,y_n)^{\mathrm{T}}$，则可求得

$$\boldsymbol{x}=(\boldsymbol{E}-\boldsymbol{A})^{-1}\boldsymbol{y}.$$

2. 解产值构成平衡方程组

在方程组(3.5.11)中，分以下两种情况：

(1) 如果已知 $\boldsymbol{x}=(x_1,x_2,\cdots,x_n)^{\mathrm{T}}$，则可求得

$$\boldsymbol{z}=(\boldsymbol{E}-\boldsymbol{D})\boldsymbol{x};$$

(2) 如果已知 $\boldsymbol{z}=(z_1,z_2,\cdots,z_n)^{\mathrm{T}}$，则可求得

$$\boldsymbol{x}=(\boldsymbol{E}-\boldsymbol{D})^{-1}\boldsymbol{z}.$$

从上面的介绍可以看出，线性方程组及矩阵理论在投入产出分析中有着显著的应用. 当然，投入产出分析的理论和应用还涉及许多问题，这里不作进一步讨论.

例 1 已知一个经济系统有 3 个部门，在某个经济周期内各部门之间的直接消耗系数及最终产品(单位：万元)如表 3-2 所示.

表 3-2 各部门之间的直接消耗系数与最终产品

直接消耗系数 产出 / 投入		消耗部门			最终产品	总产品
		1	2	3		
生产部门	1	0.2	0.1	0.2	75	x_1
	2	0.1	0.2	0.2	120	x_2
	3	0.1	0.1	0.1	225	x_3

求各部门的总产品及各部门新创造的价值.

解 因为直接消耗系数矩阵与最终产品分别为

$$\boldsymbol{A}=\begin{pmatrix}0.2 & 0.1 & 0.2\\0.1 & 0.2 & 0.2\\0.1 & 0.1 & 0.1\end{pmatrix},\quad \boldsymbol{y}=\begin{pmatrix}75\\120\\225\end{pmatrix},$$

则

$$\boldsymbol{x}=(\boldsymbol{E}-\boldsymbol{A})^{-1}\boldsymbol{y}=\begin{pmatrix}200\\250\\300\end{pmatrix},$$

所以各部门的总产品分别为 $x_1=200$ 万元，$x_2=250$ 万元，$x_3=300$ 万元.

进而

$$\boldsymbol{z}=(\boldsymbol{E}-\boldsymbol{D})\boldsymbol{x}=\begin{pmatrix}0.6 & 0 & 0\\0 & 0.6 & 0\\0 & 0 & 0.5\end{pmatrix}\begin{pmatrix}200\\250\\300\end{pmatrix}=\begin{pmatrix}120\\150\\150\end{pmatrix},$$

所以各部门新创造的价值分别为 $z_1=120$ 万元，$z_2=150$ 万元，$z_3=150$ 万元.

由上面的分析可以看出，线性方程组及矩阵理论在投入产出分析中虽然有着显著的应用，但在一般情况下，由于计算比较复杂，需要利用 Matlab 等计算工具才能实现模型的求解. 投入产出分析的理论和应用还涉及许多其他问题，本书不作进一步讨论，有兴趣的读者可以参阅相关著作.

习题 3.5

<A>

1. 已知某经济系统在一个生产周期内产品的生产与分配如表 3-3 所示(货币单位)：

表 3-3 某经济系统在一个生产周期内产品的生产与分配表

部门间流量 产出 / 投入		消耗部门 1	消耗部门 2	消耗部门 3	最终产品	总产品
生产部门	1	100	25	30	y_1	400
	2	80	50	30	y_2	250
	3	40	25	60	y_3	300

(1) 求各部门最终产品 y_1,y_2,y_3；

(2) 求各部门新创造的价值 z_1,z_2,z_3；

(3) 求直接消耗系数矩阵.

2. 已知一个经济系统包含 3 个部门，报告期的投入产出如表 3-4 所示（货币单位）：

表 3-4　一个经济系统的投入产出表

部门间流量 投入＼产出		消耗部门 1	消耗部门 2	消耗部门 3	最终产品	总产品
生产部门	1	32	10	10	28	80
	2	8	40	5	47	100
	3	8	10	15	17	50
新创造价值		32	40	20		
总投入		80	100	50		

(1) 求直接消耗系数矩阵；

(2) 若各部门在计划期内的最终产品 $y_1=20,y_2=100,y_3=40$，预测各部门在计划期内的总产品 x_1,x_2,x_3.

< B >

1. 一个包括 3 个部门的经济系统，已知报告期的直接消耗系数矩阵为

$$\boldsymbol{A}=\begin{pmatrix}0.2 & 0.2 & 0.3125\\ 0.14 & 0.15 & 0.25\\ 0.16 & 0.5 & 0.1875\end{pmatrix},$$

如果报告期内各部门的最终产品为 $\boldsymbol{y}=(60,55,120)^{\mathrm{T}}$，试写出计划期的投入产出平衡表.

2. 某地有 3 个产业：煤矿、发电厂和铁路. 开采 1 元钱的煤，煤矿要支付 0.25 元的电费及 0.25 元的运输费；生产 1 元钱的电力，发电厂要支付 0.65 元的燃煤费、0.05 元的电费及 0.05 元的运输费；创收 1 元钱的运输费，铁路要支付 0.55 元的燃煤费和 0.10 元的电费. 在一周内，煤矿接到外地 50 000 元的订货，发电厂接到外地 25 000 元的订货，外界对地方铁路没有需求. 问：

(1)3 个产业一周内总产值为多少时才能满足自身及外界需求？

(2)3 个产业间相互支付多少金额？

(3)3 个产业各创造多少价值？

试列出投入产出平衡表，回答上述 3 个问题.

数学家 —— 高斯

高斯

高斯(Gauss,1777 年 4 月 30 日 —1855 年 2 月 23 日),生于不伦瑞克,卒于哥廷根,德国著名数学家、物理学家、天文学家、大地测量学家.他有数学王子的美誉,并被誉为历史上最伟大的数学家之一,和阿基米德、牛顿、欧拉同享盛名.高斯的成就遍及数学的各个领域,在数论、非欧几何、微分几何、超几何级数、复变函数论及椭圆函数论等方面均有开创性的贡献.他十分注重数学的应用,并且在对天文学、大地测量学和磁学的研究中也偏重于用数学方法进行研究.

高斯幼时家境贫困,但聪敏异常,1792 年,在当地公爵的资助下,不满 15 岁的高斯进入了卡罗琳学院学习.在那里,高斯开始对高等数学作研究,独立发现了二项式定理的一般形式、数论上的"二次互反律"、质数分布定理及算术几何平均.1796 年,19 岁的高斯得到了一个数学史上极重要的结果:正十七边形尺规作图之理论与方法.1798 年转入黑尔姆施泰特大学,翌年因证明代数基本定理获博士学位.1801 年,高斯又证明了形如"Fermat 素数"边数的正多边形可以由尺规作出.从 1807 年起担任格丁根大学教授兼格丁根天文台台长.

1855 年 2 月 23 日清晨,高斯于睡梦中去世.高斯的大脑有深而多的脑回,作为解剖标本收藏于格丁根大学.高斯的肖像被印在从 1989 年至 2001 年流通的 10 马克的德国纸币上.

高斯在数学上的成就特别突出.

1801 年发表的《算术研究》是数学史上为数不多的经典著作之一,它开辟了数

论研究的全新时代.在这本书中,高斯不仅把19世纪以前数论中的一系列孤立的结果予以系统的整理,给出了标准记号的完整体系,而且详细地阐述了他自己的成果,其中主要是同余理论、剩余理论及型的理论.

同余概念最早是由L.欧拉提出的,高斯则首次引进了同余的记号并系统而又深入地阐述了同余式的理论,包括定义相同模的同余式运算、多项式同余式的基本定理的证明、对幂及多项式的同余式的处理.

19世纪20年代,他再次发展同余式理论,着重研究了可应用于高次同余式的互反律,继二次剩余之后,得出了三次和双二次剩余理论.此后,为了使这一理论更趋简单,他将复数引入数论,从而开创了复整数理论.

高斯系统化并扩展了型的理论.他给出型的等价定义和一系列关于型的等价定理,研究了型的复合(乘积)以及关于二次型和三次型的处理.1830年,高斯对型和型类所给出的几何表示,标志着数的几何理论的开端.

在《算术研究》中,他还进一步发展了分圆理论,把分圆问题归结为解二项方程的问题,并建立起二项方程的理论.后来,阿贝尔按高斯对二项方程的处理,着手探讨了高次方程的可解性问题.

高斯在代数方面的代表性成就是他对代数基本定理的证明.高斯的方法不是去计算一个根,而是证明它的存在.这一方式开创了探讨数学中整个存在性问题的新途径.他曾先后四次给出这个定理的证明,在这些证明中应用了复数,并且合理地给出了复数及其代数运算的几何表示,这不仅有效地巩固了复数的地位,而且使单复变函数理论的建立更为直观、合理.

在复分析方面,高斯提出了不少单复变函数的基本概念,著名的柯西积分定理(复变函数沿不包括奇点的闭曲线上的积分为零),也是高斯在1811年首先提出并加以应用的.复函数在数论中的深入应用,又使高斯发现椭圆函数的双周期性,开创椭圆函数论这一重大领域;但与非欧几何一样,关于椭圆函数他生前未发表任何文章.

1812年,高斯发表了在分析方面的重要论文《无穷级数的一般研究》,其中引入了高斯级数的概念.他除了证明这些级数的性质外,还通过对它们敛散性的讨论,开创了关于级数敛散性的研究.

非欧几何是高斯的又一重大发现.有关非欧几何的思想最早可以追溯到1792年,即高斯15岁那年.那时他已经意识到除欧氏几何外还存在着一个无逻辑矛盾的几何,其中欧氏几何的平行公设不成立.1799年他开始重视开发新几何学的内容,并在1813年左右形成较完整的思想.高斯深信非欧几何在逻辑上相容并确认其具有可应用性.

第3章总习题

一、判断题

1. 线性方程组 $\boldsymbol{A}_{n\times n}\boldsymbol{x}=\boldsymbol{o}$ 只有零解,则 $|\boldsymbol{A}|\neq 0$. ( )
2. 若 $\boldsymbol{Ax}=\boldsymbol{\beta}$ 有无穷多解,则 $\boldsymbol{Ax}=\boldsymbol{o}$ 有非零解. ( )
3. 要使 $\boldsymbol{\xi}_1=(1,1,2)^{\mathrm{T}},\boldsymbol{\xi}_2=(1,-1,0)^{\mathrm{T}}$ 都是线性方程组 $\boldsymbol{Ax}=\boldsymbol{o}$ 的解,则系数矩阵 $\boldsymbol{A}$ 可为 $k(1,1,-1)^{\mathrm{T}}$. ( )
4. 若 $\boldsymbol{\alpha}_1,\boldsymbol{\alpha}_2,\cdots,\boldsymbol{\alpha}_n$ 线性无关,且 $k_1\boldsymbol{\alpha}_1+k_2\boldsymbol{\alpha}_2+\cdots+k_n\boldsymbol{\alpha}_n=\boldsymbol{o}$,则 $k_1=k_2=\cdots=k_n=0$. ( )
5. 单独的一个零向量是线性相关的. ( )
6. 一个向量组若线性无关,则它的任何部分组都线性无关. ( )
7. 向量组 $\boldsymbol{\alpha}_1,\boldsymbol{\alpha}_2,\cdots,\boldsymbol{\alpha}_n(n\geqslant 2)$ 线性相关,则其任何部分向量组也线性相关. ( )
8. 若向量组有一个部分向量组线性无关,则原来的向量组也线性无关. ( )
9. 向量组 $\boldsymbol{\alpha}_1,\boldsymbol{\alpha}_2,\cdots,\boldsymbol{\alpha}_n$ 线性相关,则 $\boldsymbol{\alpha}_n$ 必可由 $\boldsymbol{\alpha}_1,\boldsymbol{\alpha}_2,\cdots,\boldsymbol{\alpha}_{n-1}$ 线性表示. ( )
10. 向量组 $\boldsymbol{\alpha}_1,\boldsymbol{\alpha}_2,\cdots,\boldsymbol{\alpha}_n$ 线性相关,那么其中每个向量都是其余向量的线性组合. ( )
11. 两个向量线性相关,则它们的分量对应成比例. ( )
12. 任意 n 个 $n+1$ 维向量必线性相关. ( )
13. 任意 $n+1$ 个 n 维向量必线性相关. ( )
14. 向量组 $\boldsymbol{\alpha}_1,\boldsymbol{\alpha}_2,\cdots,\boldsymbol{\alpha}_n$ 的秩为零的充要条件是它们全为零向量. ( )
15. 线性方程组的任意两个解向量之和仍为原线性方程组的解. ( )
16. 齐次线性方程组的任意两个解向量之和仍为原线性方程组的解. ( )

二、选择题

1. 已知向量组 $\boldsymbol{\alpha}_1,\boldsymbol{\alpha}_2,\boldsymbol{\alpha}_3,\boldsymbol{\alpha}_4$ 线性无关,则下列向量组中线性无关的是( ).

   A. $\boldsymbol{\alpha}_1+\boldsymbol{\alpha}_2,\boldsymbol{\alpha}_2+\boldsymbol{\alpha}_3,\boldsymbol{\alpha}_3+\boldsymbol{\alpha}_4,\boldsymbol{\alpha}_4+\boldsymbol{\alpha}_1$

   B. $\boldsymbol{\alpha}_1-\boldsymbol{\alpha}_2,\boldsymbol{\alpha}_2-\boldsymbol{\alpha}_3,\boldsymbol{\alpha}_3-\boldsymbol{\alpha}_4,\boldsymbol{\alpha}_4-\boldsymbol{\alpha}_1$

C. $\boldsymbol{\alpha}_1+\boldsymbol{\alpha}_2,\boldsymbol{\alpha}_2+\boldsymbol{\alpha}_3,\boldsymbol{\alpha}_3+\boldsymbol{\alpha}_4,\boldsymbol{\alpha}_4-\boldsymbol{\alpha}_1$

D. $\boldsymbol{\alpha}_1+\boldsymbol{\alpha}_2,\boldsymbol{\alpha}_2+\boldsymbol{\alpha}_3,\boldsymbol{\alpha}_3-\boldsymbol{\alpha}_4,\boldsymbol{\alpha}_4-\boldsymbol{\alpha}_1$

2. 若 $\boldsymbol{\alpha},\boldsymbol{\beta},\boldsymbol{\gamma}$ 线性无关，$\boldsymbol{\alpha},\boldsymbol{\beta},\boldsymbol{\delta}$ 线性相关，则(　　).

A. $\boldsymbol{\alpha}$ 必可由 $\boldsymbol{\beta},\boldsymbol{\gamma},\boldsymbol{\delta}$ 线性表示

B. $\boldsymbol{\beta}$ 必不可由 $\boldsymbol{\alpha},\boldsymbol{\gamma},\boldsymbol{\delta}$ 线性表示

C. $\boldsymbol{\delta}$ 必不可由 $\boldsymbol{\alpha},\boldsymbol{\beta},\boldsymbol{\gamma}$ 线性表示

D. $\boldsymbol{\delta}$ 必可由 $\boldsymbol{\alpha},\boldsymbol{\beta},\boldsymbol{\gamma}$ 线性表示

3. n维向量组$\boldsymbol{\alpha}_1,\boldsymbol{\alpha}_2,\cdots,\boldsymbol{\alpha}_m(3\leqslant m\leqslant n)$线性无关的充分必要条件是(　　).

A. 存在一组不全为零的数 $k_1,k_2,\cdots,k_m$，使 $k_1\boldsymbol{\alpha}_1+k_2\boldsymbol{\alpha}_2+\cdots+k_m\boldsymbol{\alpha}_m\neq\boldsymbol{o}$

B. $\boldsymbol{\alpha}_1,\boldsymbol{\alpha}_2,\cdots,\boldsymbol{\alpha}_m$ 中任意两个向量线性无关

C. $\boldsymbol{\alpha}_1,\boldsymbol{\alpha}_2,\cdots,\boldsymbol{\alpha}_m$ 中存在一个向量，它不能由其余向量线性表示

D. $\boldsymbol{\alpha}_1,\boldsymbol{\alpha}_2,\cdots,\boldsymbol{\alpha}_m$ 中任意一个向量都不能由其余向量线性表示

三、填空题

1. $\boldsymbol{A}_{m\times n}\boldsymbol{x}=\boldsymbol{b}$ 有唯一解的充要条件是________，有无穷多解的充要条件是________，无解的充要条件是________.

2. 向量组 $\boldsymbol{\alpha}_1=(1,2,3)^{\mathrm{T}},\boldsymbol{\alpha}_2=(3,1,4)^{\mathrm{T}},\boldsymbol{\alpha}_3=(5,6,7)^{\mathrm{T}},\boldsymbol{\alpha}_4=(0,2,1)^{\mathrm{T}}$ 线性________.

3. 向量组 $\boldsymbol{\alpha}_1=(1,1,1,1)^{\mathrm{T}},\boldsymbol{\alpha}_2=(0,1,1,1)^{\mathrm{T}},\boldsymbol{\alpha}_3=(0,0,1,1)^{\mathrm{T}},\boldsymbol{\alpha}_4=(0,0,0,1)^{\mathrm{T}}$ 线性________.

4. 已知 $\boldsymbol{\alpha}_1=(1,0,0)^{\mathrm{T}},\boldsymbol{\alpha}_2=(0,1,0)^{\mathrm{T}},\boldsymbol{\alpha}_3=(0,0,1)^{\mathrm{T}},\boldsymbol{\alpha}_4=(0,2,1)^{\mathrm{T}}$，则用 $\boldsymbol{\alpha}_1,\boldsymbol{\alpha}_2,\boldsymbol{\alpha}_3$ 表示 $\boldsymbol{\alpha}_4=$________.

5. $\boldsymbol{\beta},\boldsymbol{\alpha}_1,\boldsymbol{\alpha}_2$ 线性相关，则 $\boldsymbol{\beta},\boldsymbol{\alpha}_1,\boldsymbol{\alpha}_2,\boldsymbol{\alpha}_3$ 线性________.

6. $\boldsymbol{\beta},\boldsymbol{\alpha}_1,\boldsymbol{\alpha}_2,\boldsymbol{\alpha}_3$ 线性无关，则 $\boldsymbol{\alpha}_1,\boldsymbol{\alpha}_2,\boldsymbol{\alpha}_3$ 线性________.

7. 由 m 个 n 维向量组成的向量组，当________时，向量组一定线性相关.

8. 列向量组 $\boldsymbol{\alpha}_1,\boldsymbol{\alpha}_2,\cdots,\boldsymbol{\alpha}_n$ 的秩与矩阵$(\boldsymbol{\alpha}_1,\boldsymbol{\alpha}_2,\cdots,\boldsymbol{\alpha}_n)$的秩________.

9. 设 n 阶方阵$\boldsymbol{A}$，若 $r(\boldsymbol{A})=n-2$，则 $\boldsymbol{Ax}=\boldsymbol{o}$ 的基础解系所含向量的个数为________.

10. 已知 $\boldsymbol{Ax}=\boldsymbol{\beta}$ 有两个不同的解 x_1,x_2，则 $\boldsymbol{Ax}=\boldsymbol{o}$ 有一个非零解为________.

四、计算题

1. 用消元法解下列线性方程组：

(1) $\begin{cases} x_1 + 2x_2 + x_3 - x_4 = 0, \\ 3x_1 + 6x_2 - x_3 - 3x_4 = 0, \\ 5x_1 + 10x_2 + x_3 - 5x_4 = 0; \end{cases}$ (2) $\begin{cases} 2x_1 + 3x_2 + x_3 = 4, \\ x_1 - 2x_2 + 4x_3 = -5, \\ 3x_1 + 8x_2 - 2x_3 = 13, \\ 4x_1 - x_2 + 9x_3 = -6. \end{cases}$

2. 设 $\boldsymbol{\alpha} = (1,2,3)^{\mathrm{T}}, \boldsymbol{\beta} = (1,1/2,1/3)^{\mathrm{T}}$. 求：

(1) $\boldsymbol{\alpha}\boldsymbol{\beta}^{\mathrm{T}}, \boldsymbol{\beta}^{\mathrm{T}}\boldsymbol{\alpha}$；(2) $(\boldsymbol{\alpha}\boldsymbol{\beta}^{\mathrm{T}})^n$.

3. 设 $\boldsymbol{A} = \begin{pmatrix} -1 & -2 & 1 & 4 \\ 2 & 3 & -4 & -5 \\ 1 & -4 & 2 & 14 \\ 1 & 1 & -3 & -1 \end{pmatrix}$，求：

(1) $r(\boldsymbol{A})$；(2) $\boldsymbol{A}$ 的列向量组 $\boldsymbol{a}_1, \boldsymbol{a}_2, \boldsymbol{a}_3, \boldsymbol{a}_4$ 的一个极大无关组；

(3) 把不属于极大无关组的向量用极大无关组线性表示.

4. 求向量组 $\boldsymbol{\alpha}_1 = (1,1,2,2,1)^{\mathrm{T}}, \boldsymbol{\alpha}_2 = (0,2,1,5,-1)^{\mathrm{T}}, \boldsymbol{\alpha}_3 = (2,0,3,-1,3)^{\mathrm{T}}, \boldsymbol{\alpha}_4 = (1,1,0,4,-1)^{\mathrm{T}}$ 的秩和一个极大无关组，并用该极大无关组表示其余向量.

5. 求向量组 $\boldsymbol{\alpha}_1 = (1,-1,2,4)^{\mathrm{T}}, \boldsymbol{\alpha}_2 = (0,3,1,2)^{\mathrm{T}}, \boldsymbol{\alpha}_3 = (3,0,7,14)^{\mathrm{T}}, \boldsymbol{\alpha}_4 = (2,1,5,6)^{\mathrm{T}}, \boldsymbol{\alpha}_5 = (1,-1,2,0)^{\mathrm{T}}$ 的秩和一个极大无关组，并用该极大无关组表示其余向量.

6. 讨论 a 取何值时，方程组 $\begin{cases} x_1 + ax_2 + x_3 = 0, \\ x_1 + x_2 + x_3 = 0, \\ x_1 + x_2 + ax_3 = 0 \end{cases}$ 有非零解？在有非零解时，求其通解.

7. 求齐次线性方程组 $\begin{cases} x_1 + 2x_2 - x_3 = 0, \\ 2x_1 + 5x_2 + 2x_3 = 0, \\ x_1 + 4x_2 + 7x_3 = 0, \\ x_1 + 3x_2 + 3x_3 = 0 \end{cases}$ 的基础解系及通解.

8. 对于线性方程组 $\begin{cases} x_1 + 2x_3 = -1, \\ -x_1 + x_2 - 3x_3 = 2, \\ 2x_1 - x_2 + \lambda x_3 = \mu, \end{cases}$ 讨论 λ, μ 为何值时方程组有无穷多解，并在有无穷多解时求其通解.

9. 对于线性方程组 $\begin{cases} \lambda x_1 + x_2 + x_3 = \lambda - 3, \\ x_1 + \lambda x_2 + x_3 = -2, \\ x_1 + x_2 + \lambda x_3 = -2, \end{cases}$ 讨论 λ 为何值时方程组有无穷多解，并在有无穷多解时求其通解.

10. 讨论 a,b 取何值时，方程组 $\begin{cases} x_1 - 2x_2 - x_3 = 1, \\ 3x_1 - x_2 - 3x_3 = 2, \\ 2x_1 + x_2 + ax_3 = b \end{cases}$ (1) 有唯一解?(2) 无解?(3) 有无穷多解?并在有无穷多解时求其通解.

五、证明题

1. 设向量组 $\boldsymbol{\alpha}_1,\boldsymbol{\alpha}_2,\boldsymbol{\alpha}_3$ 线性无关，又 $\boldsymbol{\beta}_1 = \boldsymbol{\alpha}_1 + \boldsymbol{\alpha}_2 - 2\boldsymbol{\alpha}_3$，$\boldsymbol{\beta}_2 = \boldsymbol{\alpha}_1 - \boldsymbol{\alpha}_2 - \boldsymbol{\alpha}_3$，$\boldsymbol{\beta}_1 = \boldsymbol{\alpha}_1 + \boldsymbol{\alpha}_2$，证明：$\boldsymbol{\beta}_1,\boldsymbol{\beta}_2,\boldsymbol{\beta}_3$ 线性无关.

2. 设向量组 $\boldsymbol{\alpha}_1,\boldsymbol{\alpha}_2,\boldsymbol{\alpha}_3$ 线性无关，证明：$2\boldsymbol{\alpha}_1 + 3\boldsymbol{\alpha}_2$，$\boldsymbol{\alpha}_2 + 4\boldsymbol{\alpha}_3$，$\boldsymbol{\alpha}_1 + 5\boldsymbol{\alpha}_3$ 线性无关.

第4章 矩阵的相似

我长期以来欣赏托勒密对他伟大的天文学大师希巴克斯的描绘，一个勤奋和热爱真理的人，但愿我的墓志铭也如此.

——哈密顿

本章主要讨论方阵的特征值和特征向量理论及方阵的相似对角化问题.特征值与特征向量不仅在微积分、线性代数、差分方程等数学分支中有重要应用，而且在工程技术的振动问题、稳定性问题及经济管理的定量分析模型问题等其他研究领域中也有广泛的应用.

4.1 矩阵的特征值与特征向量

4.1.1 矩阵的特征值与特征向量的概念

定义 4.1.1 设 $\boldsymbol{A}=(a_{ij})$ 为 n 阶方阵，若存在数 λ 和 n 维非零列向量 $\boldsymbol{\xi}$，使得

$$\boldsymbol{A\xi}=\lambda\boldsymbol{\xi} \tag{4.1.1}$$

成立，则称数 λ 为 $\boldsymbol{A}$ 的**特征值**，$\boldsymbol{\xi}$ 为 $\boldsymbol{A}$ 对应于特征值 λ 的**特征向量**.

式(4.1.1)可以改写为 $(\lambda\boldsymbol{E}-\boldsymbol{A})\boldsymbol{\xi}=\boldsymbol{o}$，这说明 n 元齐次线性方程组 $(\lambda\boldsymbol{E}-\boldsymbol{A})\boldsymbol{x}=\boldsymbol{o}$ 的非零解是方阵 $\boldsymbol{A}$ 对应于特征值 λ 的特征向量，而方程组 $(\lambda\boldsymbol{E}-\boldsymbol{A})\boldsymbol{x}=\boldsymbol{o}$ 存在非零解的充要条件是系数行列式

$$|\lambda\boldsymbol{E}-\boldsymbol{A}|=0.$$

定义 4.1.2 设 $\boldsymbol{A}$ 为 n 阶方阵，关于 λ 的一元 n 次方程 $|\lambda\boldsymbol{E}-\boldsymbol{A}|=0$ 称为矩阵 $\boldsymbol{A}$ 的**特征方程**，关于 λ 的 n 次多项式 $f(\lambda)=|\lambda\boldsymbol{E}-\boldsymbol{A}|$ 称为矩阵 $\boldsymbol{A}$ 的**特征多项式**，矩阵

$$\lambda \boldsymbol{E}-\boldsymbol{A}=\begin{pmatrix}\lambda-a_{11} & -a_{12} & \cdots & -a_{1n}\\ -a_{21} & \lambda-a_{22} & \cdots & -a_{2n}\\ \vdots & \vdots & & \vdots\\ -a_{n1} & -a_{n2} & \cdots & \lambda-a_{nn}\end{pmatrix}$$

称为 $\boldsymbol{A}$ 的**特征矩阵**.

若 λ_0 为 $\boldsymbol{A}$ 的特征值，则 λ_0 一定是 $\boldsymbol{A}$ 的特征方程 $|\lambda \boldsymbol{E}-\boldsymbol{A}|=0$ 的根（特征值也称为**特征根**，k 重根称为 $\boldsymbol{A}$ 的 k **重特征值**），且方程组 $(\lambda_0\boldsymbol{E}-\boldsymbol{A})\boldsymbol{x}=\boldsymbol{o}$ 的每一个非零解都是对应于 λ_0 的特征向量.

对于 n 阶方阵 $\boldsymbol{A}=(a_{ij})$，可按下述步骤计算 $\boldsymbol{A}$ 的特征值和特征向量：

第一步　解 $\boldsymbol{A}$ 的特征方程 $|\lambda \boldsymbol{E}-\boldsymbol{A}|=0$，求出 $\boldsymbol{A}$ 的 n 个特征值 $\lambda_1,\lambda_2,\cdots,\lambda_n$（其中可能有重根）；

第二步　对每一个特征值 λ_i，解齐次线性方程组 $(\lambda_i\boldsymbol{E}-\boldsymbol{A})\boldsymbol{x}=\boldsymbol{o}$，得到此方程组的基础解系 $\boldsymbol{\xi}_1,\boldsymbol{\xi}_2,\cdots,\boldsymbol{\xi}_s$，则矩阵 $\boldsymbol{A}$ 对应于 λ_i 的全部特征向量为

$$c_1\boldsymbol{\xi}_1+c_2\boldsymbol{\xi}_2+\cdots+c_s\boldsymbol{\xi}_s \quad (c_1,c_2,\cdots,c_s\text{ 为不全为零的任意实数}).$$

例 1　求矩阵 $\boldsymbol{A}=\begin{pmatrix}2 & 1\\ 1 & 2\end{pmatrix}$ 的特征值和特征向量.

解　由 $\boldsymbol{A}$ 的特征方程 $|\lambda \boldsymbol{E}-\boldsymbol{A}|=\begin{vmatrix}\lambda-2 & -1\\ -1 & \lambda-2\end{vmatrix}=(\lambda-1)(\lambda-3)=0$，得到 $\boldsymbol{A}$ 的特征值 $\lambda_1=1,\lambda_2=3$.

当 $\lambda_1=1$ 时，解齐次线性方程组 $(\boldsymbol{E}-\boldsymbol{A})\boldsymbol{x}=\boldsymbol{o}$，即

$$\begin{cases}-x_1-x_2=0,\\ -x_1-x_2=0,\end{cases}$$

$$\boldsymbol{E}-\boldsymbol{A}=\begin{pmatrix}-1 & -1\\ -1 & -1\end{pmatrix}\rightarrow\begin{pmatrix}1 & 1\\ 0 & 0\end{pmatrix},$$

得到基础解系 $\boldsymbol{\xi}_1=(-1,1)^{\mathrm{T}}$，所以矩阵 $\boldsymbol{A}$ 的对应于 $\lambda_1=1$ 的全部特征向量为 $c_1\boldsymbol{\xi}_1(c_1\neq 0)$.

当 $\lambda_2=3$ 时，解齐次线性方程组 $(3\boldsymbol{E}-\boldsymbol{A})\boldsymbol{x}=\boldsymbol{o}$，即

$$\begin{cases}x_1-x_2=0,\\ -x_1+x_2=0,\end{cases}$$

$$3\boldsymbol{E}-\boldsymbol{A}=\begin{pmatrix}1 & -1\\ -1 & 1\end{pmatrix}\rightarrow\begin{pmatrix}1 & -1\\ 0 & 0\end{pmatrix},$$

得到基础解系 $\boldsymbol{\xi}_2=(1,1)^{\mathrm{T}}$，所以矩阵 $\boldsymbol{A}$ 的对应于 $\lambda_2=3$ 的全部特征向量为 $c_2\boldsymbol{\xi}_2(c_2\neq 0)$.

例 2 设矩阵 $\boldsymbol{A}=\begin{pmatrix}-2&1&1\\0&2&0\\-4&1&3\end{pmatrix}$,求 $\boldsymbol{A}$ 的特征值和特征向量.

解 由 $\boldsymbol{A}$ 的特征方程 $|\lambda\boldsymbol{E}-\boldsymbol{A}|=\begin{vmatrix}\lambda+2&-1&-1\\0&\lambda-2&0\\4&-1&\lambda-3\end{vmatrix}=(\lambda+1)(\lambda-2)^2$ $=0$,得到 $\boldsymbol{A}$ 的特征值为 $\lambda_1=-1,\lambda_2=\lambda_3=2$.

当 $\lambda_1=-1$ 时,解齐次线性方程组 $(-\boldsymbol{E}-\boldsymbol{A})\boldsymbol{x}=\boldsymbol{o}$,由

$$-\boldsymbol{E}-\boldsymbol{A}=\begin{pmatrix}1&-1&-1\\0&-3&0\\4&-1&-4\end{pmatrix}\to\begin{pmatrix}1&0&-1\\0&1&0\\0&0&0\end{pmatrix},$$

得到基础解系 $\boldsymbol{\xi}_1=(1,0,1)^{\mathrm{T}}$,所以矩阵 $\boldsymbol{A}$ 的对应于 $\lambda_1=-1$ 的全部特征向量为 $c_1\boldsymbol{\xi}_1(c_1\neq 0)$.

当 $\lambda_2=\lambda_3=2$ 时,解齐次线性方程组 $(2\boldsymbol{E}-\boldsymbol{A})\boldsymbol{x}=\boldsymbol{o}$,由

$$2\boldsymbol{E}-\boldsymbol{A}=\begin{pmatrix}4&-1&-1\\0&0&0\\4&-1&-1\end{pmatrix}\to\begin{pmatrix}4&-1&-1\\0&0&0\\0&0&0\end{pmatrix},$$

得到基础解系 $\boldsymbol{\xi}_2=(1,0,4)^{\mathrm{T}},\boldsymbol{\xi}_3=(0,1,-1)^{\mathrm{T}}$,所以矩阵 $\boldsymbol{A}$ 的对应于特征值 $\lambda_2=\lambda_3=2$ 的全部特征向量为 $c_2\boldsymbol{\xi}_2+c_3\boldsymbol{\xi}_3$($c_2,c_3$ 不全为零).

例 3 求矩阵 $\boldsymbol{A}=\begin{pmatrix}-1&1&0\\-4&3&0\\1&0&2\end{pmatrix}$ 的特征值和特征向量.

解 由 $\boldsymbol{A}$ 的特征方程 $|\lambda\boldsymbol{E}-\boldsymbol{A}|=\begin{vmatrix}\lambda+1&-1&0\\4&\lambda-3&0\\-1&0&\lambda-2\end{vmatrix}=(\lambda-2)(\lambda-1)^2$ $=0$,得到 $\boldsymbol{A}$ 的特征值为 $\lambda_1=2,\lambda_2=\lambda_3=1$.

当 $\lambda_1=2$ 时,解齐次线性方程组 $(2\boldsymbol{E}-\boldsymbol{A})\boldsymbol{x}=\boldsymbol{o}$,由

$$2\boldsymbol{E}-\boldsymbol{A}=\begin{pmatrix}3&-1&0\\4&-1&0\\-1&0&0\end{pmatrix}\to\begin{pmatrix}1&0&0\\0&1&0\\0&0&0\end{pmatrix},$$

得到基础解系 $\boldsymbol{\xi}_1=(0,0,1)^{\mathrm{T}}$,所以矩阵 $\boldsymbol{A}$ 对应于特征值 $\lambda_1=2$ 的全部特征向量为 $c_1\boldsymbol{\xi}_1$ $(c_1\neq 0)$.

当 $\lambda_2=\lambda_3=1$ 时,解齐次线性方程组 $(\boldsymbol{E}-\boldsymbol{A})\boldsymbol{x}=\boldsymbol{o}$,由

$$E-A=\begin{pmatrix}2&-1&0\\4&-2&0\\-1&0&-1\end{pmatrix}\to\begin{pmatrix}1&0&1\\0&1&2\\0&0&0\end{pmatrix},$$

得到基础解系 $\boldsymbol{\xi}_2=(1,2,-1)^{\mathrm{T}}$，所以矩阵 $\boldsymbol{A}$ 对应于特征值 $\lambda_2=\lambda_3=1$ 的全部特征向量为 $c_2\boldsymbol{\xi}_2(c_2\neq 0)$.

注 k 重特征值 λ_0 对应的齐次线性方程组 $(\lambda_0\boldsymbol{E}-\boldsymbol{A})\boldsymbol{x}=\boldsymbol{o}$ 的基础解系包含向量的个数不超过 k 个.

例 4 设矩阵 $\boldsymbol{A}=\begin{pmatrix}1&-3&3\\3&a&3\\6&-6&b\end{pmatrix}$ 有特征值 $\lambda_1=4,\lambda_2=-2$，求 a 和 b.

解 由于 $\lambda_1=4,\lambda_2=-2$ 均为 $\boldsymbol{A}$ 的特征值，则有 $|\lambda_1\boldsymbol{E}-\boldsymbol{A}|=0$，$|\lambda_2\boldsymbol{E}-\boldsymbol{A}|=0$，即

$$|\lambda_1\boldsymbol{E}-\boldsymbol{A}|=\begin{vmatrix}3&3&-3\\-3&4-a&-3\\-6&6&4-b\end{vmatrix}=3[(a-7)(b+2)+72]=0,$$

$$|\lambda_2\boldsymbol{E}-\boldsymbol{A}|=\begin{vmatrix}-3&3&-3\\-3&-2-a&-3\\-6&6&-2-b\end{vmatrix}=3(5+a)(4-b)=0,$$

解得

$$a=-5,\quad b=4.$$

4.1.2 矩阵的特征值与特征向量的基本性质

2 阶矩阵 $\boldsymbol{A}=\begin{pmatrix}a_{11}&a_{12}\\a_{21}&a_{22}\end{pmatrix}$ 的特征方程为

$$|\lambda\boldsymbol{E}-\boldsymbol{A}|=\begin{vmatrix}\lambda-a_{11}&-a_{12}\\-a_{21}&\lambda-a_{22}\end{vmatrix}=\lambda^2-(a_{11}+a_{22})\lambda+(a_{11}a_{22}-a_{12}a_{21})=0.$$

如果 $\boldsymbol{A}$ 有两个特征值 λ_1,λ_2，由一元二次方程根与系数的关系得

$$\lambda_1+\lambda_2=a_{11}+a_{22},\quad \lambda_1\lambda_2=a_{11}a_{22}-a_{12}a_{21}=|\boldsymbol{A}|.$$

对于 n 阶矩阵 $\boldsymbol{A}$，也有类似的结论.

定理 4.1.1 设 $\lambda_1,\lambda_2,\cdots,\lambda_n$ 是 n 阶矩阵 $\boldsymbol{A}$ 的 n 个特征值，则：

(1) $|\boldsymbol{A}|=\lambda_1\lambda_2\cdots\lambda_n$；

(2) $\lambda_1+\lambda_2+\cdots+\lambda_n=a_{11}+a_{22}+\cdots+a_{nn}$（其中 $a_{11}+a_{22}+\cdots+a_{nn}$ 称为矩阵 $\boldsymbol{A}$ 的迹，记作 $\mathrm{tr}(\boldsymbol{A})$）.

证明 (1) 根据多项式的分解与方程根的关系，有

$$|\lambda \boldsymbol{E}-\boldsymbol{A}|=(\lambda-\lambda_1)(\lambda-\lambda_2)\cdots(\lambda-\lambda_n). \tag{4.1.2}$$

令 $\lambda=0$，得 $|-\boldsymbol{A}|=(-\lambda_1)(-\lambda_2)\cdots(-\lambda_n)$，即 $|\boldsymbol{A}|=\lambda_1\lambda_2\cdots\lambda_n$.

(2) 比较式(4.1.2)两端 λ^{n-1} 的系数，右端为 $-(\lambda_1+\lambda_2+\cdots+\lambda_n)$，而左端含有 λ^{n-1} 的项来自 $|\lambda\boldsymbol{E}-\boldsymbol{A}|$ 主对角线元素的乘积项 $(\lambda-a_{11})(\lambda-a_{22})\cdots(\lambda-a_{nn})$，从而 λ^{n-1} 的系数为 $-(a_{11}+a_{22}+\cdots+a_{nn})$，因此

$$\lambda_1+\lambda_2+\cdots+\lambda_n=a_{11}+a_{22}+\cdots+a_{nn}.$$

推论 n 阶方阵 $\boldsymbol{A}$ 可逆的充分必要条件是它的特征值都不等于零.

例 5 设矩阵 $\boldsymbol{A}=\begin{pmatrix}2&1&3\\0&a&4\\0&2&3\end{pmatrix}$，已知 $\boldsymbol{A}$ 有特征值 $\lambda_1=1,\lambda_2=2$，求 a 的值和 $\boldsymbol{A}$ 的另一特征值 λ_3.

解 根据定理 4.1.1，有

$$\lambda_1+\lambda_2+\lambda_3=2+a+3,\quad \lambda_1\lambda_2\lambda_3=|\boldsymbol{A}|=\begin{vmatrix}2&1&3\\0&a&4\\0&2&3\end{vmatrix}=2(3a-8),$$

即
$$1+2+\lambda_3=a+5,\quad 2\lambda_3=2(3a-8),$$

解得 $a=5,\lambda_3=7$.

性质 4.1.2 n 阶矩阵 $\boldsymbol{A}$ 与它的转置矩阵 $\boldsymbol{A}^{\mathrm{T}}$ 有相同的特征值.

证明 因为 $|\lambda\boldsymbol{E}-\boldsymbol{A}|=|(\lambda\boldsymbol{E}-\boldsymbol{A})^{\mathrm{T}}|=|\lambda\boldsymbol{E}-\boldsymbol{A}^{\mathrm{T}}|$，即 $\boldsymbol{A}$ 与 $\boldsymbol{A}^{\mathrm{T}}$ 有相同的特征多项式，所以它们有相同的特征值.

性质 4.1.3 设 λ 是方阵 $\boldsymbol{A}$ 的特征值，$\boldsymbol{\xi}\neq\boldsymbol{o}$ 是对应于 λ 的特征向量，则：

(1) $a\lambda$ 是 $a\boldsymbol{A}$(a 为常数)的特征值，$\boldsymbol{\xi}$ 是 $a\boldsymbol{A}$ 对应于 $a\lambda$ 的特征向量；

(2) λ^k 是 $\boldsymbol{A}^k$(k 为正整数)的特征值，$\boldsymbol{\xi}$ 是 $\boldsymbol{A}^k$ 对应于 λ^k 的特征向量；

(3) $\varphi(\lambda)$ 是矩阵 $\varphi(\boldsymbol{A})$ 的特征值，其中 $\varphi(x)=a_mx^m+a_{m-1}x^{m-1}+\cdots+a_1x+a_0$，$\boldsymbol{\xi}$ 是 $\varphi(\boldsymbol{A})$ 对应于 $\varphi(\lambda)$ 的特征向量；

(4) 当 $\boldsymbol{A}$ 可逆时，$\dfrac{1}{\lambda}$ 是 $\boldsymbol{A}^{-1}$ 的特征值，$\dfrac{|\boldsymbol{A}|}{\lambda}$ 是伴随矩阵 $\boldsymbol{A}^*$ 的特征值，ξ 仍是相应的特征向量.

证明 只证(2)和(4).

(2) 由已知条件得到 $\boldsymbol{A\xi}=\lambda\boldsymbol{\xi}$，于是 $\boldsymbol{A}^2\boldsymbol{\xi}=\boldsymbol{A}(\boldsymbol{A\xi})=\boldsymbol{A}(\lambda\boldsymbol{\xi})=\lambda(\boldsymbol{A\xi})=\lambda^2\boldsymbol{\xi}$，所以 λ^2 是 $\boldsymbol{A}^2$ 的特征值，$\boldsymbol{\xi}$ 是矩阵 $\boldsymbol{A}^2$ 对应于 λ^2 的特征向量. 以此类推，可证明 λ^k 是矩阵 $\boldsymbol{A}^k$(k 为正整数)的特征值，$\boldsymbol{\xi}$ 是矩阵 $\boldsymbol{A}^k$ 对应于 λ^k 的特征向量.

(4) 由于 $\boldsymbol{A\xi}=\lambda\boldsymbol{\xi}$，两端分别同时左乘 $\boldsymbol{A}^{-1}$，$\boldsymbol{A}^*$ 得 $\lambda\boldsymbol{A}^{-1}\boldsymbol{\xi}=\boldsymbol{\xi}$，$|\boldsymbol{A}|\boldsymbol{\xi}=\lambda\boldsymbol{A}^*\boldsymbol{\xi}$.

因 $\boldsymbol{A}$ 可逆，所以 $\lambda \neq 0$，故 $\frac{1}{\lambda}$ 是 $\boldsymbol{A}^{-1}$ 的特征值，$\frac{|\boldsymbol{A}|}{\lambda}$ 是伴随矩阵 $\boldsymbol{A}^*$ 的特征值，ξ 仍是相应的特征向量.

例 6 设 3 阶方阵 $\boldsymbol{A}$ 满足 $\boldsymbol{A}^3 - 3\boldsymbol{A}^2 + 2\boldsymbol{A} = \boldsymbol{O}$，求 $\boldsymbol{A}$ 的特征值.

解 设 $\boldsymbol{A\xi} = \lambda\boldsymbol{\xi}(\boldsymbol{\xi} \neq \boldsymbol{o})$，由性质 4.1.3 得到

$$\boldsymbol{A}^3\boldsymbol{\xi} - 3\boldsymbol{A}^2\boldsymbol{\xi} + 2\boldsymbol{A\xi} = (\lambda^3 - 3\lambda^2 + 2\lambda)\boldsymbol{\xi} = \boldsymbol{o}.$$

由于 $\boldsymbol{\xi} \neq \boldsymbol{o}$，所以 $\lambda^3 - 3\lambda^2 + 2\lambda = 0$，即 $\lambda(\lambda - 1)(\lambda - 2) = 0$. 故 $\boldsymbol{A}$ 的特征值为

$$\lambda_1 = 0, \quad \lambda_2 = 1, \quad \lambda_3 = 2.$$

定理 4.1.4 设 $\boldsymbol{\xi}_1, \boldsymbol{\xi}_2, \cdots, \boldsymbol{\xi}_m$ 分别为 n 阶矩阵 $\boldsymbol{A}$ 对应于互不相等的特征值 $\lambda_1, \lambda_2, \cdots, \lambda_m$ 的特征向量，则 $\boldsymbol{\xi}_1, \boldsymbol{\xi}_2, \cdots, \boldsymbol{\xi}_m$ 线性无关.

证明 对 m 用数学归纳法证明.

当 $m = 1$ 时，由于单个非零向量线性无关，所以定理结论成立.

当 $m \geqslant 2$ 时，假设定理结论对 $m-1$ 成立，即 $m-1$ 个互不相等的特征值 $\lambda_1, \lambda_2, \cdots, \lambda_{m-1}$ 对应的特征向量 $\boldsymbol{\xi}_1, \boldsymbol{\xi}_2, \cdots, \boldsymbol{\xi}_{m-1}$ 线性无关，现证明对 m 个互不相等的特征值 $\lambda_1, \lambda_2, \cdots, \lambda_{m-1}, \lambda_m$，其对应的特征向量 $\boldsymbol{\xi}_1, \boldsymbol{\xi}_2, \cdots, \boldsymbol{\xi}_{m-1}, \boldsymbol{\xi}_m$ 线性无关.

设

$$k_1\boldsymbol{\xi}_1 + k_2\boldsymbol{\xi}_2 + \cdots + k_m\boldsymbol{\xi}_m = \boldsymbol{o}, \tag{4.1.3}$$

用矩阵 $\boldsymbol{A}$ 左乘式(4.1.3)两端，得 $k_1\boldsymbol{A\xi}_1 + k_2\boldsymbol{A\xi}_2 + \cdots + k_m\boldsymbol{A\xi}_m = \boldsymbol{o}$.

由于 $\boldsymbol{A\xi}_i = \lambda_i\boldsymbol{\xi}_i (i = 1,2,\cdots,m)$，故

$$k_1\lambda_1\boldsymbol{\xi}_1 + k_2\lambda_2\boldsymbol{\xi}_2 + \cdots + k_m\lambda_m\boldsymbol{\xi}_m = \boldsymbol{o}, \tag{4.1.4}$$

用式(4.1.4)减去式(4.1.3)的 λ_m 倍，消去 $\boldsymbol{\xi}_m$，得

$$k_1(\lambda_1 - \lambda_m)\boldsymbol{\xi}_1 + k_2(\lambda_2 - \lambda_m)\boldsymbol{\xi}_2 + \cdots + k_{m-1}(\lambda_{m-1} - \lambda_m)\boldsymbol{\xi}_{m-1} = \boldsymbol{o},$$

由假设知 $\boldsymbol{\xi}_1, \boldsymbol{\xi}_2, \cdots, \boldsymbol{\xi}_{m-1}$ 线性无关，故 $k_i(\lambda_i - \lambda_m) = 0 (i = 1,2,\cdots,m-1)$.

由于 $\lambda_1, \lambda_2, \cdots, \lambda_m$ 互不相同，于是有

$$k_i = 0 \quad (i = 1,2,\cdots,m-1).$$

代入式(4.1.3)，得 $k_m\boldsymbol{\xi}_m = \boldsymbol{o}$，而 $\boldsymbol{\xi}_m \neq \boldsymbol{o}$，故 $k_m = 0$，所以 $k_1 = k_2 = \cdots = k_m = 0$，即 $\boldsymbol{\xi}_1, \boldsymbol{\xi}_2, \cdots, \boldsymbol{\xi}_m$ 线性无关.

习题 4.1

<A>

1. 求下列矩阵的特征值和特征向量：

(1) $\boldsymbol{A} = \begin{pmatrix} 3 & 1 \\ 5 & -1 \end{pmatrix}$；　　(2) $\boldsymbol{A} = \begin{pmatrix} 3 & 1 & 0 \\ -4 & -1 & 0 \\ 4 & -8 & -2 \end{pmatrix}$；

(3)$\boldsymbol{A}=\begin{pmatrix}3&2&4\\2&0&2\\4&2&3\end{pmatrix}$;　　(4)$\boldsymbol{A}=\begin{pmatrix}5&6&0\\-3&-4&0\\-3&-6&2\end{pmatrix}$.

2. 已知 0 是方阵 $\begin{pmatrix}1&0&1\\0&2&0\\1&0&t\end{pmatrix}$ 的特征值,求 t.

3. 已知矩阵 $\boldsymbol{A}=\begin{pmatrix}7&4&-1\\4&a&-1\\-4&-4&4\end{pmatrix}$ 的特征值为 $\lambda_1=\lambda_2=3,\lambda_3=12$,求 a 的值及 $\boldsymbol{A}$ 的特征向量.

4. 已知 3 阶方阵 $\boldsymbol{A}$ 的特征值为 $2,-1,0$,求矩阵 $\boldsymbol{B}=2\boldsymbol{A}^3-5\boldsymbol{A}^2+3\boldsymbol{E}$ 的特征值与 $|\boldsymbol{B}|$.

< B >

1. 求下列矩阵的特征值和特征向量:

(1)$\boldsymbol{A}=\begin{pmatrix}4&2&-5\\6&4&-9\\5&3&-7\end{pmatrix}$;　　(2)$\boldsymbol{A}=\begin{pmatrix}1&1&1&1\\1&1&-1&-1\\1&-1&1&-1\\1&-1&-1&1\end{pmatrix}$.

2. 设矩阵 $\boldsymbol{A}=\begin{pmatrix}0&1&0&0\\1&0&0&0\\0&0&k&1\\0&0&1&2\end{pmatrix}$,已知 3 是 $\boldsymbol{A}$ 的一个特征值,求 k.

3. 设向量 $\boldsymbol{x}=(1,k,1)^{\mathrm{T}}$ 是方阵 $\boldsymbol{A}=\begin{pmatrix}2&1&1\\1&2&1\\1&1&2\end{pmatrix}$ 的特征向量,求 k.

4. 若 $\boldsymbol{A}^2=\boldsymbol{A}$,则称 $\boldsymbol{A}$ 为幂等矩阵,证明:$\boldsymbol{A}$ 的特征值为 0 或 1.

5. 若有正整数 k,使得 $\boldsymbol{A}^k=\boldsymbol{O}$,则称 $\boldsymbol{A}$ 为幂零矩阵,证明:$\boldsymbol{A}$ 的特征值为 0.

6. 设有 4 阶方阵 $\boldsymbol{A}$ 满足 $|\boldsymbol{A}+3\boldsymbol{E}|=0$,且 $\boldsymbol{A}\boldsymbol{A}^{\mathrm{T}}=2\boldsymbol{E}$,$|\boldsymbol{A}|<0$,求 $\boldsymbol{A}^*$ 的一个特征值.

4.2 相似矩阵及矩阵的对角化

相似是矩阵间的一个重要关系,在理论研究和实际应用中,常需要把一个矩阵化成比较简单的矩阵.

4.2.1 相似矩阵

定义 4.2.1 设 $\boldsymbol{A}$、$\boldsymbol{B}$ 为 n 阶矩阵，如果存在 n 阶可逆矩阵 $\boldsymbol{P}$，使得

$$\boldsymbol{P}^{-1}\boldsymbol{A}\boldsymbol{P}=\boldsymbol{B},$$

则称矩阵 $\boldsymbol{A}$ 与 $\boldsymbol{B}$ **相似**，记为 $\boldsymbol{A}\sim\boldsymbol{B}$.

例如，对于 2 阶方阵 $\boldsymbol{A}=\begin{pmatrix}1&1\\0&2\end{pmatrix}$，存在可逆矩阵 $\boldsymbol{P}=\begin{pmatrix}1&1\\0&1\end{pmatrix}$，使得

$$\boldsymbol{P}^{-1}\boldsymbol{A}\boldsymbol{P}=\begin{pmatrix}1&-1\\0&1\end{pmatrix}\begin{pmatrix}1&1\\0&2\end{pmatrix}\begin{pmatrix}1&1\\0&1\end{pmatrix}=\begin{pmatrix}1&0\\0&2\end{pmatrix}\triangleq\boldsymbol{B},$$

所以 $\boldsymbol{A}\sim\boldsymbol{B}$.

矩阵的相似关系是一种等价关系，满足以下性质.

(1) **自反性** 对任意 n 阶矩阵 $\boldsymbol{A}$，有 $\boldsymbol{A}\sim\boldsymbol{A}$.

(2) **对称性** 若 $\boldsymbol{A}\sim\boldsymbol{B}$，则 $\boldsymbol{B}\sim\boldsymbol{A}$.

(3) **传递性** 若 $\boldsymbol{A}\sim\boldsymbol{B}$，$\boldsymbol{B}\sim\boldsymbol{C}$，则 $\boldsymbol{A}\sim\boldsymbol{C}$.

此外，相似矩阵有许多共同的性质.

定理 4.2.1 若 n 阶矩阵 $\boldsymbol{A}$ 与 $\boldsymbol{B}$ 相似，则：

(1) $|\boldsymbol{A}|=|\boldsymbol{B}|$；

(2) $r(\boldsymbol{A})=r(\boldsymbol{B})$；

(3) $\boldsymbol{A}$、$\boldsymbol{B}$ 有相同的特征值，且 $\mathrm{tr}(\boldsymbol{A})=\mathrm{tr}(\boldsymbol{B})$.

证明 由 $\boldsymbol{A}\sim\boldsymbol{B}$ 知，存在可逆矩阵 $\boldsymbol{P}$，使得 $\boldsymbol{B}=\boldsymbol{P}^{-1}\boldsymbol{A}\boldsymbol{P}$，故：

(1) $|\boldsymbol{B}|=|\boldsymbol{P}^{-1}\boldsymbol{A}\boldsymbol{P}|=|\boldsymbol{P}^{-1}|\cdot|\boldsymbol{A}|\cdot|\boldsymbol{P}|=|\boldsymbol{A}|$；

(2) $r(\boldsymbol{B})=r(\boldsymbol{P}^{-1}\boldsymbol{A}\boldsymbol{P})=r(\boldsymbol{A})$；

(3) $|\lambda\boldsymbol{E}-\boldsymbol{B}|=|\boldsymbol{P}^{-1}(\lambda\boldsymbol{E})\boldsymbol{P}-\boldsymbol{P}^{-1}\boldsymbol{A}\boldsymbol{P}|=|\boldsymbol{P}^{-1}(\lambda\boldsymbol{E}-\boldsymbol{A})\boldsymbol{P}|=|\boldsymbol{P}^{-1}|\cdot|\lambda\boldsymbol{E}-\boldsymbol{A}|\cdot|\boldsymbol{P}|=|\lambda\boldsymbol{E}-\boldsymbol{A}|$，即 $\boldsymbol{A}$ 与 $\boldsymbol{B}$ 的特征多项式相同，从而 $\boldsymbol{A}$ 与 $\boldsymbol{B}$ 的特征值相同，因而有相同的迹.

例 1 已知 $\begin{pmatrix}1&0&0\\0&x&2\\0&1&0\end{pmatrix}\sim\begin{pmatrix}2&1&0\\1&0&0\\0&0&y\end{pmatrix}$，求 x,y.

解 由定理 4.2.1 得

$$1+x=2+y,\quad -2=-y,$$

即 $x=3,y=2$.

例 2 设 $\boldsymbol{A}=\begin{pmatrix}1&2&3\\-1&4&3\\0&0&0\end{pmatrix}$，$\boldsymbol{B}=\begin{pmatrix}1&2&3\\2&4&6\\0&0&0\end{pmatrix}$，试判断 $\boldsymbol{A}$ 与 $\boldsymbol{B}$ 的相似性.

解 易知 $r(\boldsymbol{A})=2$，$r(\boldsymbol{B})=1$，故 $\boldsymbol{A}$ 与 $\boldsymbol{B}$ 不相似.

特征值相同的方阵不一定相似. 例如，矩阵 $\boldsymbol{A}=\begin{pmatrix}1&2\\0&1\end{pmatrix}$ 与单位矩阵 $\boldsymbol{E}=\begin{pmatrix}1&0\\0&1\end{pmatrix}$ 的特征值均为 $\lambda_1=\lambda_2=1$，但是，单位矩阵 $\boldsymbol{E}$ 与矩阵 $\boldsymbol{A}$ 不相似.

推论 若 n 阶矩阵 $\boldsymbol{A}$ 与对角矩阵 $\boldsymbol{\Lambda}=\begin{pmatrix}\lambda_1&0&\cdots&0\\0&\lambda_2&\cdots&0\\\vdots&\vdots&&\vdots\\0&0&\cdots&\lambda_n\end{pmatrix}$ 相似，则 $\lambda_1,\lambda_2,\cdots,\lambda_n$ 为 $\boldsymbol{A}$ 的 n 个特征值.

定理 4.2.2 设 $\boldsymbol{A}\sim\boldsymbol{B}$，则：

(1) $k\boldsymbol{A}\sim k\boldsymbol{B}$，$\boldsymbol{A}^m\sim\boldsymbol{B}^m$，其中 k 为任意实数，m 为正整数；

(2) $\varphi(\boldsymbol{A})\sim\varphi(\boldsymbol{B})$，其中 $\varphi(x)$ 为多项式；

(3) 当且仅当 $\boldsymbol{A}$ 可逆时，$\boldsymbol{B}$ 可逆，且当 $\boldsymbol{A},\boldsymbol{B}$ 可逆时，$\boldsymbol{A}^{-1}\sim\boldsymbol{B}^{-1}$.

证明 由于 $\boldsymbol{A}\sim\boldsymbol{B}$，则存在可逆矩阵 $\boldsymbol{P}$，使得 $\boldsymbol{B}=\boldsymbol{P}^{-1}\boldsymbol{AP}$，于是有：

(1) $k\boldsymbol{B}=k\boldsymbol{P}^{-1}\boldsymbol{AP}=\boldsymbol{P}^{-1}(k\boldsymbol{A})\boldsymbol{P}\Rightarrow k\boldsymbol{B}\sim k\boldsymbol{A}$，

$$\begin{aligned}\boldsymbol{B}^m&=(\boldsymbol{P}^{-1}\boldsymbol{AP})^m\\&=(\boldsymbol{P}^{-1}\boldsymbol{AP})(\boldsymbol{P}^{-1}\boldsymbol{AP})\cdots(\boldsymbol{P}^{-1}\boldsymbol{AP})\\&=\boldsymbol{P}^{-1}\boldsymbol{A}(\boldsymbol{PP}^{-1})\boldsymbol{A}(\boldsymbol{PP}^{-1})\cdots\boldsymbol{A}(\boldsymbol{PP}^{-1})\boldsymbol{AP}\\&=\boldsymbol{P}^{-1}\boldsymbol{A}^m\boldsymbol{P}\\&\Rightarrow\boldsymbol{B}^m\sim\boldsymbol{A}^m;\end{aligned}$$

(2) 设 $\varphi(x)=a_nx^n+a_{n-1}x^{n-1}+\cdots+a_1x+a_0$，则

$$\begin{aligned}\varphi(\boldsymbol{B})&=a_n\boldsymbol{B}^n+a_{n-1}\boldsymbol{B}^{n-1}+\cdots+a_1\boldsymbol{B}+a_0\boldsymbol{E}\\&=a_n(\boldsymbol{P}^{-1}\boldsymbol{AP})^n+a_{n-1}(\boldsymbol{P}^{-1}\boldsymbol{AP})^{n-1}+\cdots+a_1(\boldsymbol{P}^{-1}\boldsymbol{AP})+a_0\boldsymbol{P}^{-1}\boldsymbol{EP}\\&=a_n(\boldsymbol{P}^{-1}\boldsymbol{A}^n\boldsymbol{P})+a_{n-1}(\boldsymbol{P}^{-1}\boldsymbol{A}^{n-1}\boldsymbol{P})+\cdots+a_1(\boldsymbol{P}^{-1}\boldsymbol{AP})+a_0\boldsymbol{P}^{-1}\boldsymbol{EP}\\&=(\boldsymbol{P}^{-1}a_n\boldsymbol{A}^n\boldsymbol{P})+(\boldsymbol{P}^{-1}a_{n-1}\boldsymbol{A}^{n-1}\boldsymbol{P})+\cdots+(\boldsymbol{P}^{-1}a_1\boldsymbol{AP})+\boldsymbol{P}^{-1}a_0\boldsymbol{EP}\\&=\boldsymbol{P}^{-1}(a_n\boldsymbol{A}^n+a_{n-1}\boldsymbol{A}^{n-1}+\cdots+a_1\boldsymbol{A}+a_0\boldsymbol{E})\boldsymbol{P}\\&=\boldsymbol{P}^{-1}\varphi(\boldsymbol{A})\boldsymbol{P}\\&\Rightarrow\varphi(\boldsymbol{B})\sim\varphi(\boldsymbol{A});\end{aligned}$$

(3) 由定理 4.2.1 知，当且仅当 $\boldsymbol{A}$ 可逆时，$\boldsymbol{B}$ 可逆，并且

$$\boldsymbol{B}^{-1}=(\boldsymbol{P}^{-1}\boldsymbol{A}\boldsymbol{P})^{-1}=\boldsymbol{P}^{-1}\boldsymbol{A}^{-1}(\boldsymbol{P}^{-1})^{-1}=\boldsymbol{P}^{-1}\boldsymbol{A}^{-1}\boldsymbol{P}\Rightarrow\boldsymbol{B}^{-1}\sim\boldsymbol{A}^{-1}.$$

4.2.2 矩阵的对角化

相似矩阵有许多共同的性质. 若矩阵 $\boldsymbol{A}$ 相似于对角矩阵，就可以借助对角矩阵来研究 $\boldsymbol{A}$. 如果存在可逆矩阵 $\boldsymbol{P}$，使得 $\boldsymbol{P}^{-1}\boldsymbol{A}\boldsymbol{P}$ 为对角矩阵，则称 $\boldsymbol{A}$ 为**可对角化**的，其中 $\boldsymbol{P}$ 称为**相似变换矩阵**. 那么，在什么条件下矩阵 $\boldsymbol{A}$ 可以与对角矩阵相似？

定理 4.2.3 n 阶方阵 $\boldsymbol{A}$ 可对角化的充分必要条件是 $\boldsymbol{A}$ 有 n 个线性无关的特征向量.

证明 **必要性** 若 $\boldsymbol{A}$ 与 $\boldsymbol{\Lambda}=\begin{pmatrix}\lambda_1 & 0 & \cdots & 0\\ 0 & \lambda_2 & \cdots & 0\\ \vdots & \vdots & & \vdots\\ 0 & 0 & \cdots & \lambda_n\end{pmatrix}$ 相似，即存在可逆矩阵 $\boldsymbol{P}$ 使得 $\boldsymbol{P}^{-1}\boldsymbol{A}\boldsymbol{P}=\boldsymbol{\Lambda}$. 将 $\boldsymbol{P}$ 按列分块，即 $\boldsymbol{P}=(\boldsymbol{\xi}_1,\boldsymbol{\xi}_2,\cdots,\boldsymbol{\xi}_n)$，由 $\boldsymbol{A}\boldsymbol{P}=\boldsymbol{P}\boldsymbol{\Lambda}$，有

$$\boldsymbol{A}(\boldsymbol{\xi}_1,\boldsymbol{\xi}_2,\cdots,\boldsymbol{\xi}_n)=(\boldsymbol{\xi}_1,\boldsymbol{\xi}_2,\cdots,\boldsymbol{\xi}_n)\begin{pmatrix}\lambda_1 & 0 & \cdots & 0\\ 0 & \lambda_2 & \cdots & 0\\ \vdots & \vdots & & \vdots\\ 0 & 0 & \cdots & \lambda_n\end{pmatrix}=(\lambda_1\boldsymbol{\xi}_1,\lambda_2\boldsymbol{\xi}_2,\cdots,\lambda_n\boldsymbol{\xi}_n),$$

即

$$\boldsymbol{A}\boldsymbol{\xi}_i=\lambda_i\boldsymbol{\xi}_i\quad(i=1,2,\cdots,n).$$

因为 $\boldsymbol{P}$ 可逆，所以 $\boldsymbol{\xi}_i(i=1,2,\cdots,n)$ 是非零向量，从而 $\boldsymbol{\xi}_1,\boldsymbol{\xi}_2,\cdots,\boldsymbol{\xi}_n$ 都是 $\boldsymbol{A}$ 的特征向量. $\boldsymbol{P}$ 可逆且 $\boldsymbol{\xi}_1,\boldsymbol{\xi}_2,\cdots,\boldsymbol{\xi}_n$ 线性无关，故 $\boldsymbol{A}$ 有 n 个线性无关的特征向量.

充分性 设 $\boldsymbol{\xi}_1,\boldsymbol{\xi}_2,\cdots,\boldsymbol{\xi}_n$ 为 $\boldsymbol{A}$ 的 n 个线性无关的特征向量，它们对应的特征值分别为 $\lambda_1,\lambda_2,\cdots,\lambda_n$，则有 $\boldsymbol{A}\boldsymbol{\xi}_i=\lambda_i\boldsymbol{\xi}_i(i=1,2,\cdots,n)$.

令 $\boldsymbol{P}=(\boldsymbol{\xi}_1,\boldsymbol{\xi}_2,\cdots,\boldsymbol{\xi}_n)$，易知 $\boldsymbol{P}$ 可逆，且

$$\begin{aligned}\boldsymbol{A}\boldsymbol{P}&=\boldsymbol{A}(\boldsymbol{\xi}_1,\boldsymbol{\xi}_2,\cdots,\boldsymbol{\xi}_n)=(\boldsymbol{A}\boldsymbol{\xi}_1,\boldsymbol{A}\boldsymbol{\xi}_2,\cdots,\boldsymbol{A}\boldsymbol{\xi}_n)\\ &=(\lambda_1\boldsymbol{\xi}_1,\lambda_2\boldsymbol{\xi}_2,\cdots,\lambda_n\boldsymbol{\xi}_n)=(\boldsymbol{\xi}_1,\boldsymbol{\xi}_2,\cdots,\boldsymbol{\xi}_n)\begin{pmatrix}\lambda_1 & 0 & \cdots & 0\\ 0 & \lambda_2 & \cdots & 0\\ \vdots & \vdots & & \vdots\\ 0 & 0 & \cdots & \lambda_n\end{pmatrix}=\boldsymbol{P}\boldsymbol{\Lambda},\end{aligned}$$

用 $\boldsymbol{P}^{-1}$ 左乘上式两端，则有 $\boldsymbol{P}^{-1}\boldsymbol{A}\boldsymbol{P}=\boldsymbol{\Lambda}$，即 $\boldsymbol{A}\sim\boldsymbol{\Lambda}$.

推论 1 若 n 阶方阵 $\boldsymbol{A}$ 有 n 个互异的特征值 $\lambda_1,\lambda_2,\cdots,\lambda_n$，则 $\boldsymbol{A}$ 可对角化，且

其相似对角矩阵为 $\boldsymbol{\Lambda}=\begin{pmatrix}\lambda_1 & 0 & \cdots & 0\\ 0 & \lambda_2 & \cdots & 0\\ \vdots & \vdots & & \vdots\\ 0 & 0 & \cdots & \lambda_n\end{pmatrix}$.

推论2 n 阶方阵 $\boldsymbol{A}$ 与对角矩阵相似的充分必要条件是 $\boldsymbol{A}$ 的每个重特征值对应的线性无关的特征向量的个数等于其重数.

例3 设 $\boldsymbol{A}=\begin{pmatrix}3 & 1\\ 5 & -1\end{pmatrix}$,证明 $\boldsymbol{A}$ 可对角化,并求对角矩阵 $\boldsymbol{\Lambda}$ 及相似变换矩阵 $\boldsymbol{P}$,使 $\boldsymbol{P}^{-1}\boldsymbol{AP}=\boldsymbol{\Lambda}$.

证明 $\boldsymbol{A}$ 的特征多项式为

$$f(x)=|\lambda\boldsymbol{E}-\boldsymbol{A}|=(\lambda-4)(\lambda+2),$$

可见 $\boldsymbol{A}$ 有两个不同的特征值 $\lambda_1=4,\lambda_2=-2$.

将 $\lambda_1=4$ 代入 $(\lambda_1\boldsymbol{E}-\boldsymbol{A})\boldsymbol{x}=\boldsymbol{o}$,得到对应的特征向量 $\boldsymbol{\xi}_1=(1,1)^{\mathrm{T}}$;

将 $\lambda_2=-2$ 代入 $(\lambda_2\boldsymbol{E}-\boldsymbol{A})\boldsymbol{x}=\boldsymbol{o}$,得到对应的特征向量 $\boldsymbol{\xi}_2=(1,-5)^{\mathrm{T}}$.

$\boldsymbol{\xi}_1,\boldsymbol{\xi}_2$ 线性无关,故 $\boldsymbol{A}$ 可对角化. 令 $\boldsymbol{P}=(\boldsymbol{\xi}_1,\boldsymbol{\xi}_2)=\begin{pmatrix}1 & 1\\ 1 & -5\end{pmatrix}$,则 $\boldsymbol{P}^{-1}\boldsymbol{AP}=\begin{pmatrix}4 & 0\\ 0 & -2\end{pmatrix}=\boldsymbol{\Lambda}$,即 $\boldsymbol{A}\sim\boldsymbol{\Lambda}$.

例4 设 $\boldsymbol{A}=\begin{pmatrix}4 & 6 & 0\\ -3 & -5 & 0\\ -3 & -6 & 1\end{pmatrix}$,判断 $\boldsymbol{A}$ 能否与对角矩阵相似;若能,求出相似变换矩阵 $\boldsymbol{P}$.

解 $\boldsymbol{A}$ 的特征多项式为

$$|\lambda\boldsymbol{E}-\boldsymbol{A}|=\begin{vmatrix}\lambda-4 & -6 & 0\\ 3 & \lambda+5 & 0\\ 3 & 6 & \lambda-1\end{vmatrix}=(\lambda+2)(\lambda-1)^2,$$

故 $\boldsymbol{A}$ 的特征值为 $\lambda_1=-2,\lambda_2=\lambda_3=1$.

对于 $\lambda_1=-2$,解齐次线性方程组 $(-2\boldsymbol{E}-\boldsymbol{A})\boldsymbol{x}=\boldsymbol{o}$,得到对应的特征向量 $\boldsymbol{\xi}_1=(-1,1,1)^{\mathrm{T}}$;

对于 $\lambda_2=\lambda_3=1$,解齐次线性方程组 $(\boldsymbol{E}-\boldsymbol{A})\boldsymbol{x}=\boldsymbol{o}$,得到对应的特征向量

$$\boldsymbol{\xi}_2=(-2,1,0)^{\mathrm{T}},\quad \boldsymbol{\xi}_3=(0,0,1)^{\mathrm{T}}.$$

所以 $\boldsymbol{A}$ 有3个线性无关的特征向量 $\boldsymbol{\xi}_1,\boldsymbol{\xi}_2,\boldsymbol{\xi}_3$,从而 $\boldsymbol{A}$ 可对角化:

令 $\boldsymbol{P}=(\boldsymbol{\xi}_1,\boldsymbol{\xi}_2,\boldsymbol{\xi}_3)=\begin{pmatrix}-1 & -2 & 0\\ 1 & 1 & 0\\ 1 & 0 & 1\end{pmatrix}$，则有 $\boldsymbol{P}^{-1}\boldsymbol{AP}=\begin{pmatrix}-2 & 0 & 0\\ 0 & 1 & 0\\ 0 & 0 & 1\end{pmatrix}$.

注 对角矩阵中特征值的排列次序与矩阵 $\boldsymbol{P}$ 中相应的特征向量的排列次序一致.

例 5 设矩阵 $\boldsymbol{A}=\begin{pmatrix}0 & 0 & 1\\ x & 1 & y\\ 1 & 0 & 0\end{pmatrix}$ 可对角化，试讨论 x、y 应满足的条件.

解 $\boldsymbol{A}$ 的特征多项式为

$$|\lambda\boldsymbol{E}-\boldsymbol{A}|=\begin{vmatrix}\lambda & 0 & -1\\ -x & \lambda-1 & -y\\ -1 & 0 & \lambda\end{vmatrix}=(\lambda+1)(\lambda-1)^2,$$

故 $\boldsymbol{A}$ 的特征值为 $\lambda_1=-1$，$\lambda_2=\lambda_3=1$.

已知 $\boldsymbol{A}$ 可对角化，故 $\boldsymbol{A}$ 有 3 个线性无关的特征向量. 特别地，特征值 1 对应的线性无关的特征向量应有两个，即齐次线性方程组 $(\boldsymbol{E}-\boldsymbol{A})\boldsymbol{x}=\boldsymbol{o}$ 的基础解系所含向量的个数为 2，所以 $r(\boldsymbol{E}-\boldsymbol{A})=1$. 又

$$\boldsymbol{E}-\boldsymbol{A}=\begin{pmatrix}1 & 0 & -1\\ -x & 0 & -y\\ -1 & 0 & 1\end{pmatrix}\rightarrow\begin{pmatrix}1 & 0 & -1\\ 0 & 0 & -(x+y)\\ 0 & 0 & 0\end{pmatrix},$$

所以当且仅当 $x+y=0$ 时 $\boldsymbol{A}$ 可对角化.

例 6 已知 $\boldsymbol{\xi}=(1,1,-1)^{\mathrm{T}}$ 是矩阵 $\boldsymbol{A}=\begin{pmatrix}2 & -1 & 2\\ 5 & a & 3\\ -1 & b & -2\end{pmatrix}$ 的一个特征向量，求 a，b 及 $\boldsymbol{\xi}$ 所属的特征值，并判断 $\boldsymbol{A}$ 可否对角化.

解 由 $\boldsymbol{A\xi}=\lambda\boldsymbol{\xi}$，得

$$\begin{pmatrix}2 & -1 & 2\\ 5 & a & 3\\ -1 & b & -2\end{pmatrix}\begin{pmatrix}1\\ 1\\ -1\end{pmatrix}=\lambda\begin{pmatrix}1\\ 1\\ -1\end{pmatrix},$$

即

$$\begin{cases}2-1-2=\lambda,\\ 5+a-3=\lambda,\\ -1+b+2=-\lambda,\end{cases}$$

解得

$$\lambda=-1,\quad a=-3,\quad b=0.$$

由 $|\lambda\boldsymbol{E}-\boldsymbol{A}|=\begin{vmatrix}\lambda-2 & 1 & -2\\ -5 & \lambda+3 & -3\\ 1 & 0 & \lambda+2\end{vmatrix}=(\lambda+1)^3$ 知,$\lambda=-1$ 是 $\boldsymbol{A}$ 的 3 重特征值.由于

$$-\boldsymbol{E}-\boldsymbol{A}=\begin{pmatrix}-3 & 1 & -2\\ -5 & 2 & -3\\ 1 & 0 & 1\end{pmatrix}\to\begin{pmatrix}1 & 0 & 1\\ 0 & 1 & 1\\ 0 & 0 & 0\end{pmatrix},$$

则有 $r(-\boldsymbol{E}-\boldsymbol{A})=2$,从而对应于 $\lambda=-1$ 的线性无关的特征向量只有 1 个,所以 $\boldsymbol{A}$ 不能对角化.

当方阵 $\boldsymbol{A}$ 与对角矩阵相似时,可通过将 $\boldsymbol{A}$ 对角化,计算 $\boldsymbol{A}^k$(k 为正整数).

例 7 已知矩阵 $\boldsymbol{A}=\begin{pmatrix}2 & -1\\ 3 & -2\end{pmatrix}$,求 $\boldsymbol{A}^{10}$.

解 矩阵 $\boldsymbol{A}$ 的特征值为 $\lambda_1=-1$,$\lambda_2=1$,对应的特征向量分别为 $(1,3)^{\mathrm{T}}$,$(1,1)^{\mathrm{T}}$,则

$$\begin{pmatrix}1 & 1\\ 3 & 1\end{pmatrix}^{-1}\boldsymbol{A}\begin{pmatrix}1 & 1\\ 3 & 1\end{pmatrix}=\begin{pmatrix}-1 & 0\\ 0 & 1\end{pmatrix},$$

即
$$\boldsymbol{A}=\begin{pmatrix}1 & 1\\ 3 & 1\end{pmatrix}\begin{pmatrix}-1 & 0\\ 0 & 1\end{pmatrix}\begin{pmatrix}1 & 1\\ 3 & 1\end{pmatrix}^{-1},$$

因而

$$\boldsymbol{A}^{10}=\underbrace{\begin{pmatrix}1 & 1\\ 3 & 1\end{pmatrix}\begin{pmatrix}-1 & 0\\ 0 & 1\end{pmatrix}\begin{pmatrix}1 & 1\\ 3 & 1\end{pmatrix}^{-1}\cdot\begin{pmatrix}1 & 1\\ 3 & 1\end{pmatrix}\begin{pmatrix}-1 & 0\\ 0 & 1\end{pmatrix}\begin{pmatrix}1 & 1\\ 3 & 1\end{pmatrix}^{-1}\cdot\cdots\cdot\begin{pmatrix}1 & 1\\ 3 & 1\end{pmatrix}\begin{pmatrix}-1 & 0\\ 0 & 1\end{pmatrix}\begin{pmatrix}1 & 1\\ 3 & 1\end{pmatrix}^{-1}}_{10}$$

$$=\begin{pmatrix}1 & 1\\ 3 & 1\end{pmatrix}\begin{pmatrix}-1 & 0\\ 0 & 1\end{pmatrix}^{10}\begin{pmatrix}1 & 1\\ 3 & 1\end{pmatrix}^{-1}=\begin{pmatrix}1 & 1\\ 3 & 1\end{pmatrix}\begin{pmatrix}(-1)^{10} & 0\\ 0 & 1^{10}\end{pmatrix}\begin{pmatrix}1 & 1\\ 3 & 1\end{pmatrix}^{-1}$$

$$=\begin{pmatrix}1 & 0\\ 0 & 1\end{pmatrix}.$$

习题 4.2

<A>

1. 设方阵 $\boldsymbol{A}=\begin{pmatrix}1 & -2 & -4\\ -2 & x & -2\\ -4 & -2 & 1\end{pmatrix}$ 与 $\boldsymbol{\Lambda}=\begin{pmatrix}5 & & \\ & y & \\ & & -4\end{pmatrix}$ 相似,求 x,y.

2. 判断下列矩阵是否可以对角化,若可以,将其对角化:

(1) $\boldsymbol{A}=\begin{pmatrix}-1&3&-1\\-3&5&-1\\-3&3&1\end{pmatrix}$；　　(2) $\boldsymbol{A}=\begin{pmatrix}3&-2&0\\-2&2&-2\\0&-2&1\end{pmatrix}$；

(3) $\boldsymbol{A}=\begin{pmatrix}6&-5&-3\\3&-2&-2\\2&-2&0\end{pmatrix}$；　　(4) $\boldsymbol{A}=\begin{pmatrix}0&-1&2\\0&1&0\\1&-1&1\end{pmatrix}$.

3. 设 3 阶方阵 $\boldsymbol{A}$ 的特征值为 $\lambda_1=1,\lambda_2=0,\lambda_3=-1$，其对应的特征向量依次为

$$\boldsymbol{\xi}_1=\begin{pmatrix}1\\2\\2\end{pmatrix},\quad \boldsymbol{\xi}_2=\begin{pmatrix}2\\-2\\1\end{pmatrix},\quad \boldsymbol{\xi}_3=\begin{pmatrix}-2\\-1\\2\end{pmatrix},$$

求 $\boldsymbol{A}$.

4. 设 $\boldsymbol{A}=\begin{pmatrix}3&1\\5&-1\end{pmatrix}$，计算 $\boldsymbol{A}^{2008}$.

5. 设矩阵 $\boldsymbol{A}$ 可对角化，证明矩阵 $\boldsymbol{A}^{\mathrm{T}}$ 也可对角化.

<B>

1. 设方阵 $\boldsymbol{A}=\begin{pmatrix}-2&0&0\\2&x&2\\3&1&1\end{pmatrix}$ 与 $\boldsymbol{B}=\begin{pmatrix}-1&0&0\\0&2&0\\0&0&y\end{pmatrix}$ 相似，求：

(1) x,y；(2) 可逆矩阵 $\boldsymbol{P}$，使得 $\boldsymbol{P}^{-1}\boldsymbol{A}\boldsymbol{P}=\boldsymbol{B}$.

2. 设 $\boldsymbol{A},\boldsymbol{B}$ 都是 n 阶方阵，且 $|\boldsymbol{A}|\neq 0$，证明 $\boldsymbol{AB}$ 与 $\boldsymbol{BA}$ 相似.

3. (1) 设 $\boldsymbol{A}=\begin{pmatrix}3&-2\\-2&3\end{pmatrix}$，求 $\varphi(\boldsymbol{A})=\boldsymbol{A}^{10}-5\boldsymbol{A}^{9}$.

(2) 设 $\boldsymbol{A}=\begin{pmatrix}2&1&2\\1&2&2\\2&2&1\end{pmatrix}$，求 $\varphi(\boldsymbol{A})=\boldsymbol{A}^{10}-6\boldsymbol{A}^{9}+5\boldsymbol{A}^{8}$.

4. 如果 $\boldsymbol{A}\sim\boldsymbol{B},\boldsymbol{C}\sim\boldsymbol{D}$，证明 $\begin{pmatrix}\boldsymbol{A}&\boldsymbol{0}\\\boldsymbol{0}&\boldsymbol{C}\end{pmatrix}\sim\begin{pmatrix}\boldsymbol{B}&\boldsymbol{0}\\\boldsymbol{0}&\boldsymbol{D}\end{pmatrix}$.

5. 证明：方阵 $\boldsymbol{A}\sim\boldsymbol{B}$ 的充要条件是，存在方阵 $\boldsymbol{P},\boldsymbol{Q}$，使 $\boldsymbol{A}=\boldsymbol{PQ},\boldsymbol{B}=\boldsymbol{QP}$，且 $\boldsymbol{P},\boldsymbol{Q}$ 中至少有一个是可逆矩阵.

4.3 实对称矩阵的对角化

n 阶方阵 $\boldsymbol{A}$ 能否与对角矩阵相似，取决于它是否有 n 个线性无关的特征向

量. 本节我们将证明 n 阶实对称矩阵一定有 n 个线性无关的特征向量,总能与对角矩阵相似.

4.3.1 向量内积

定义 4.3.1 设 n 维向量 $\boldsymbol{\alpha}=(a_1,a_2,\cdots,a_n)^{\mathrm{T}}$,$\boldsymbol{\beta}=(b_1,b_2,\cdots,b_n)^{\mathrm{T}}$,则称实数

$$a_1b_1+a_2b_2+\cdots+a_nb_n=\sum_{i=1}^{n}a_ib_i$$

为向量 $\boldsymbol{\alpha}$ 和 $\boldsymbol{\beta}$ 的**内积**,记为 $\boldsymbol{\alpha}^{\mathrm{T}}\boldsymbol{\beta}$,即 $\boldsymbol{\alpha}^{\mathrm{T}}\boldsymbol{\beta}=\sum_{i=1}^{n}a_ib_i$.

例如,$\boldsymbol{\alpha}=(1,2,-1,3)^{\mathrm{T}}$,$\boldsymbol{\beta}=(2,0,4,2)^{\mathrm{T}}$,则 $\boldsymbol{\alpha}$ 与 $\boldsymbol{\beta}$ 的内积为

$$\boldsymbol{\alpha}^{\mathrm{T}}\boldsymbol{\beta}=1\times2+2\times0-1\times4+3\times2=4.$$

定义 4.3.2 对 n 维向量 $\boldsymbol{\alpha}=(a_1,a_2,\cdots,a_n)^{\mathrm{T}}$,称 $\|\boldsymbol{\alpha}\|=\sqrt{\boldsymbol{\alpha}^{\mathrm{T}}\boldsymbol{\alpha}}=\sqrt{a_1^2+a_2^2+\cdots+a_n^2}$ 为向量 $\boldsymbol{\alpha}$ 的**长度(模或范数)**. 若 $\|\boldsymbol{\alpha}\|=1$,则称 $\boldsymbol{\alpha}$ 为**单位向量**. 对于任一非零 n 维向量 $\boldsymbol{\alpha}$,向量 $\dfrac{\boldsymbol{\alpha}}{\|\boldsymbol{\alpha}\|}$ 是一个单位向量,这个过程称为**单位化**.

例如,设 $\boldsymbol{\alpha}=(1,-2,3,0)^{\mathrm{T}}$,则 $\boldsymbol{\alpha}$ 的长度为 $\|\boldsymbol{\alpha}\|=\sqrt{1^2+(-2)^2+3^2+0^2}=\sqrt{14}$,单位化得到 $\boldsymbol{\beta}=\dfrac{\boldsymbol{\alpha}}{\|\boldsymbol{\alpha}\|}=\dfrac{1}{\sqrt{14}}(1,-2,3,0)^{\mathrm{T}}=\left(\dfrac{1}{\sqrt{14}},\dfrac{-2}{\sqrt{14}},\dfrac{3}{\sqrt{14}},0\right)^{\mathrm{T}}$.

根据定义 4.3.1 和定义 4.3.2,不难验证,向量的内积和长度具有下述性质.

设 $\boldsymbol{\alpha}$、$\boldsymbol{\beta}$、$\boldsymbol{\gamma}$ 为 n 维列向量,则:

(1) $\boldsymbol{\alpha}^{\mathrm{T}}\boldsymbol{\beta}=\boldsymbol{\beta}^{\mathrm{T}}\boldsymbol{\alpha}$;

(2) $(k\boldsymbol{\alpha})^{\mathrm{T}}\boldsymbol{\beta}=k\boldsymbol{\alpha}^{\mathrm{T}}\boldsymbol{\beta}$($k$ 为任意实数);

(3) $(\boldsymbol{\alpha}+\boldsymbol{\beta})^{\mathrm{T}}\boldsymbol{\gamma}=\boldsymbol{\alpha}^{\mathrm{T}}\boldsymbol{\gamma}+\boldsymbol{\beta}^{\mathrm{T}}\boldsymbol{\gamma}$;

(4) $\boldsymbol{\alpha}^{\mathrm{T}}\boldsymbol{\alpha}\geqslant0$,并且仅当 $\boldsymbol{\alpha}=\boldsymbol{o}$ 时,$\boldsymbol{\alpha}^{\mathrm{T}}\boldsymbol{\alpha}=0$;

(5) $\|\boldsymbol{\alpha}\|\geqslant0$,当且仅当 $\boldsymbol{\alpha}=\boldsymbol{o}$ 时,$\|\boldsymbol{\alpha}\|=0$;

(6) $\|k\boldsymbol{\alpha}\|=|k|\cdot\|\boldsymbol{\alpha}\|$($k$ 为任意实数);

(7) 对于任意向量 $\boldsymbol{\alpha}$、$\boldsymbol{\beta}$,有 $|\boldsymbol{\alpha}^{\mathrm{T}}\boldsymbol{\beta}|\leqslant\|\boldsymbol{\alpha}\|\cdot\|\boldsymbol{\beta}\|$.

4.3.2 正交向量组

定义 4.3.3 如果两个向量 $\boldsymbol{\alpha}$ 与 $\boldsymbol{\beta}$ 的内积等于零,即 $\boldsymbol{\alpha}^{\mathrm{T}}\boldsymbol{\beta}=0$,则称 $\boldsymbol{\alpha}$ 与 $\boldsymbol{\beta}$ 互相**正交(垂直)**.

例如，n 维基本单位向量组 $\boldsymbol{\varepsilon}_1,\boldsymbol{\varepsilon}_2,\cdots,\boldsymbol{\varepsilon}_n$ 是两两正交的，即 $\boldsymbol{\varepsilon}_i^{\mathrm{T}}\boldsymbol{\varepsilon}_j=0(i\neq j)$.

零向量与任意向量的内积为零，因此零向量与任意向量正交.

定义 4.3.2 如果 n 维非零向量组 $\boldsymbol{\alpha}_1,\boldsymbol{\alpha}_2,\cdots,\boldsymbol{\alpha}_s$ 两两正交，即

$$\boldsymbol{\alpha}_i^{\mathrm{T}}\boldsymbol{\alpha}_j=0\quad(i\neq j;i,j=1,2,\cdots,s),$$

则称该向量组为**正交向量组**. 若再设 $\|\boldsymbol{\alpha}_i\|=1(i=1,2,\cdots,s)$，则称 $\boldsymbol{\alpha}_1,\boldsymbol{\alpha}_2,\cdots,\boldsymbol{\alpha}_s$ 为**单位正交向量组**.

定理 4.3.1 n 维正交向量组线性无关.

证明 设 $\boldsymbol{\alpha}_1,\boldsymbol{\alpha}_2,\cdots,\boldsymbol{\alpha}_s$ 为 n 维正交向量组，且存在数 $k_1,k_2,\cdots,k_s$ 使得

$$k_1\boldsymbol{\alpha}_1+k_2\boldsymbol{\alpha}_2+\cdots+k_s\boldsymbol{\alpha}_s=\boldsymbol{o},$$

上式两边与向量组中的任意向量 $\boldsymbol{\alpha}_i$ 求内积，得

$$\boldsymbol{\alpha}_i^{\mathrm{T}}(k_1\boldsymbol{\alpha}_1+k_2\boldsymbol{\alpha}_2+\cdots+k_s\boldsymbol{\alpha}_s)=0\quad(1\leqslant i\leqslant s),$$

即

$$k_1\boldsymbol{\alpha}_i^{\mathrm{T}}\boldsymbol{\alpha}_1+k_2\boldsymbol{\alpha}_i^{\mathrm{T}}\boldsymbol{\alpha}_2+\cdots+k_s\boldsymbol{\alpha}_i^{\mathrm{T}}\boldsymbol{\alpha}_s=0.$$

由于 $\boldsymbol{\alpha}_i^{\mathrm{T}}\boldsymbol{\alpha}_j=0(i\neq j;i,j=1,2,\cdots,s)$，所以 $k_i\boldsymbol{\alpha}_i^{\mathrm{T}}\boldsymbol{\alpha}_i=0$，但是 $\boldsymbol{\alpha}_i\neq\boldsymbol{o}$，从而 $\boldsymbol{\alpha}_i^{\mathrm{T}}\boldsymbol{\alpha}_i>0$. 所以 $k_i=0(1\leqslant i\leqslant s)$，即 $\boldsymbol{\alpha}_1,\boldsymbol{\alpha}_2,\cdots,\boldsymbol{\alpha}_s$ 线性无关.

线性无关的向量组 $\boldsymbol{\alpha}_1,\boldsymbol{\alpha}_2,\cdots,\boldsymbol{\alpha}_s$ 可以生成正交向量组 $\boldsymbol{\beta}_1,\boldsymbol{\beta}_2,\cdots,\boldsymbol{\beta}_s$，并且这两个向量组等价. 由一个线性无关向量组生成满足正交向量组的过程，称为将该向量组正交化，将一个向量组正交化可以应用**施密特正交化方法**（又称为正交规范化法）. 施密特正交化方法的步骤如下.

设 $\boldsymbol{\alpha}_1,\boldsymbol{\alpha}_2,\cdots,\boldsymbol{\alpha}_s$ 是一组 n 维线性无关的向量组，逐个求出由 $\boldsymbol{\alpha}_1,\boldsymbol{\alpha}_2,\cdots,\boldsymbol{\alpha}_s$ 的线性组合构成的两两正交的向量组 $\boldsymbol{\beta}_1,\boldsymbol{\beta}_2,\cdots,\boldsymbol{\beta}_s$ 如下：

$$\begin{cases}\boldsymbol{\beta}_1=\boldsymbol{\alpha}_1,\\[2mm] \boldsymbol{\beta}_2=\boldsymbol{\alpha}_2-\dfrac{\boldsymbol{\beta}_1^{\mathrm{T}}\boldsymbol{\alpha}_2}{\boldsymbol{\beta}_1^{\mathrm{T}}\boldsymbol{\beta}_1}\boldsymbol{\beta}_1,\\[2mm] \boldsymbol{\beta}_3=\boldsymbol{\alpha}_3-\dfrac{\boldsymbol{\beta}_1^{\mathrm{T}}\boldsymbol{\alpha}_3}{\boldsymbol{\beta}_1^{\mathrm{T}}\boldsymbol{\beta}_1}\boldsymbol{\beta}_1-\dfrac{\boldsymbol{\beta}_2^{\mathrm{T}}\boldsymbol{\alpha}_3}{\boldsymbol{\beta}_2^{\mathrm{T}}\boldsymbol{\beta}_2}\boldsymbol{\beta}_2,\\ \quad\vdots\\ \boldsymbol{\beta}_s=\boldsymbol{\alpha}_s-\dfrac{\boldsymbol{\beta}_1^{\mathrm{T}}\boldsymbol{\alpha}_s}{\boldsymbol{\beta}_1^{\mathrm{T}}\boldsymbol{\beta}_1}\boldsymbol{\beta}_1-\dfrac{\boldsymbol{\beta}_2^{\mathrm{T}}\boldsymbol{\alpha}_s}{\boldsymbol{\beta}_2^{\mathrm{T}}\boldsymbol{\beta}_2}\boldsymbol{\beta}_2-\dfrac{\boldsymbol{\beta}_3^{\mathrm{T}}\boldsymbol{\alpha}_s}{\boldsymbol{\beta}_3^{\mathrm{T}}\boldsymbol{\beta}_3}\boldsymbol{\beta}_3-\cdots-\dfrac{\boldsymbol{\beta}_{s-1}^{\mathrm{T}}\boldsymbol{\alpha}_s}{\boldsymbol{\beta}_{s-1}^{\mathrm{T}}\boldsymbol{\beta}_{s-1}}\boldsymbol{\beta}_{s-1}.\end{cases}$$

例 1 利用施密特正交化方法将向量组 $\boldsymbol{\alpha}_1=(1,1,1)^{\mathrm{T}},\boldsymbol{\alpha}_2=(1,2,2)^{\mathrm{T}},\boldsymbol{\alpha}_3=(1,2,3)^{\mathrm{T}}$ 化为单位正交向量组.

解 先正交化，得

$$\boldsymbol{\beta}_1=\boldsymbol{\alpha}_1=\begin{pmatrix}1\\1\\1\end{pmatrix},$$

$$\boldsymbol{\beta}_2=\boldsymbol{\alpha}_2-\frac{\boldsymbol{\beta}_1^{\mathrm{T}}\boldsymbol{\alpha}_2}{\boldsymbol{\beta}_1^{\mathrm{T}}\boldsymbol{\beta}_1}\boldsymbol{\beta}_1=\begin{pmatrix}1\\2\\2\end{pmatrix}-\frac{5}{3}\begin{pmatrix}1\\1\\1\end{pmatrix}=\frac{1}{3}\begin{pmatrix}-2\\1\\1\end{pmatrix},$$

$$\boldsymbol{\beta}_3=\boldsymbol{\alpha}_3-\frac{\boldsymbol{\beta}_1^{\mathrm{T}}\boldsymbol{\alpha}_3}{\boldsymbol{\beta}_1^{\mathrm{T}}\boldsymbol{\beta}_1}\boldsymbol{\beta}_1-\frac{\boldsymbol{\beta}_2^{\mathrm{T}}\boldsymbol{\alpha}_3}{\boldsymbol{\beta}_2^{\mathrm{T}}\boldsymbol{\beta}_2}\boldsymbol{\beta}_2=\begin{pmatrix}1\\2\\3\end{pmatrix}-\frac{6}{3}\begin{pmatrix}1\\1\\1\end{pmatrix}-\frac{9}{6}\times\frac{1}{3}\begin{pmatrix}-2\\1\\1\end{pmatrix}=\frac{1}{2}\begin{pmatrix}0\\-1\\1\end{pmatrix},$$

不难验证，$\boldsymbol{\beta}_1,\boldsymbol{\beta}_2,\boldsymbol{\beta}_3$ 为正交向量组，且与 $\boldsymbol{\alpha}_1,\boldsymbol{\alpha}_2,\boldsymbol{\alpha}_3$ 可互相线性表示.
再单位化，得

$$\boldsymbol{\gamma}_1=\frac{\boldsymbol{\beta}_1}{\|\boldsymbol{\beta}_1\|}=\frac{1}{\sqrt{3}}\begin{pmatrix}1\\1\\1\end{pmatrix},\quad \boldsymbol{\gamma}_2=\frac{\boldsymbol{\beta}_2}{\|\boldsymbol{\beta}_2\|}=\frac{1}{\sqrt{6}}\begin{pmatrix}-2\\1\\1\end{pmatrix},\quad \boldsymbol{\gamma}_3=\frac{\boldsymbol{\beta}_3}{\|\boldsymbol{\beta}_3\|}=\frac{1}{\sqrt{2}}\begin{pmatrix}0\\-1\\1\end{pmatrix}.$$

4.3.2 正交矩阵

定义 4.3.3 设 $\boldsymbol{Q}$ 为 n 阶实矩阵，满足

$$\boldsymbol{Q}^{\mathrm{T}}\boldsymbol{Q}=\boldsymbol{E},$$

则称 $\boldsymbol{Q}$ 为**正交矩阵**.

例如，单位矩阵 $\boldsymbol{E}$ 为正交矩阵，$\begin{pmatrix}\cos\theta & -\sin\theta\\ \sin\theta & \cos\theta\end{pmatrix}$ 和 $\begin{pmatrix}0 & 1 & 0\\ 1/\sqrt{2} & 0 & 1/\sqrt{2}\\ -1/\sqrt{2} & 0 & 1/\sqrt{2}\end{pmatrix}$ 均为正交矩阵.

记 $\boldsymbol{Q}=(\boldsymbol{\alpha}_1,\boldsymbol{\alpha}_2,\cdots,\boldsymbol{\alpha}_n)$，其中 $\boldsymbol{\alpha}_i$ 是矩阵 $\boldsymbol{Q}$ 的第 i 个列向量，则 $\boldsymbol{Q}$ 为正交矩阵当且仅当

$$\boldsymbol{Q}^{\mathrm{T}}\boldsymbol{Q}=\begin{pmatrix}\boldsymbol{\alpha}_1^{\mathrm{T}}\\ \boldsymbol{\alpha}_2^{\mathrm{T}}\\ \vdots\\ \boldsymbol{\alpha}_n^{\mathrm{T}}\end{pmatrix}(\boldsymbol{\alpha}_1,\boldsymbol{\alpha}_2,\cdots,\boldsymbol{\alpha}_n)=\boldsymbol{E},$$

即
$$\boldsymbol{\alpha}_i^{\mathrm{T}}\boldsymbol{\alpha}_j=\delta_{ij}=\begin{cases}1, & i=j,\\ 0, & i\neq j\end{cases}(i,j=1,2,\cdots,n). \tag{4.3.1}$$

定理 4.3.2 设 $\boldsymbol{Q}$ 为 n 阶实矩阵，则 $\boldsymbol{Q}$ 是正交矩阵的充分必要条件是其列

（行）向量组是单位正交向量组.

正交矩阵还有以下性质：

性质1 若 $\boldsymbol{Q}$ 是正定矩阵，则 $\boldsymbol{Q}$ 可逆，且 $\boldsymbol{Q}^{-1}=\boldsymbol{Q}^{\mathrm{T}}$；

性质2 若 $\boldsymbol{Q}$ 是正交矩阵，则 $|\boldsymbol{Q}|=1$ 或 -1；

性质3 若 $\boldsymbol{Q}$ 是正交矩阵，则 $\boldsymbol{Q}^{\mathrm{T}},\boldsymbol{Q}^{-1},\boldsymbol{Q}^{*}$ 也是正交矩阵；

性质4 若 $\boldsymbol{Q}_1,\boldsymbol{Q}_2$ 都是 n 阶正交矩阵，则其乘积 $\boldsymbol{Q}_1\boldsymbol{Q}_2$ 也是 n 阶正交矩阵.

4.3.3 实对称矩阵正交相似于对角矩阵

定理 4.3.3 (1) 实对称矩阵的特征值均为实数；

(2) 实对称矩阵的不同特征值对应的特征向量是正交的；

(3) 实对称矩阵的 k 重特征值 λ 恰好有 k 个线性无关的特征向量.

证明 仅证(2). 设 $\boldsymbol{\xi}_1,\boldsymbol{\xi}_2$ 分别是实对称矩阵 $\boldsymbol{A}$ 对应于两个不同特征值 λ_1，λ_2 的特征向量，即 $\boldsymbol{A\xi}_1=\lambda_1\boldsymbol{\xi}_1,\boldsymbol{A\xi}_2=\lambda_2\boldsymbol{\xi}_2$. 于是

$$\boldsymbol{\xi}_2^{\mathrm{T}}\boldsymbol{A\xi}_1=\lambda_1\boldsymbol{\xi}_2^{\mathrm{T}}\boldsymbol{\xi}_1,\quad \boldsymbol{\xi}_1^{\mathrm{T}}\boldsymbol{A\xi}_2=\lambda_2\boldsymbol{\xi}_1^{\mathrm{T}}\boldsymbol{\xi}_2.$$

又因 $\boldsymbol{A}^{\mathrm{T}}=\boldsymbol{A}$，则

$$\lambda_1\boldsymbol{\xi}_2^{\mathrm{T}}\boldsymbol{\xi}_1=\boldsymbol{\xi}_2^{\mathrm{T}}\lambda_1\boldsymbol{\xi}_1=\boldsymbol{\xi}_2^{\mathrm{T}}\boldsymbol{A\xi}_1=(\boldsymbol{\xi}_2^{\mathrm{T}}\boldsymbol{A\xi}_1)^{\mathrm{T}}=\boldsymbol{\xi}_1^{\mathrm{T}}\boldsymbol{A}^{\mathrm{T}}\boldsymbol{\xi}_2=\boldsymbol{\xi}_1^{\mathrm{T}}\lambda_2\boldsymbol{\xi}_2=\lambda_2\boldsymbol{\xi}_1^{\mathrm{T}}\boldsymbol{\xi}_2=\lambda_2\boldsymbol{\xi}_2^{\mathrm{T}}\boldsymbol{\xi}_1,$$

即 $(\lambda_1-\lambda_2)\boldsymbol{\xi}_2^{\mathrm{T}}\boldsymbol{\xi}_1=0$，由于 $\lambda_1\neq\lambda_2$，所以 $\boldsymbol{\xi}_2^{\mathrm{T}}\boldsymbol{\xi}_1=0$，即 $\boldsymbol{\xi}_1$ 与 $\boldsymbol{\xi}_2$ 正交.

n 阶实对称矩阵 $\boldsymbol{A}$ 的每个 k 重特征值 λ 对应的 k 个线性无关特征向量用施密特正交化方法正交化后，仍是 $\boldsymbol{A}$ 对应于特征值 λ 的特征向量. 由此可知，n 阶实对称矩阵 $\boldsymbol{A}$ 一定有 n 个相互正交的单位特征向量，将它作为列向量构成正交矩阵 $\boldsymbol{Q}$，则有 $\boldsymbol{Q}^{-1}\boldsymbol{AQ}=\boldsymbol{\Lambda}$，其中 $\boldsymbol{\Lambda}=\begin{pmatrix}\lambda_1 & 0 & \cdots & 0\\ 0 & \lambda_2 & \cdots & 0\\ \vdots & \vdots & & \vdots\\ 0 & 0 & \cdots & \lambda_n\end{pmatrix}$，$\lambda_1,\lambda_2,\cdots,\lambda_n$ 为 $\boldsymbol{A}$ 的 n 个特征值(k 重根出现 k 次).

定理 4.3.4 设 $\boldsymbol{A}$ 为 n 阶实对称矩阵，则必有 n 阶正交矩阵 $\boldsymbol{Q}$，使 $\boldsymbol{Q}^{-1}\boldsymbol{AQ}$ 为对角矩阵.

利用正交矩阵 $\boldsymbol{Q}$ 化实对称矩阵 $\boldsymbol{A}$ 为对角矩阵的步骤如下：

第一步　求出 A 的互不相同的全部特征值 $\lambda_1,\lambda_2,\cdots,\lambda_s$；

第二步　对每一个特征值 $\lambda_i(i=1,2,\cdots,s)$，由 $(\lambda_i\boldsymbol{E}-\boldsymbol{A})\boldsymbol{x}=\boldsymbol{o}$，求出基础解系(特征向量)；

第三步　将每个特征值对应的特征向量的基础解系用施密特正交化方法正交化，并单位化，最后得到单位正交向量组 $\boldsymbol{\eta}_1,\boldsymbol{\eta}_2,\cdots,\boldsymbol{\eta}_n$；

第四步　构造正交矩阵 $\boldsymbol{Q}=(\boldsymbol{\eta}_1,\boldsymbol{\eta}_2,\cdots,\boldsymbol{\eta}_n)$，则 $\boldsymbol{Q}^{-1}\boldsymbol{A}\boldsymbol{Q}$ 为对角矩阵.

例 2　设实对称矩阵 $\boldsymbol{A}=\begin{pmatrix}4&0&0\\0&3&1\\0&1&3\end{pmatrix}$，试求出正交矩阵 $\boldsymbol{Q}$，使 $\boldsymbol{Q}^{-1}\boldsymbol{A}\boldsymbol{Q}$ 为对角矩阵.

解　由于 $\boldsymbol{A}$ 的特征方程 $|\lambda\boldsymbol{E}-\boldsymbol{A}|=\begin{vmatrix}\lambda-4&0&0\\0&\lambda-3&-1\\0&-1&\lambda-3\end{vmatrix}=(\lambda-2)(\lambda-4)^2=0$，从而得到 $\boldsymbol{A}$ 的特征值 $\lambda_1=2,\lambda_2=\lambda_3=4$.

对于 $\lambda_1=2$，解齐次线性方程组 $(2\boldsymbol{E}-\boldsymbol{A})\boldsymbol{x}=\boldsymbol{o}$，得到基础解系 $\boldsymbol{\xi}_1=(0,1,-1)^{\mathrm{T}}$，单位化得 $\boldsymbol{\eta}_1=\left(0,\dfrac{1}{\sqrt{2}},-\dfrac{1}{\sqrt{2}}\right)^{\mathrm{T}}$.

对于 $\lambda_2=\lambda_3=4$，解齐次线性方程组 $(4\boldsymbol{E}-\boldsymbol{A})\boldsymbol{x}=\boldsymbol{o}$，得到基础解系 $\boldsymbol{\xi}_2=(1,0,0)^{\mathrm{T}},\boldsymbol{\xi}_3=(0,1,1)^{\mathrm{T}}$. 因为 $\boldsymbol{\xi}_2,\boldsymbol{\xi}_3$ 已经正交，只需将其单位化，得

$$\boldsymbol{\eta}_2=(1,0,0)^{\mathrm{T}},\quad \boldsymbol{\eta}_3=\left(0,\frac{1}{\sqrt{2}},\frac{1}{\sqrt{2}}\right)^{\mathrm{T}}.$$

于是所求正交矩阵为

$$\boldsymbol{Q}=(\boldsymbol{\eta}_1,\boldsymbol{\eta}_2,\boldsymbol{\eta}_3)=\begin{pmatrix}0&1&0\\1/\sqrt{2}&0&1/\sqrt{2}\\-1/\sqrt{2}&0&1/\sqrt{2}\end{pmatrix}.$$

经验证，

$$\boldsymbol{Q}^{-1}\boldsymbol{A}\boldsymbol{Q}=\begin{pmatrix}2&0&0\\0&4&0\\0&0&4\end{pmatrix}.$$

例 3　设 $\boldsymbol{A}=\begin{pmatrix}2&2&-2\\2&5&-4\\-2&-4&5\end{pmatrix}$，求一个正交矩阵 $\boldsymbol{Q}$，使 $\boldsymbol{Q}^{-1}\boldsymbol{A}\boldsymbol{Q}$ 为对角矩阵.

解　由于 $\boldsymbol{A}$ 的特征方程 $|\lambda\boldsymbol{E}-\boldsymbol{A}|=\begin{vmatrix}\lambda-2&-2&2\\-2&\lambda-5&4\\2&4&\lambda-5\end{vmatrix}=(\lambda-1)^2(\lambda-10)=0$，从而得到 $\boldsymbol{A}$ 的特征值 $\lambda_1=\lambda_2=1,\lambda_3=10$.

当 $\lambda_1=\lambda_2=1$ 时，解方程组 $(\lambda_1\boldsymbol{E}-\boldsymbol{A})\boldsymbol{x}=\boldsymbol{o}$，得到基础解系

$$\boldsymbol{\alpha}_1=(-2,1,0)^{\mathrm{T}},\quad \boldsymbol{\alpha}_2=(2,0,1)^{\mathrm{T}},$$

正交化得

$$\boldsymbol{\beta}_1=\boldsymbol{\alpha}_1=(-2,1,0)^{\mathrm{T}},\quad \boldsymbol{\beta}_2=\boldsymbol{\alpha}_2-\frac{\boldsymbol{\beta}_1^{\mathrm{T}}\boldsymbol{\alpha}_2}{\boldsymbol{\beta}_1^{\mathrm{T}}\boldsymbol{\beta}_1}\boldsymbol{\beta}_1=\left(\frac{2}{5},\frac{4}{5},1\right)^{\mathrm{T}},$$

单位化得

$$\boldsymbol{\eta}_1=\left(-\frac{2}{\sqrt{5}},\frac{1}{\sqrt{5}},0\right)^{\mathrm{T}},\quad \boldsymbol{\eta}_2=\left(\frac{2}{3\sqrt{5}},\frac{4}{3\sqrt{5}},\frac{5}{3\sqrt{5}}\right).$$

当 $\lambda_3=10$ 时，解方程组 $(\lambda_3\boldsymbol{E}-\boldsymbol{A})\boldsymbol{x}=\boldsymbol{o}$，得到基础解系 $\boldsymbol{\alpha}_3=(-1,-2,2)^{\mathrm{T}}$，单位化得 $\boldsymbol{\eta}_3=\left(-\frac{1}{3},-\frac{2}{3},\frac{2}{3}\right)^{\mathrm{T}}$.

令 $\boldsymbol{Q}=(\boldsymbol{\eta}_1,\boldsymbol{\eta}_2,\boldsymbol{\eta}_3)=\begin{pmatrix}-2/\sqrt{5} & 2/3\sqrt{5} & -1/3\\ 1/\sqrt{5} & 4/3\sqrt{5} & -2/3\\ 0 & 5/3\sqrt{5} & 2/3\end{pmatrix}$，则 $\boldsymbol{Q}$ 为正交矩阵，且

$$\boldsymbol{Q}^{-1}\boldsymbol{A}\boldsymbol{Q}=\begin{pmatrix}1 & & \\ & 1 & \\ & & 10\end{pmatrix}.$$

例 4 设 3 阶实对称矩阵 $\boldsymbol{A}$ 的特征值为 1，2，3，$\boldsymbol{A}$ 对应于特征值 1，2 的特征向量分别是 $\boldsymbol{\xi}_1=(-1,-1,1)^{\mathrm{T}}$，$\boldsymbol{\xi}_2=(1,-2,-1)^{\mathrm{T}}$. 求：

(1) $\boldsymbol{A}$ 对应于特征值 3 的特征向量；(2) 方阵 $\boldsymbol{A}$.

解 (1) 设 $\boldsymbol{A}$ 对应于特征值 3 的特征向量为 $\boldsymbol{\xi}_3=(x_1,x_2,x_3)^{\mathrm{T}}$，则

$$\boldsymbol{\xi}_1^{\mathrm{T}}\boldsymbol{\xi}_3=0,\quad \boldsymbol{\xi}_2^{\mathrm{T}}\boldsymbol{\xi}_3=0.$$

因 $\boldsymbol{\xi}_1^{\mathrm{T}}\boldsymbol{\xi}_3=(-1,-1,1)\begin{pmatrix}x_1\\x_2\\x_3\end{pmatrix}=-x_1-x_2+x_3$，$\boldsymbol{\xi}_2^{\mathrm{T}}\boldsymbol{\xi}_3=(1,-2,-1)\begin{pmatrix}x_1\\x_2\\x_3\end{pmatrix}=x_1-2x_2-x_3$，从而得到方程组 $\begin{cases}-x_1-x_2+x_3=0,\\ x_1-2x_2-x_3=0,\end{cases}$ 解得 $\begin{cases}x_1=x_3,\\ x_2=0.\end{cases}$ 取 $x_3=1$，得 $\boldsymbol{\xi}_3=(1,0,1)^{\mathrm{T}}$，则 $c\boldsymbol{\xi}_3$（$c\neq 0$，c 为任意实数）即为对应于特征值 3 的特征向量.

(2) 令 $\boldsymbol{Q}=(\boldsymbol{\xi}_1,\boldsymbol{\xi}_2,\boldsymbol{\xi}_3)=\begin{pmatrix}-1 & 1 & 1\\ -1 & -2 & 0\\ 1 & -1 & 1\end{pmatrix}$，则 $\boldsymbol{Q}^{-1}=\frac{1}{6}\begin{pmatrix}-2 & -2 & 2\\ 1 & -2 & -1\\ 3 & 0 & 3\end{pmatrix}$.

由于 $\boldsymbol{Q}^{-1}\boldsymbol{A}\boldsymbol{Q}=\begin{pmatrix}1 & 0 & 0\\ 0 & 2 & 0\\ 0 & 0 & 3\end{pmatrix}\triangleq\boldsymbol{\Lambda}$，得到

$$A = Q\Lambda Q^{-1} = \begin{pmatrix} -1 & 1 & 1 \\ -1 & -2 & 0 \\ 1 & -1 & 1 \end{pmatrix} \begin{pmatrix} 1 & 0 & 0 \\ 0 & 2 & 0 \\ 0 & 0 & 3 \end{pmatrix} \times \frac{1}{6} \begin{pmatrix} -2 & -2 & 2 \\ 1 & -2 & -1 \\ 3 & 0 & 3 \end{pmatrix}$$

$$= \frac{1}{6} \begin{pmatrix} 13 & -2 & 5 \\ -2 & 10 & 2 \\ 5 & 2 & 13 \end{pmatrix}.$$

习题 4.3

<A>

1. 计算向量 $\boldsymbol{\alpha}$ 与 $\boldsymbol{\beta}$ 的内积；

(1) $\boldsymbol{\alpha} = (1, -2, 3)^{\mathrm{T}}, \boldsymbol{\beta} = (2, 1, -4)^{\mathrm{T}}$；

(2) $\boldsymbol{\alpha} = \left(\frac{\sqrt{2}}{2}, -\frac{1}{2}, \frac{\sqrt{2}}{4}, -1\right)^{\mathrm{T}}, \boldsymbol{\beta} = \left(-\frac{\sqrt{2}}{2}, -2, \sqrt{2}, \frac{1}{2}\right)^{\mathrm{T}}$.

2. 把下列向量单位化：

(1) $\boldsymbol{\alpha} = (2, 0, -5, -1)^{\mathrm{T}}$；　　(2) $\boldsymbol{\beta} = (-3, 4, 0, 0)^{\mathrm{T}}$.

3. 将下列线性无关的向量组正交化：

(1) $\boldsymbol{\alpha}_1 = (1, 2, 2, -1)^{\mathrm{T}}, \boldsymbol{\alpha}_2 = (1, 1, -5, 3)^{\mathrm{T}}, \boldsymbol{\alpha}_3 = (3, 2, 8, -7)^{\mathrm{T}}$；

(2) $\boldsymbol{\alpha}_1 = (1, -2, 2)^{\mathrm{T}}, \boldsymbol{\alpha}_2 = (-1, 0, -1)^{\mathrm{T}}, \boldsymbol{\alpha}_3 = (5, -3, -7)^{\mathrm{T}}$.

4. 将下列实对称矩阵对角化，写出相应的正交矩阵：

(1) $\begin{pmatrix} 1 & -2 & 0 \\ -2 & 2 & -2 \\ 0 & -2 & 3 \end{pmatrix}$；　　(2) $\begin{pmatrix} 4 & 2 & 2 \\ 2 & 4 & 2 \\ 2 & 2 & 4 \end{pmatrix}$.

5. 设方阵 $A = \begin{pmatrix} 2 & -2 & 0 \\ -2 & 1 & -2 \\ 0 & -2 & 0 \end{pmatrix}$，求正交矩阵 Q，使得 $B = Q^{\mathrm{T}}AQ$ 是对角矩阵.

6. 设 $A = \begin{pmatrix} 1 & 0 & 1 \\ 0 & 2 & 0 \\ 1 & 0 & 1 \end{pmatrix}$，找一正交矩阵 Q，使 $\Lambda = Q^{\mathrm{T}}AQ$ 为对角阵，并求 A^{10}.

<B>

1. 设矩阵 $A = \begin{pmatrix} 0 & 0 & 1 \\ 0 & 1 & 0 \\ 1 & 0 & 0 \end{pmatrix}$，求正交矩阵 Q 及对角矩阵 Λ，使 $\Lambda = Q^{-1}AQ$，并计算矩阵 A^n.

2. 设 Q_1, Q_2 都是 n 阶正交矩阵，证明乘积矩阵 Q_1Q_2 也是正交矩阵.

3. 证明：设 $\boldsymbol{A}$ 为正交矩阵，且存在特征值，则 $\boldsymbol{A}$ 的特征值只能是 1 或 -1.

数学家——若尔当

若尔当

若尔当(Jordan)，法国数学家，又译约当. 1838 年 1 月 5 日生于里昂，1922 年 1 月 20 日卒于巴黎. 若尔当出身于名门望族. 他的父亲毕业于巴黎综合工科学校，是一位工程师；他的母亲是画家沙畹的妹妹；他的一位叔祖与他同名，是一位相当有名的政治家，曾参加过从 1789 年法国革命到波旁王朝复辟之初的许多活动；他的堂兄 A. 若尔当因发现“较小物种”而闻名，该物种至今仍以其名称之. 作为一名学生，若尔当具有从柯西到庞加莱等法国数学家的共同经历：他 17 岁以优异成绩考入巴黎综合工科学校；1861 年，他的博士论文发表于《综合工科学校杂志》上；直到 1885 年，他在名义上一直是一名工程师，该职业为他提供了充足的时间用于数学研究，他发表的 120 篇论文中的大部分都是在他作为一名工程师而退休之前写的. 从 1873 年到 1912 年退休，他同时在综合工科学校和法兰西学院任教. 1881 年他被选为法兰西科学院院士；1895 年又被选聘为彼得堡科学院院士；1885 年至 1921 年一直担任法国《纯粹与应用数学杂志》的主编及发行人.

一般认为，若尔当在法国数学家中的地位介于 C. 埃尔米特与庞加莱之间. 他与他们一样，是一位多才多艺的数学家. 他发表的论文几乎涉及了他那个时代数学的所有分支. 他早期发表的一篇论文，用组合观点研究多面体的对称性，属后来命名的“组合拓扑学”范畴，这在当时还是非常独特的. 他作为代数学家，年仅 30 岁时就得以成名.在其后的几十年中,他被公认为群论的领头人.

若尔当在1869年证明了群论中的一个基本结果:如果不计次序,则一个群的合成列是不变的.他于1870年在其名著《置换和代数方程专论》(共有667页)中,对伽罗瓦理论进行了全面而清楚的介绍,他是使伽罗瓦理论显著增色的第一个人,并且提供了许多新结果,建立了同构和同态的概念.若尔当是最早开展无限群的研究的数学家.他在1878年引入了置换群的线性变换表示,这些变换或它们的矩阵,业已证明是抽象群最有效的表示法,这种表示法叫作线性表示.他利用相似矩阵和特征方程的概念,证明矩阵可以化为标准形,现称若尔当标准形.

第4章总习题

一、判断题

1. 设 $\boldsymbol{A}$ 是3阶矩阵,有特征值 $1,-2,4$,则 $2\boldsymbol{E}-\boldsymbol{A}$ 是满秩的. ( )

2. 设 λ 是可逆矩阵 $\boldsymbol{A}$ 的特征值,则 $\boldsymbol{E}\pm\boldsymbol{A}^{-1}$ 的特征值为 $1\pm\dfrac{1}{\lambda}$. ( )

3. 设 $\boldsymbol{A}\sim\boldsymbol{E}$,则 $\boldsymbol{A}$ 必为单位矩阵. ( )

4. 若 $\boldsymbol{A},\boldsymbol{B}$ 均为 n 阶正交矩阵,则 $\boldsymbol{A}+\boldsymbol{B}$ 也是正交矩阵. ( )

5. 如果 $\boldsymbol{A}\sim\boldsymbol{B}$,则 $\boldsymbol{A}^{\mathrm{T}}\sim\boldsymbol{B}^{\mathrm{T}}$. ( )

6. 设矩阵 $\boldsymbol{A}$ 与矩阵 $\boldsymbol{B}$ 相似,则 $r(\boldsymbol{A})=r(\boldsymbol{B})$. ( )

7. 设 $\boldsymbol{A}$ 为正交矩阵,则 $\boldsymbol{A}^{-1}=\boldsymbol{A}$. ( )

二、填空题

1. λ_0 是 $\boldsymbol{A}$ 的特征值,则________是矩阵 $3\boldsymbol{A}^3-\boldsymbol{A}^2+8\boldsymbol{A}-\boldsymbol{E}$ 的一个特征值.

2. 设3阶方阵 $\boldsymbol{A}$ 有3个特征值 $\lambda_1,\lambda_2,\lambda_3$,如果 $|\boldsymbol{A}|=36,\lambda_1=2,\lambda_2=3$,则 $\lambda_3=$________.

3. 若 $\boldsymbol{A}=\begin{pmatrix}1 & a\\ 0 & 1\end{pmatrix}$,且 $\boldsymbol{A}^{-1}=\boldsymbol{A}^{\mathrm{T}}$,则 $a=$________.

4. 当 $k=$________时,向量 $(1,2,-1)^{\mathrm{T}}$ 与 $(6,-4,k)^{\mathrm{T}}$ 正交.

5. 设 $\boldsymbol{A}$ 为正交矩阵,则 $|\boldsymbol{A}|=$________.

三、计算题

1. 求下列矩阵的特征值与特征向量:

(1) $\begin{pmatrix}1 & -1\\ 2 & 4\end{pmatrix}$; (2) $\begin{pmatrix}3 & 4\\ 5 & 2\end{pmatrix}$;

(3) $\begin{vmatrix} 1 & 2 & 3 \\ 2 & 1 & 3 \\ 3 & 3 & 6 \end{vmatrix}$；　　(4) $\begin{pmatrix} 2 & -1 & 2 \\ 5 & -3 & 3 \\ -1 & 0 & -2 \end{pmatrix}$.

2. 设 $\boldsymbol{A} = \begin{pmatrix} 3 & 1 \\ 5 & -1 \end{pmatrix}$，求：

(1)$\boldsymbol{A}$ 的特征值与特征向量；(2)$\boldsymbol{A}^{100}\begin{pmatrix} 1 \\ -5 \end{pmatrix}$.

3. 已知 3 阶可逆矩阵 $\boldsymbol{A}$ 的特征值为 1,2,3，求下列矩阵 $\boldsymbol{B}$ 的特征值：

(1)$\boldsymbol{B} = \boldsymbol{E} + 2\boldsymbol{A} + \boldsymbol{A}^2$；　　(2)$\boldsymbol{B} = \boldsymbol{E} + \boldsymbol{A}^{-1}$；

(3)$\boldsymbol{B} = \left(\frac{1}{3}\boldsymbol{A}^2\right)^{-1}$；　　(4)$\boldsymbol{B} = \boldsymbol{A}^*$.

4. 判断下列矩阵是否与对角矩阵相似，若相似，求出对应的相似变换矩阵与对角矩阵：

(1) $\begin{pmatrix} 2 & -2 & 0 \\ -2 & 1 & -2 \\ 0 & -2 & 0 \end{pmatrix}$；　　(2) $\begin{pmatrix} a & 1 & 0 & \cdots & 0 & 0 \\ 0 & a & 1 & \cdots & 0 & 0 \\ \vdots & \vdots & \vdots & & \vdots & \vdots \\ 0 & 0 & 0 & \cdots & a & 1 \\ 0 & 0 & 0 & \cdots & 0 & a \end{pmatrix}$.

5. 已知 $\boldsymbol{A} = \begin{pmatrix} 1 & 2 & 2 \\ 2 & 1 & 2 \\ 2 & 2 & 1 \end{pmatrix}$，求 $\boldsymbol{A}^{100}$.

6. 已知 3 阶矩阵 $\boldsymbol{A}$ 的特征值是 2,1，-1，对应的特征向量分别为$(1,0,-1)^{\mathrm{T}}$，$(1,-1,0)^{\mathrm{T}}$，$(1,0,1)^{\mathrm{T}}$，求矩阵 $\boldsymbol{A}$.

7. 设 3 阶对称矩阵 $\boldsymbol{A}$ 的特征值是 6,3,3，特征值 6 对应的特征向量为 $\boldsymbol{\alpha}_1 = (1,1,1)^{\mathrm{T}}$，求 $\boldsymbol{A}$.

第 5 章 二次型

几何看来有时候要领先于分析，但事实上，几何的先行于分析，只不过像一个仆人走在主人的前面一样，是为主人开路的.

—— 西尔维斯特

二次型理论起源于解析几何中二次曲线和二次曲面的化简问题，这一理论在数理统计、物理及现代控制理论等诸多领域都有着重要的应用. 本章主要讨论化实二次型为标准形及正定二次型的判定等问题.

5.1 二次型及其矩阵表示

5.1.1 二次型的概念

在解析几何中，为了研究二次曲线

$$ax^2+bxy+cy^2+d=0 \tag{5.1.1}$$

的几何性质，可以选择适当的坐标变换

$$\begin{cases}x=x'\cos\theta-y'\sin\theta,\\ y=x'\sin\theta+y'\cos\theta,\end{cases} \tag{5.1.2}$$

把方程化为标准形

$$mx'^2+ny'^2=1.$$

根据标准形，可以识别二次曲线的类型，进而更好地研究曲线的几何性质.

曲线方程(5.1.1)的左端是一个二次齐次多项式，从代数学的观点看，将之化为标准形的过程就是通过变量的非退化线性变换，使之化简为一个只含平方项的二次齐次多项式. 这种问题在许多理论问题和实际问题中经常会遇到. 更一般地，本书将讨论含 n 个变量的二次齐次多项式的化简问题.

定义 5.1.1 含有 n 个变量 $x_1,x_2,\cdots,x_n$ 的二次齐次多项式

$$f(x_1,x_2,\cdots,x_n)=a_{11}x_1^2+2a_{12}x_1x_2+\cdots+2a_{1n}x_1x_n \\ +a_{22}x_2^2+\cdots+2a_{2n}x_2x_n \\ +\cdots+a_{nn}x_n^2 \qquad (5.1.3)$$

称为 n **元二次型**,简称**二次型**(简记为 f). $a_{ij}(i,j=1,2,\cdots,n)$ 称为二次型的系数. 当某个 a_{ij} 为复数时,f 称为**复二次型**;当 a_{ij} 都是实数时,f 称为**实二次型**. 本书只讨论实二次型.

定义 5.1.2 仅含有平方项的二次型,即

$$f(y_1,y_2,\cdots,y_n)=\lambda_1y_1^2+\lambda_2y_2^2+\cdots+\lambda_ny_n^2, \qquad (5.1.4)$$

称为**标准形**.

例如,$f(x_1,x_2,x_3)=x_1^2+2x_1x_2+3x_1x_3+x_2^2+4x_2x_3+x_3^2$ 是一个三元二次型,$f(y_1,y_2,y_3,y_4)=y_1^2-2y_2^2+3y_3^2-y_4^2$ 是一个四元二次型的标准形.

对于二元二次型,有

$$\begin{aligned} f(x_1,x_2)&=a_{11}x_1^2+2a_{12}x_1x_2+a_{22}x_2^2 \\ &=(a_{11}x_1^2+a_{12}x_1x_2)+(a_{12}x_1x_2+a_{22}x_2^2) \\ &=x_1(a_{11}x_1+a_{12}x_2)+x_2(a_{12}x_1+a_{22}x_2) \\ &=(x_1,x_2)\begin{pmatrix}a_{11}x_1+a_{12}x_2\\ a_{12}x_1+a_{22}x_2\end{pmatrix} \\ &=(x_1,x_2)\begin{pmatrix}a_{11}&a_{12}\\ a_{12}&a_{22}\end{pmatrix}\begin{pmatrix}x_1\\ x_2\end{pmatrix}=\boldsymbol{x}^{\mathrm{T}}\boldsymbol{A}\boldsymbol{x}, \end{aligned}$$

其中 $\boldsymbol{x}=(x_1,x_2)^{\mathrm{T}},\boldsymbol{A}=\begin{pmatrix}a_{11}&a_{12}\\ a_{21}&a_{22}\end{pmatrix}(a_{12}=a_{21})$. $\boldsymbol{A}$ 是 2 阶实对称矩阵.

对于 n 元实二次型(5.1.3),类似地可以得到

$$f(x_1,x_2,\cdots,x_n)=(x_1,x_2,\cdots,x_n)\begin{pmatrix}a_{11}&a_{12}&\cdots&a_{1n}\\ a_{21}&a_{22}&\cdots&a_{2n}\\ \vdots&\vdots&&\vdots\\ a_{n1}&a_{n2}&\cdots&a_{nn}\end{pmatrix}\begin{pmatrix}x_1\\ x_2\\ \vdots\\ x_n\end{pmatrix}=\boldsymbol{x}^{\mathrm{T}}\boldsymbol{A}\boldsymbol{x}. \qquad (5.1.5)$$

这里 $\boldsymbol{x}=\begin{pmatrix}x_1\\ x_2\\ \vdots\\ x_n\end{pmatrix},\boldsymbol{A}=\begin{pmatrix}a_{11}&a_{12}&\cdots&a_{1n}\\ a_{21}&a_{22}&\cdots&a_{2n}\\ \vdots&\vdots&&\vdots\\ a_{n1}&a_{n2}&\cdots&a_{nn}\end{pmatrix}$(其中 $a_{ij}=a_{ji}(i,j=1,2,\cdots,n)$).

$\boldsymbol{A}$ 是 n 阶实对称矩阵，对角线元素 a_{ii} 为二次型中 x_i^2 的系数，$a_{ij}=a_{ji}(i\neq j)$ 是交叉项 x_ix_j 系数的一半.

称式(5.1.5)为二次型(5.1.3)的**矩阵表示**，其中 $\boldsymbol{A}=(a_{ij})$ 称为**二次型的矩阵**，矩阵 $\boldsymbol{A}$ 的秩 $r(\boldsymbol{A})$ 称为**二次型的秩**.

例 1 把下面的二次型写成矩阵形式：

(1) $f(x_1,x_2)=x_1^2+2x_1x_2-3x_2^2$；

(2) $f(x_1,x_2,x_3,x_4)=x_1^2+2x_2^2+4x_3^2$.

解 (1) $f(x_1,x_2)=(x_1,x_2)\begin{pmatrix}1 & 1\\ 1 & -3\end{pmatrix}\begin{pmatrix}x_1\\ x_2\end{pmatrix}$；

(2) $f(x_1,x_2,x_3,x_4)=(x_1,x_2,x_3,x_4)\begin{pmatrix}1 & 0 & 0 & 0\\ 0 & 2 & 0 & 0\\ 0 & 0 & 4 & 0\\ 0 & 0 & 0 & 0\end{pmatrix}\begin{pmatrix}x_1\\ x_2\\ x_3\\ x_4\end{pmatrix}$.

5.1.2 二次型的线性变换

定义 5.1.3 关系式

$$\begin{cases}x_1=c_{11}y_1+c_{12}y_2+\cdots+c_{1n}y_n,\\ x_2=c_{21}y_1+c_{22}y_2+\cdots+c_{2n}y_n,\\ \quad\vdots\\ x_n=c_{n1}y_1+c_{n2}y_2+\cdots+c_{nn}y_n\end{cases}\tag{5.1.6}$$

称为由变量 $x_1,x_2,\cdots,x_n$ 到变量 $y_1,y_2,\cdots,y_n$ 的一个**线性变量替换**，简称**线性变换**. 矩阵 $\boldsymbol{C}=\begin{pmatrix}c_{11} & c_{12} & \cdots & c_{1n}\\ c_{21} & c_{22} & \cdots & c_{2n}\\ \vdots & \vdots & & \vdots\\ c_{n1} & c_{n2} & \cdots & c_{nn}\end{pmatrix}$ 称为**线性变换**(5.1.6)**的矩阵**. 当 $|\boldsymbol{C}|\neq 0$ 时，称线性变换(5.1.6)为**非退化(或可逆)的线性变换**；若 $\boldsymbol{C}$ 是正交矩阵，则称该线性变换为**正交线性变换**.

记 $\boldsymbol{x}=(x_1,x_2,\cdots,x_n)^{\mathrm{T}}$，$\boldsymbol{y}=(y_1,y_2,\cdots,y_n)^{\mathrm{T}}$，线性变换(5.1.6)用矩阵表示为

$$\boldsymbol{x}=\boldsymbol{C}\boldsymbol{y}.$$

对于 n 元二次型，我们关心的问题是：寻找一个可逆的线性变换 $\boldsymbol{x}=\boldsymbol{C}\boldsymbol{y}$，使 $f=\boldsymbol{x}^{\mathrm{T}}\boldsymbol{A}\boldsymbol{x}=(\boldsymbol{C}\boldsymbol{y})^{\mathrm{T}}\boldsymbol{A}(\boldsymbol{C}\boldsymbol{y})=\boldsymbol{y}^{\mathrm{T}}\boldsymbol{C}^{\mathrm{T}}\boldsymbol{A}\boldsymbol{C}\boldsymbol{y}=\boldsymbol{y}^{\mathrm{T}}\boldsymbol{B}\boldsymbol{y}$ 为标准形，其中 $\boldsymbol{B}=\boldsymbol{C}^{\mathrm{T}}\boldsymbol{A}\boldsymbol{C}$ 为对

角矩阵. 将上式中 $\boldsymbol{A}$ 和 $\boldsymbol{B}$ 的关系一般化，有如下定义.

定义 5.1.4 设 $\boldsymbol{A},\boldsymbol{B}$ 为两个 n 阶方阵，如果存在可逆矩阵 $\boldsymbol{C}$，使得

$$\boldsymbol{B}=\boldsymbol{C}^{\mathrm{T}}\boldsymbol{A}\boldsymbol{C},$$

则称矩阵 $\boldsymbol{A}$ 与矩阵 $\boldsymbol{B}$ **合同**，记为 $\boldsymbol{A}\simeq\boldsymbol{B}$.

合同关系具有以下性质：

(1) 自反性　对于任意一个 n 阶矩阵 $\boldsymbol{A}$，都有 $\boldsymbol{A}\simeq\boldsymbol{A}$；

(2) 对称性　如果 $\boldsymbol{A}\simeq\boldsymbol{B}$，则 $\boldsymbol{B}\simeq\boldsymbol{A}$；

(3) 传递性　如果 $\boldsymbol{A}\simeq\boldsymbol{B},\boldsymbol{B}\simeq\boldsymbol{C}$，则 $\boldsymbol{A}\simeq\boldsymbol{C}$.

显然，可逆线性变换后的二次型矩阵与原二次型矩阵合同.

定理 5.1.1 任给可逆矩阵 $\boldsymbol{C}$，令 $\boldsymbol{B}=\boldsymbol{C}^{\mathrm{T}}\boldsymbol{A}\boldsymbol{C}$，若 $\boldsymbol{A}$ 为对称矩阵，则 $\boldsymbol{B}$ 也为对称矩阵，且 $r(\boldsymbol{B})=r(\boldsymbol{A})$.

证明 $\boldsymbol{A}$ 为对称矩阵，即有 $\boldsymbol{A}^{\mathrm{T}}=\boldsymbol{A}$，于是

$$\boldsymbol{B}^{\mathrm{T}}=(\boldsymbol{C}^{\mathrm{T}}\boldsymbol{A}\boldsymbol{C})^{\mathrm{T}}=\boldsymbol{C}^{\mathrm{T}}\boldsymbol{A}^{\mathrm{T}}(\boldsymbol{C}^{\mathrm{T}})^{\mathrm{T}}=\boldsymbol{C}^{\mathrm{T}}\boldsymbol{A}\boldsymbol{C}=\boldsymbol{B},$$

故 $\boldsymbol{B}$ 为对称矩阵.

再证 $r(\boldsymbol{B})=r(\boldsymbol{A})$.

因 $\boldsymbol{B}=\boldsymbol{C}^{\mathrm{T}}\boldsymbol{A}\boldsymbol{C}$，故 $r(\boldsymbol{B})\leqslant r(\boldsymbol{A}\boldsymbol{C})\leqslant r(\boldsymbol{A})$. 又因 $\boldsymbol{C}$ 可逆，$\boldsymbol{A}=(\boldsymbol{C}^{\mathrm{T}})^{-1}\boldsymbol{B}\boldsymbol{C}^{-1}$，故 $r(\boldsymbol{A})\leqslant r(\boldsymbol{B}\boldsymbol{C}^{-1})\leqslant r(\boldsymbol{B})$. 于是 $r(\boldsymbol{B})=r(\boldsymbol{A})$.

该定理说明：经可逆变换 $\boldsymbol{x}=\boldsymbol{C}\boldsymbol{y}$ 把 f 化成 $\boldsymbol{y}^{\mathrm{T}}\boldsymbol{C}^{\mathrm{T}}\boldsymbol{A}\boldsymbol{C}\boldsymbol{y}$，$\boldsymbol{C}^{\mathrm{T}}\boldsymbol{A}\boldsymbol{C}$ 仍为对称矩阵，且二次型的秩不变.

可见，要使二次型 f 经过可逆变换 $\boldsymbol{x}=\boldsymbol{C}\boldsymbol{y}$ 化成标准形，也就是寻求可逆矩阵 $\boldsymbol{C}$，使 $\boldsymbol{C}^{\mathrm{T}}\boldsymbol{A}\boldsymbol{C}=\boldsymbol{\Lambda}$ 成为对角矩阵.

习题 5.1

< A >

1. 填空题：

(1) 二次型 $f=2x_1^2+x_1x_2+2x_1x_3+4x_2x_4+x_3^2+5x_4^2$ 对应的矩阵为________.

(2) 对称矩阵 $\boldsymbol{A}=\begin{pmatrix}0 & 1 & \frac{1}{2} & -\frac{1}{2}\\ 1 & 0 & -1 & -1\\ \frac{1}{2} & -1 & 0 & 3\\ -\frac{1}{2} & -1 & 3 & 0\end{pmatrix}$ 所对应的二次型为________.

(3) 已知二次型 $5x_1^2+5x_2^2+cx_3^2-2x_1x_2+6x_1x_3-6x_2x_3$ 的秩等于2，则 $c=$ ________.

2. 用矩阵形式表示下列二次型：

(1) $f=x_1^2+4x_2^2+x_3^2+4x_1x_2+2x_1x_3+4x_2x_3$；

(2) $f=2x_1x_2-2x_1x_4-2x_2x_3+2x_3x_4$；

(3) $f=x^2+y^2-7z^2-2xy-4xz-4yz$.

3. 证明对称矩阵合同关系的三个性质：自反性、对称性和传递性.

<B>

1. 设 $\boldsymbol{A}$、$\boldsymbol{B}$ 均为 n 阶矩阵，且 $\boldsymbol{A}$ 与 $\boldsymbol{B}$ 合同，则（　　）.

A. $\boldsymbol{A}$ 与 $\boldsymbol{B}$ 相似　　　　B. $|\boldsymbol{A}|=|\boldsymbol{B}|$

C. $\boldsymbol{A}$ 与 $\boldsymbol{B}$ 有相同的特征值　　　　D. $r(\boldsymbol{A})=r(\boldsymbol{B})$

2. 设4阶实对称矩阵 $\boldsymbol{A}=\begin{pmatrix}1&1&1&1\\1&1&1&1\\1&1&1&1\\1&1&1&1\end{pmatrix}$，$\boldsymbol{B}=\begin{pmatrix}4&0&0&0\\0&0&0&0\\0&0&0&0\\0&0&0&0\end{pmatrix}$，则 $\boldsymbol{A}$ 与 $\boldsymbol{B}$（　　）.

A. 合同且相似　　　　B. 合同但不相似

C. 不合同但相似　　　　D. 不合同且不相似

3. 设 n 元二次型 $f(x_1,x_2,\cdots,x_n)$ 的矩阵为 n 阶对称矩阵 $\boldsymbol{A}=\begin{pmatrix}1&-1&&&\\-1&1&-1&&\\&-1&1&\ddots&\\&&\ddots&\ddots&-1\\&&&-1&1\end{pmatrix}$，试写出二次型的表示式.

5.2 二次型的标准形

本节介绍将二次型化为标准形的三种方法.

5.2.1 配方法

配方法主要处理变量较少的情况.以下举例说明.

例1 用配方法化二次型 $f=x_1^2-2x_2^2+2x_3^2-4x_1x_2+4x_1x_3+8x_2x_3$ 为标准形，并求出所用的变换.

解 对二次型中的平方项依次配方，即

$$\begin{aligned}
f &= x_1^2 - 4x_1x_2 + 4x_1x_3 - 2x_2^2 + 2x_3^2 + 8x_2x_3 \\
&= [x_1^2 - 4x_1(x_2 - x_3) + 4(x_2 - x_3)^2] \\
&\quad - 4(x_2 - x_3)^2 - 2x_2^2 + 2x_3^2 + 8x_2x_3 \\
&= (x_1 - 2x_2 + 2x_3)^2 - 6x_2^2 - 2x_3^2 + 16x_2x_3 \\
&= (x_1 - 2x_2 + 2x_3)^2 \\
&\quad - 6\left[x_2^2 - \frac{8}{3}x_2x_3 + \left(\frac{4}{3}x_3\right)^2\right] + 6 \times \left(\frac{4}{3}x_3\right)^2 - 2x_3^2 \\
&= (x_1 - 2x_2 + 2x_3)^2 - 6\left(x_2 - \frac{4}{3}x_3\right)^2 + \frac{26}{3}x_3^2,
\end{aligned}$$

令
$$\begin{cases} y_1 = x_1 - 2x_2 + 2x_3, \\ y_2 = x_2 - \dfrac{4}{3}x_3, \\ y_3 = x_3, \end{cases}$$

得到可逆线性变换
$$\begin{cases} x_1 = y_1 + 2y_2 + \dfrac{2}{3}y_3, \\ x_2 = y_2 + \dfrac{4}{3}y_3, \\ x_3 = y_3, \end{cases}$$

在此线性变换下，原二次型化为

$$f = y_1^2 - 6y_2^2 + \frac{26}{3}y_3^2.$$

所用的线性变换为
$$\begin{pmatrix} x_1 \\ x_2 \\ x_3 \end{pmatrix} = \begin{pmatrix} 1 & 2 & \dfrac{2}{3} \\ 0 & 1 & \dfrac{4}{3} \\ 0 & 0 & 1 \end{pmatrix} \begin{pmatrix} y_1 \\ y_2 \\ y_3 \end{pmatrix}.$$

例 2 用配方法化二次型 $f = 2x_1x_2 + 2x_1x_3 - 6x_2x_3$ 为标准形，并求所用的可逆线性变换.

解 由于 f 中未含有平方项，无法直接配方. 但含有交叉项 x_1x_2，故首先作可逆线性变换，将二次型转化为含平方项的类型. 令

$$\begin{cases} x_1 = y_1 + y_2, \\ x_2 = y_1 - y_2, \\ x_3 = y_3, \end{cases}$$

即 $\boldsymbol{x}=\boldsymbol{C}_1\boldsymbol{y}$,其中 $\boldsymbol{C}_1=\begin{pmatrix}1&1&0\\1&-1&0\\0&0&1\end{pmatrix}$,则 $f=2y_1^2-2y_2^2-4y_1y_3+8y_2y_3$. 依次配方,得到

$$f=2(y_1-y_3)^2-2(y_2-2y_3)^2+6y_3^2.$$

再令 $\begin{cases}z_1=y_1-y_3,\\z_2=y_2-2y_3,\\z_3=y_3,\end{cases}$ 得可逆线性变换

$$\begin{cases}y_1=z_1+z_3,\\y_2=z_2+2z_3,\\y_3=z_3,\end{cases}$$

即 $\boldsymbol{y}=\boldsymbol{C}_2\boldsymbol{z}$,其中 $\boldsymbol{C}_2=\begin{pmatrix}1&0&1\\0&1&2\\0&0&1\end{pmatrix}$. 则二次型的标准形为

$$f=2z_1^2-2z_2^2+6z_3^2.$$

所用的可逆线性变换为 $\boldsymbol{x}=\boldsymbol{C}\boldsymbol{z}$,其中

$$\boldsymbol{C}=\boldsymbol{C}_1\boldsymbol{C}_2=\begin{pmatrix}1&1&0\\1&-1&0\\0&0&1\end{pmatrix}\begin{pmatrix}1&0&1\\0&1&2\\0&0&1\end{pmatrix}=\begin{pmatrix}1&1&3\\1&-1&-1\\0&0&1\end{pmatrix}.$$

5.2.2 初等变换法

实对称矩阵 $\boldsymbol{A}$ 必合同于对角矩阵,即一定存在可逆矩阵 $\boldsymbol{C}$,使得 $\boldsymbol{C}^{\mathrm{T}}\boldsymbol{A}\boldsymbol{C}=\boldsymbol{\Lambda}$ 为对角矩阵. 由于 $\boldsymbol{C}$ 可逆,故存在初等矩阵 $\boldsymbol{P}_1,\boldsymbol{P}_2,\cdots,\boldsymbol{P}_s$,使得 $\boldsymbol{C}=\boldsymbol{P}_1\boldsymbol{P}_2\cdots\boldsymbol{P}_s$,于是

$$\boldsymbol{C}^{\mathrm{T}}\boldsymbol{A}\boldsymbol{C}=(\boldsymbol{P}_1\boldsymbol{P}_2\cdots\boldsymbol{P}_s)^{\mathrm{T}}\boldsymbol{A}\boldsymbol{P}_1\boldsymbol{P}_2\cdots\boldsymbol{P}_s=\boldsymbol{\Lambda}.$$

也就是 $\boldsymbol{A}$ 经过一系列相同的初等行变换和初等列变换后化为对角矩阵,而 $\boldsymbol{E}$ 经过相同的初等列变换化为 $\boldsymbol{C}$. 具体操作方法是

$$\begin{pmatrix}\boldsymbol{A}\\\hdashline\boldsymbol{E}\end{pmatrix}\xrightarrow[\text{对 }2n\times n\text{ 矩阵作相同初等列变换}]{\text{对 }\boldsymbol{A}\text{ 作初等行变换}}\begin{pmatrix}\boldsymbol{\Lambda}\\\hdashline\boldsymbol{C}\end{pmatrix}.$$

例 3 利用初等变换法将 $f=x_1^2+2x_1x_2+2x_1x_3+2x_2^2+6x_2x_3+5x_3^2$ 化为标准形,并求出所用的可逆线性变换.

解 构造分块矩阵 $\begin{pmatrix}\boldsymbol{A}\\\hdashline\boldsymbol{E}\end{pmatrix}$ 并对它作初等行变换和列变换,有

$$\begin{pmatrix}\boldsymbol{A}\\ \boldsymbol{E}\end{pmatrix}=\begin{pmatrix}1&1&1\\1&2&3\\1&3&5\\ \hdashline 1&0&0\\0&1&0\\0&0&1\end{pmatrix}\xrightarrow[c_2-c_1]{r_2-r_1}\begin{pmatrix}1&0&1\\0&1&2\\1&2&5\\ \hdashline 1&-1&0\\0&1&0\\0&0&1\end{pmatrix}$$

$$\xrightarrow[c_3-c_1]{r_3-r_1}\begin{pmatrix}1&0&0\\0&1&2\\0&2&4\\ \hdashline 1&-1&-1\\0&1&0\\0&0&1\end{pmatrix}\xrightarrow[c_3-2c_2]{r_3-2r_2}\begin{pmatrix}1&0&0\\0&1&0\\0&0&0\\ \hdashline 1&-1&1\\0&1&-2\\0&0&1\end{pmatrix}=\begin{pmatrix}\boldsymbol{A}\\ \boldsymbol{C}\end{pmatrix}.$$

令 $\boldsymbol{C}=\begin{pmatrix}1&-1&1\\0&1&-2\\0&0&1\end{pmatrix}$，则可逆线性变换 $\boldsymbol{x}=\boldsymbol{C}\boldsymbol{y}$ 化二次型为

$$f=\boldsymbol{y}^{\mathrm{T}}\boldsymbol{A}\boldsymbol{y}=y_1^2+y_2^2.$$

例 4 利用初等变换法将二次型 $f=2x_1x_2+4x_1x_3-4x_2x_3$ 化为标准形，并求出所用的可逆线性变换.

解 构造分块矩阵 $\begin{pmatrix}\boldsymbol{A}\\ \boldsymbol{E}\end{pmatrix}$ 并对它作初等行变换和列变换，有

$$\begin{pmatrix}\boldsymbol{A}\\ \boldsymbol{E}\end{pmatrix}=\begin{pmatrix}0&1&2\\1&0&-2\\2&-2&0\\ \hdashline 1&0&0\\0&1&0\\0&0&1\end{pmatrix}\xrightarrow[c_1+c_2]{r_1+r_2}\begin{pmatrix}2&1&0\\1&0&-2\\0&-2&0\\ \hdashline 1&0&0\\1&1&0\\0&0&1\end{pmatrix}$$

$$\xrightarrow[c_2-\frac{1}{2}c_1]{r_2-\frac{1}{2}r_1}\begin{pmatrix}2&0&0\\0&-\frac{1}{2}&-2\\0&-2&0\\ \hdashline 1&-\frac{1}{2}&0\\1&\frac{1}{2}&0\\0&0&1\end{pmatrix}\xrightarrow[c_3-4c_2]{r_3-4r_2}\begin{pmatrix}2&0&0\\0&-\frac{1}{2}&0\\0&0&8\\ \hdashline 1&-\frac{1}{2}&2\\1&\frac{1}{2}&-2\\0&0&1\end{pmatrix}=\begin{pmatrix}\boldsymbol{A}\\ \boldsymbol{C}\end{pmatrix}.$$

令 $C=\begin{pmatrix}1 & -\frac{1}{2} & 2\\ 1 & \frac{1}{2} & -2\\ 0 & 0 & 1\end{pmatrix}$，则可逆线性变换 $x=Cy$ 化二次型为

$$f=y^{T}\Lambda y=2y_1^2-\frac{1}{2}y_2^2+8y_3^2.$$

5.2.3 正交变换法

因二次型矩阵 A 是实对称矩阵，根据定理 4.3.4 知，存在正交矩阵 Q，使得 $Q^{-1}AQ=Q^{T}AQ=\Lambda$ 为对角矩阵.将此结论用于二次型，于是有下面定理.

定理 5.2.1 对任意一个实二次型 $f(x_1,x_2,\cdots,x_n)=\sum_{i=1}^{n}\sum_{j=1}^{n}a_{ij}x_ix_j(a_{ij}=a_{ji})$，总有正交变换 $x=Qy$（Q 为正交矩阵），将 f 化为标准形 $f=\lambda_1y_1^2+\lambda_2y_2^2+\cdots+\lambda_ny_n^2$. 这里 $\lambda_1,\lambda_2,\cdots,\lambda_n$ 是 f 的系数矩阵 A 的 n 个特征值（k 重根算 k 个）.

用正交变换法化二次型为标准形的一般步骤：

(1) 将二次型 $f=\sum_{i=1}^{n}\sum_{j=1}^{n}a_{ij}x_ix_j(a_{ij}=a_{ji})$ 写成矩阵形式 $f=x^{T}Ax$；

(2) 求正交矩阵 Q 使得 $Q^{-1}AQ=Q^{T}AQ=\Lambda$ 为对角矩阵；

(3) 令 $x=Qy$，把 f 化为标准形 $f=\lambda_1y_1^2+\lambda_2y_2^2+\cdots+\lambda_ny_n^2$，这里 $\lambda_1,\lambda_2,\cdots,\lambda_n$ 是矩阵 A 的 n 个特征值.

例 5 求一个正交变换 $x=Qy$，把二次型

$$f=5x_1^2+5x_2^2+2x_3^2-8x_1x_2-4x_1x_3+4x_2x_3$$

化为标准形.

解 二次型的矩阵为 $A=\begin{pmatrix}5 & -4 & -2\\ -4 & 5 & 2\\ -2 & 2 & 2\end{pmatrix}$. 由

$$|\lambda E-A|=\begin{vmatrix}\lambda-5 & 4 & 2\\ 4 & \lambda-5 & -2\\ 2 & -2 & \lambda-2\end{vmatrix}=(\lambda-1)^2(10-\lambda)=0,$$

得到 A 的特征值为 $\lambda_1=\lambda_2=1,\lambda_3=10$.

当 $\lambda_1=\lambda_2=1$ 时，解 $(E-A)x=o$，得到基础解系 $\alpha_1=(1,1,0)^{T},\alpha_2=(1,0,2)^{T}$. 将它们正交化，得

$$\boldsymbol{\beta}_1=\boldsymbol{\alpha}_1=(1,1,0)^{\mathrm{T}},\quad \boldsymbol{\beta}_2=\boldsymbol{\alpha}_2-\frac{\boldsymbol{\alpha}_2\boldsymbol{\beta}_1^{\mathrm{T}}}{\boldsymbol{\beta}_1^{\mathrm{T}}\boldsymbol{\beta}_1}\boldsymbol{\beta}_1=\left(\frac{1}{2},-\frac{1}{2},2\right)^{\mathrm{T}},$$

再单位化，得

$$\boldsymbol{\eta}_1=\left(\frac{1}{\sqrt{2}},\frac{1}{\sqrt{2}},0\right)^{\mathrm{T}},\quad \boldsymbol{\eta}_2=\left(\frac{1}{3\sqrt{2}},-\frac{1}{3\sqrt{2}},\frac{4}{3\sqrt{2}}\right)^{\mathrm{T}}.$$

当 $\lambda_3=10$ 时，解 $(10\boldsymbol{E}-\boldsymbol{A})\boldsymbol{x}=\boldsymbol{o}$，得到基础解系 $\boldsymbol{\alpha}_3=(-2,2,1)^{\mathrm{T}}$. 单位化，得

$$\boldsymbol{\eta}_3=\left(-\frac{2}{3},\frac{2}{3},\frac{1}{3}\right)^{\mathrm{T}}.$$

令 $\boldsymbol{Q}=(\boldsymbol{\eta}_1,\boldsymbol{\eta}_2,\boldsymbol{\eta}_3)=\begin{pmatrix}\frac{1}{\sqrt{2}} & \frac{1}{3\sqrt{2}} & -\frac{2}{3}\\ \frac{1}{\sqrt{2}} & -\frac{1}{3\sqrt{2}} & \frac{2}{3}\\ 0 & \frac{4}{3\sqrt{2}} & \frac{1}{3}\end{pmatrix}$，则正交变换 $\boldsymbol{x}=\boldsymbol{Q}\boldsymbol{y}$ 将二次型化为标准形

$$f=y_1^2+y_2^2+10y_3^2.$$

习题 5.2

<A>

1. 用配方法把下列二次型化为标准形，并指出所用的可逆线性变换：

(1) $f=x_1^2+2x_2^2+2x_1x_2-2x_1x_3$；

(2) $f=x_1x_2+x_2x_3+x_1x_3$；

(3) $f=x_1^2+6x_1x_2+5x_2^2-4x_1x_3+4x_3^2-4x_2x_4-8x_3x_4-x_4^2$.

2. 用初等变换法把下列二次型化为标准形，并指出所用的可逆线性变换：

(1) $f=-x_1^2-x_3^2+4x_1x_2-2x_1x_3$；

(2) $f=x_1x_2+x_1x_3-3x_2x_3$.

3. 用正交变换法把下面二次型化为标准形，并指出所用的正交变换：

(1) $f=2x_1^2+3x_2^2+3x_3^2+4x_2x_3$；

(2) $f=x_1^2+4x_2^2+x_3^2-4x_1x_2-8x_1x_3-4x_2x_3$.

<B>

1. 已知二次型 $f=5x_1^2+5x_2^2+ax_3^2-2x_1x_2+6x_1x_3-6x_2x_3$ 的秩为 2.

(1) 求常数 a 的值；(2) 用正交变换法将二次型化为标准形.

2. 设二次型 $f=\boldsymbol{x}^{\mathrm{T}}\boldsymbol{A}\boldsymbol{x}=ax_1^2+2x_2^2-2x_3^2+2bx_1x_3\,(b>0)$，其中 $\boldsymbol{A}$ 的特征值之

和为 1，特征值之积为 -12.

(1) 求 a,b；

(2) 用正交变换将 f 化为标准形，并写出所用正交变换和对应的正交矩阵.

3. 已知二次曲面 $x^2+ay^2+z^2+2bxy+2xz+2yz=4$ 可经过正交变换 $(x,y,z)^{\mathrm{T}}=\boldsymbol{P}(\xi,\eta,\zeta)$ 化为椭圆柱面方程 $\eta^2+4\zeta^2=4$，求 a,b 的值和正交矩阵 $\boldsymbol{P}$.

5.3 正定二次型及正定矩阵

一般地，二次型经过不同的线性变换可化为不同的标准形，但有些特征量是相同的，这就是二次型的惯性指数.

定理 5.3.1(惯性定理) 设实二次型 $f=\boldsymbol{x}^{\mathrm{T}}\boldsymbol{A}\boldsymbol{x}$ 的秩为 r，若可逆线性变换 $\boldsymbol{x}=\boldsymbol{C}\boldsymbol{y}$ 及 $\boldsymbol{x}=\boldsymbol{P}\boldsymbol{z}$ 分别将 f 化成标准形

$$f=k_1y_1^2+k_2y_2^2+\cdots+k_ry_r^2\quad(k_i\neq 0,i=1,2,\cdots,r)$$

及

$$f=\lambda_1z_1^2+\lambda_2z_2^2+\cdots+\lambda_rz_r^2\quad(\lambda_i\neq 0,i=1,2,\cdots,r),$$

则 $k_1,k_2,\cdots,k_r$ 中正数的个数与 $\lambda_1,\lambda_2,\cdots,\lambda_r$ 中正数的个数相同.

惯性定理的几何解释：经过可逆的线性变换将二次曲线方程化成标准方程时，方程的系数与所做的线性变换有关，而曲线的类型(如椭圆、双曲线等)不会因为所做线性变换不同而改变.

二次型 f 的标准形中非零项的项数 r 称为 f 的**惯性指数**，其中正项个数 p 称为 f 的**正惯性指数**，负项个数 q 称为 f 的**负惯性指数**.

显然，$p+q=r=r(\boldsymbol{A})$.

科学技术上用得比较多的二次型是正惯性指数为 n 或负惯性指数为 n 的二次型，因此给出下述定义.

定义 5.3.1 设实二次型 $f=\boldsymbol{x}^{\mathrm{T}}\boldsymbol{A}\boldsymbol{x}$，若对任何 $\boldsymbol{x}\neq\boldsymbol{o}$，都有 $\boldsymbol{x}^{\mathrm{T}}\boldsymbol{A}\boldsymbol{x}>0$，则称 f 为**正定二次型**，并称对称矩阵 $\boldsymbol{A}$ 是**正定矩阵**；若对任何 $\boldsymbol{x}\neq\boldsymbol{o}$，都有 $\boldsymbol{x}^{\mathrm{T}}\boldsymbol{A}\boldsymbol{x}<0$，则称 f 为**负定二次型**，并称对称矩阵 $\boldsymbol{A}$ 是**负定矩阵**.

定理 5.3.2 n 元二次型 $f=\boldsymbol{x}^{\mathrm{T}}\boldsymbol{A}\boldsymbol{x}$ 为正定二次型的充分必要条件是它的标准形中 n 个系数全为正数，即它的正惯性指数为 n.

证明 设存在可逆变换 $\boldsymbol{x}=\boldsymbol{C}\boldsymbol{y}$，使得

$$f=\lambda_1y_1^2+\lambda_2y_2^2+\cdots+\lambda_ny_n^2$$

成立. 由于 $\boldsymbol{C}$ 可逆，故 $\boldsymbol{x}\neq\boldsymbol{o}$ 与 $\boldsymbol{y}\neq\boldsymbol{o}$ 等价. 而 $\boldsymbol{y}\neq\boldsymbol{o}$ 时，$\lambda_1y_1^2+\lambda_2y_2^2+\cdots+\lambda_ny_n^2>0$ 的充分必要条件是 $\lambda_i>0(i=1,2,\cdots,n)$，即标准形的 n 个系数全为正数.

推论1　对称矩阵 $\boldsymbol{A}$ 为正定矩阵的充分必要条件是 $\boldsymbol{A}$ 的特征值全为正数.

定义5.3.2　n 阶方阵 $\boldsymbol{A}=(a_{ij})_{n\times n}$ 的子式

$$|\boldsymbol{A}_k|=\begin{vmatrix} a_{11} & a_{12} & \cdots & a_{1k} \\ a_{21} & a_{22} & \cdots & a_{2k} \\ \vdots & \vdots & & \vdots \\ a_{k1} & a_{k2} & \cdots & a_{kk} \end{vmatrix} \quad (k=1,2,\cdots,n)$$

称为矩阵 $\boldsymbol{A}$ 的 k **阶顺序主子式**.

定理5.3.3　对称矩阵 $\boldsymbol{A}$ 正定的充分必要条件是：$\boldsymbol{A}$ 的各阶顺序主子式全大于零.

推论1　对称矩阵 $\boldsymbol{A}$ 负定 $\Leftrightarrow -\boldsymbol{A}$ 为正定矩阵 $\Leftrightarrow \boldsymbol{A}$ 的奇数阶顺序主子式全小于零，偶数阶的顺序主子式全大于零.

例1　判定下列二次型的正定性：

(1) $f=3x_1^2+4x_2^2+5x_3^2+4x_1x_2-4x_2x_3$；

(2) $f=-5x^2-6y^2-4z^2+4xy+4xz$.

解　(1) f 的矩阵为 $\boldsymbol{A}=\begin{pmatrix} 3 & 2 & 0 \\ 2 & 4 & -2 \\ 0 & -2 & 5 \end{pmatrix}$，且

$$|\boldsymbol{A}_1|=3>0,\quad |\boldsymbol{A}_2|=\begin{vmatrix} 3 & 2 \\ 2 & 4 \end{vmatrix}=8>0,\quad |\boldsymbol{A}_3|=|\boldsymbol{A}|=28>0,$$

根据定理5.3.3可知，f 为正定的.

(2) f 的矩阵为 $\boldsymbol{A}=\begin{pmatrix} -5 & 2 & 2 \\ 2 & -6 & 0 \\ 2 & 0 & -4 \end{pmatrix}$，且

$$|\boldsymbol{A}_1|=-5<0,\quad |\boldsymbol{A}_2|=\begin{vmatrix} -5 & 2 \\ 2 & -6 \end{vmatrix}=26>0,\quad |\boldsymbol{A}_3|=|\boldsymbol{A}|=-80<0,$$

所以 f 为负定的.

例2　设二次型

$$f=2x_1^2+x_2^2+3x_3^2+2tx_1x_2+2x_1x_3$$

为正定的，求 t 的取值范围.

解　二次型 f 的矩阵为 $\boldsymbol{A}=\begin{pmatrix} 2 & t & 1 \\ t & 1 & 0 \\ 1 & 0 & 3 \end{pmatrix}$，而

$$|\boldsymbol{A}_1|=2>0,\quad |\boldsymbol{A}_2|=\begin{vmatrix} 2 & t \\ t & 1 \end{vmatrix}=2-t^2>0,\quad |\boldsymbol{A}_3|=|\boldsymbol{A}|=-3t^2+5>0,$$

所以,当且仅当 $-\frac{\sqrt{15}}{3}<t<\frac{\sqrt{15}}{3}$ 时,二次型 f 为正定的.

习题 5.3

<A>

1. 下列二次型是否正定?

(1) $f=5x_1^2+x_2^2+5x_3^2+4x_1x_2-8x_1x_3-4x_2x_3$;

(2) $f=2x_1^2+5x_2^2+4x_3^2+4x_1x_2-4x_1x_3-8x_2x_3$.

2. t 取何值时,下列二次型是正定二次型?

(1) $f=x_1^2+x_2^2+5x_3^2+2tx_1x_2-2x_1x_3+4x_2x_3$;

(2) $f=x_1^2+4x_2^2+x_3^2+2tx_1x_2+10x_1x_3+6x_2x_3$.

3. 证明:若 $\boldsymbol{A}$ 为正定矩阵,则 $\boldsymbol{A}^{-1}$ 也是正定矩阵.

<B>

1. 设 $\boldsymbol{A}$ 为 3 阶实对称矩阵,满足 $\boldsymbol{A}^2+2\boldsymbol{A}=\boldsymbol{O}$,并且 $r(\boldsymbol{A})=2$.

(1) 求 $\boldsymbol{A}$ 的特征值;

(2) 当实数 k 满足什么条件时 $\boldsymbol{A}+k\boldsymbol{E}$ 正定?

2. 设 $\boldsymbol{A}$ 是正定矩阵,$\boldsymbol{C}$ 是可逆矩阵,证明:$\boldsymbol{C}^{\mathrm{T}}\boldsymbol{A}\boldsymbol{C}$ 是正定矩阵.

3. 设 $\boldsymbol{A}$ 是实对称矩阵,$\boldsymbol{B}$ 是正定矩阵,证明:$\boldsymbol{AB}$ 是正定矩阵.

数学家——西尔维斯特

西尔维斯特

詹姆斯·约瑟夫·西尔维斯特(James Joseph Sylvester,1814—1897)出生于英国伦敦的一个犹太人家庭,父亲的过早去世使得这个子女众多的家庭生活十分艰难.1829年西尔维斯特进入皇家学会设在利物浦的学校学习,他学习努力,成绩突出,曾因解决了美国抽彩承包人提出的一个排列问题而得到500美元的数学奖金.1831年10月,西尔维斯特进入剑桥大学圣约翰学院学习.1841年在都柏林大学三一学院获得硕士学位.虽然在大学学习期间他就表现出了数学才华,学习成绩优异,但由于血统的关系,最初在英国并不受重用.从1841年起他接受过一些较低的教授职位,也担任过书记官和律师,有时甚至去做较低级的职员工作,但他仍不遗余力地为数学的发展贡献出全部心血.1846年他进入内殿法学协会,并于1850年取得律师资格.在这期间他和同时进入林肯法律学会的凯莱建立了深厚的友谊,他们在从事法律业务的间隙,经常在一起交流数学研究的成果.1863年西尔维斯特取代几何学家施泰纳成为法国科学院的数学通讯员.1876年,西尔维斯特接受美国物理学家亨利的邀请到美国的巴尔的摩担任霍普金斯大学的数学教授.1878年,他在巴尔的摩创办了《美国数学杂志》,并为这本杂志写了30篇论文.这是美国历史上第一个数学杂志,对美国大学的数学研究有很大的影响,推动了美国纯粹数学的发展.1884年,70岁的他重返英格兰,成为牛津大学的教授.

西尔维斯特一生致力于纯数学的研究,他和凯莱、哈密顿等人一起发扬了自牛顿以来英国纯粹数学的繁荣局面.他的成就主要在代数方面:在二次型化简的研究中,西尔维斯特得到了著名的"惯性定律",当时西尔维斯特没有给出证明,这个定律后来被J.雅可比(Jacobi)重新发现并证明;同时,在行列式和矩阵的理论和应用方面也做出了重要的贡献,他为行列式的应用开辟了许多新的领域,如在对代数方程和二次型的研究中都利用了行列式这一工具.在矩阵理论中,西尔维斯特另一个值得注意的结果是于1884年给出了零性的概念和零性律.此外,他在代数方程论、数论等诸领域也都有重要的贡献.

除了上面所述之外,在微分方程、椭圆函数和θ函数方面也做过一些有益的工作,并著有《椭圆函数论》.西尔维斯特一生发表了300多篇论文,为数学特别是纯粹数学的发展做出了重要的贡献,在近代数学发展史上占有一定的地位.他的数学论文收集在由剑桥大学出版的4卷本《詹姆斯·约瑟夫·西尔维斯特数学论文集》中.

西尔维斯特具有丰富的想象力和创造精神,活泼、机敏,善于用火一般的热情介绍他的思想.他自称"数学亚当",一生创造过许多数学名词,流传至今的如"矩阵"、"不变式"、"判别式"等都是他首先使用的.

西尔维斯特除了对数学的研究之外,还是一位诗人,对音乐也有浓厚的兴趣,出版过《诗体法则》等著作.

第 5 章总习题

1. 求二次型 $f=x_1^2+4x_1x_2+6x_1x_3+4x_2^2+8x_3^2+12x_2x_3$ 的矩阵和秩.

2. 用配方法把二次型 $f=4x_1^2+3x_2^2+2x_2x_3+3x_3^2$ 化为标准形,并指出所用的可逆线性变换.

3. 用初等变换法把二次型 $f=x_2^2+x_3^2-2x_1x_2+2x_2x_3$ 化为标准形,并指出所用的可逆线性变换.

4. 用正交变换法把二次型 $f=x_1^2-4x_1x_2+4x_1x_3+4x_2^2+4x_3^2-8x_2x_3$ 化为标准形,并指出所用的可逆线性变换.

5. 已知二次型 $f=2x_1^2+3x_2^2+3x_3^2+2ax_2x_3\ (a>0)$ 可用正交变换法化为 $y_1^2+2y_2^2+5y_3^2$,求 a 和所作的正交变换.

6. 试问 λ 满足什么条件时,二次型 $f=x_1^2+4x_2^2+4x_3^2+2\lambda x_1x_2-2x_1x_3+4x_2x_3$ 正定?

7. 实二次型 $f=(x_1+a_1x_2)^2+(x_2+a_2x_3)^2+\cdots+(x_n+a_nx_1)^2$,问 $a_1,a_2,\cdots,a_n$ 满足什么条件时,此二次型正定?

8. 已知实二次型 $f=2x_1^2+2x_2^2+2x_3^2-2x_1x_2-2x_1x_3-2x_2x_3$.

   (1) 用正交变换法将二次型化为标准形,并写出所用的正交变换;

   (2) 求出实二次型的秩与惯性指数.

9. 设 $\boldsymbol{A}$ 为 n 阶实对称矩阵,证明 $\boldsymbol{A}+\boldsymbol{E}$ 的行列式大于 1.

10. 设 $\boldsymbol{A}$ 为 n 阶实对称矩阵,证明 $\boldsymbol{A}$ 为正定矩阵的充分必要条件是存在正定矩阵 $\boldsymbol{B}$,使 $\boldsymbol{A}=\boldsymbol{B}^2$.

*第 6 章 Matlab 与线性代数

不管数学的任一分支是多么抽象，总有一天会应用在这实际世界上.

——罗巴切夫斯基

Matlab 是英文 matrix laboratory（矩阵实验室）的缩写，是由 MathWorks 公司于 1984 年推出的一套数值计算软件，历经三十多年的发展现已成为国际公认的最优秀的工程应用开发软件. 在欧美各高等院校，Matlab 已成为线性代数、数值分析、数理统计、自动控制理论、数字信号处理、时间序列分析、动态系统仿真、图像处理等课程的基本教学工具，操作并应用 Matlab 也已成为大学生必须掌握的基本技能之一. Matlab 功能强大，简单易学，编程效率高，深受广大科技工作者的欢迎.

6.1 Matlab R2013b 概述

Matlab 是用 C 语言开发的软件，其中矩阵的算法来自 Linpack 和 Eispack 课题的研究成果. 本节主要介绍 Matlab 的用户界面及其基本功能.

6.1.1 Matlab 的启动与退出

在正确安装 Matlab 软件的计算机上，选择“开始”|“所有程序”|“Matlab”命令，或者直接双击桌面上的 Matlab 图标，启动 Matlab R2013b.

单击 Matlab 主窗口的“关闭”按钮☒可以退出 Matlab 软件.

6.1.2 Matlab 的主界面

Matlab 的默认窗口如图 6-1 所示，其中包括命令窗口、输入命令的历史记录窗口、当前工作空间窗口及当前工作目录窗口.

命令窗口是和 Matlab 编译器连接的主要窗口. “>>”为命令提示符，表示

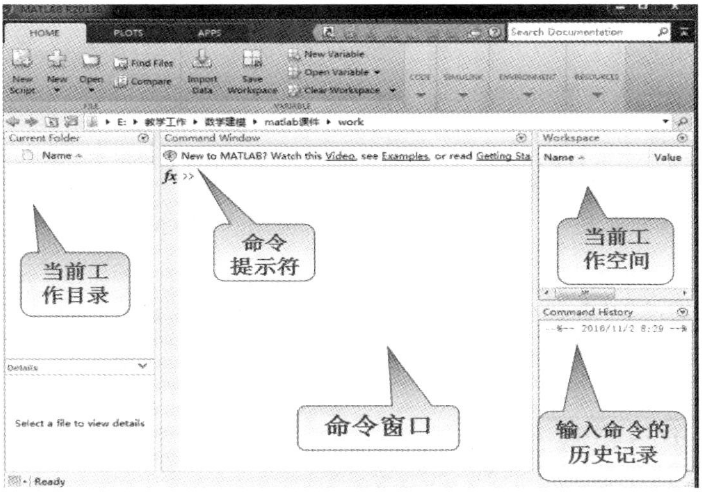

图 6-1

Matlab 处于准备状态，用户可以输入命令. 输入命令后，按下“Enter”键运行，并在命令窗口显示运行结果. 例如，在命令窗口中输入以下内容：

```
>> x = [-2:2];
>> y = x.^3
```

得到结果为

```
y =
    -8   -1   0   1   8
```

输入命令的历史记录窗口显示用户曾经输入过的命令，并显示输入的时间，方便用户查询. 对于该窗口中的命令，用户双击可以再次执行.

当前工作空间窗口显示当前工作区中的所有变量及其大小和类型等.

当前工作目录窗口显示当前路径下的所有文件和文件夹及其相关信息，并且可以通过当前路径工具栏对这些文件进行操作.

6.1.3 Matlab 的基本功能

Matlab 将高性能的数值计算和可视化功能集成，并提供了大量的内置函数，从而被广泛地应用于科学计算、控制系统和信息处理等领域的分析、仿真和设计工作中. 利用 Matlab 的开放式结构，可以很容易地对 Matlab 的功能进行扩充. 目前 Matlab 的基本功能如下.

1. 数学计算功能

Matlab 的数学计算功能是 Matlab 的重要组成部分，也是最基础的部分，包括矩阵运算、数值运算及各种算法.

2. 绘图功能

Matlab 提供丰富的绘图命令，能很方便地实现数据的可视化.

3. 编程功能

Matlab 具有程序结构控制、函数调用、数据结构、输入输出、面向对象等程序语言特征，而且简单易学，编程效率高. 通过 Matlab 进行编程，可以完成特定的任务.

除此之外，Matlab 还有图形界面开发功能、Simulink 建模仿真功能及自动代码生成功能等，在此不再一一赘述.

6.2 数组与矩阵

6.2.1 数组的建立

简单数组的输入方法如表 6-1 所示.

表 6-1 简单数组的输入方法

命　　令	含　　义
x = [a b c d e f]	创建含指定元素的行向量
x = first:last	创建从 first 开始，加 1 计算，到 last 结束的行向量
x = [first:increment:last]	创建从 first 开始，加 increment 计数，到 last 结束的行向量
Linspace(first,last,n)	创建从 first 开始，到 last 结束，由 n 个元素的行向量

举例说明如下.

例 1

```
>> x = [1 2 3 4 5 6]
x =
     1   2   3   4   5   6
>> y = 1:6
y =
     1   2   3   4   5   6
>> z = linspace(1,11,5)
z =
     1.0000   3.5000   6.0000   8.5000   11.0000
```

6.2.2 矩阵的建立

矩阵的创建遵循创建行向量和列向量所用的方式. 逗号或空格用于分隔某一行的元素,分号用于区分不同的行. 输入矩阵时,严格要求所有行有相同多个元素.

例 2

```
>> a = [1  2  3  4;5  6  7  8]
a =
    1  2  3  4
    5  6  7  8
```

Matlab 提供了几个产生特殊矩阵的命令如表 6-2 所示.

表 6-2 产生特殊矩阵的命令及其含义

命令	含义
[ ]	产生一个空矩阵
zeros(m,n)	产生一个 m 行 n 列的零矩阵
ones(m,n)	产生一个 m 行 n 列元素全为 1 的矩阵
eye(m,n)	产生一个 m 行 n 列的单位矩阵
rand	产生一个服从均匀分布的随机矩阵

例 3

```
>> a = zeros(3,2)
   a =
       0  0
       0  0
       0  0
>> b = ones(2,3)
b =
    1  1  1
    1  1  1
>> c = eye(4,3)
c =
    1  0  0
    0  1  0
    0  0  1
    0  0  0
```

```
>> d = rand(3,4)
d =
      0.9501   0.4860   0.4565   0.4447
      0.2311   0.8913   0.0185   0.6154
      0.6068   0.7621   0.8214   0.7919
```

习题 6.2

1. 在 Matlab 中输入下列数组或矩阵：

(1) $(1,-1,3,4,8)$；(2) $\begin{pmatrix}1\\0\\-2\\5\end{pmatrix}$；(3) $\begin{pmatrix}-1&4&-1&2\\2&3&1&2\\-1&2&21&3\end{pmatrix}$；(4) $\begin{pmatrix}1&-3&6&1&8\\3&3&5&8&9\\4&9&-4&9&5\\6&8&-4&7&2\end{pmatrix}$.

2. 在 Matlab 中生成一个 5×6 的零矩阵.
3. 在 Matlab 中生成一个服从均匀分布的 5×5 的矩阵.

6.3 矩阵的运算

Matlab 最初的设计目的是为程序员或科研人员编写专业化的数值线性代数程序提供一个简单实用的接口，因此，Matlab 的内建函数库包含了矩阵所有运算的命令函数.

6.3.1 矩阵的基本运算

矩阵的基本运算包含加法、数乘、乘法、转置及行列式运算，Matlab 的命令格式如表 6-3 所示.

表 6-3　矩阵的基本运算命令

功　能	命令格式	说　明
矩阵的加法与减法	A + B 与 A − B	按矩阵加减法定义计算
数乘矩阵	k * A 或 A * k	按数乘矩阵定义计算
矩阵乘法	A * B	按矩阵乘法定义计算
矩阵乘方	A^k	按矩阵乘法定义相乘 k 次
转置	A′	返回矩阵的转置矩阵
求矩阵的行列式	det(A)	返回矩阵的行列式，**A** 必须是方阵

例 1 设矩阵

$$A=\begin{pmatrix}1&0&1&2\\2&3&-1&2\\-1&2&1&3\end{pmatrix},\quad B=\begin{pmatrix}-2&1&0&1\\1&1&1&1\\3&0&2&1\end{pmatrix},$$

求 $3A-2B$.

解 输入命令:

```
>> A = [1  0  1  2;2  3  -1  2;-1  2  1  3],
   B = [-2  1  0  1;1  1  1  1;3  0  2  1]   % 输入矩阵
A =
    1  0   1  2
    2  3  -1  2
   -1  2   1  3
B =
   -2  1  0  1
    1  1  1  1
    3  0  2  1
>> 3*A-2*B   % 计算
ans =
     7  -2   3  4
     4   7  -5  4
    -9   6  -1  7
```

例 2 求矩阵乘积 AB,设

$$A=\begin{pmatrix}1&0&3\\2&0&1\end{pmatrix},\quad B=\begin{pmatrix}4&1&3\\-1&1&1\\2&0&1\end{pmatrix}.$$

解 输入命令:

```
>> A = [1  0  3;2  0  1]
A =
   1  0  3
   2  0  1
>> B = [4  1  3;-1  1  1;2  0  1]
B =
```

```
    4   1   3
   -1   1   1
    2   0   1
>> C = A* B
C =
   10   1   6
   10   2   7
```

例 3　设矩阵 $\boldsymbol{B}=\begin{pmatrix}4 & 1 & 3\\-1 & 1 & 1\\2 & 0 & 1\end{pmatrix}$，求 $\boldsymbol{B}^{\mathrm{T}}$，$\boldsymbol{B}^2$，$|\boldsymbol{B}|$.

解　输入命令：

```
>> B = [4  1  3; -1  1  1; 2  0  1]
B =
    4   1   3
   -1   1   1
    2   0   1
>> B1 = B'
B1 =
   4  -1   2
   1   1   0
   3   1   1
>> B2 = B^2
B2 =
   21   5   16
   -3   0   -1
   10   2    7
>> B3 = det(B)
B3 =
   1
```

6.3.2　矩阵的逆和秩

在矩阵的线性代数研究中，经常需要将矩阵化成行阶梯形矩阵，并计算矩阵的秩和逆. Matlab 中关于矩阵的逆和秩的函数及调用格式如表 6-4 所示.

表 6-4　矩阵的逆和秩的函数及调用格式

功　　能	函　　数	调 用 格 式	说　　明
求逆矩阵	inv	B = inv(A) 或 A^(−1)	当 **A** 为方阵时，返回 **A** 的逆矩阵 **B**
求矩阵的秩	rank	k = rank(A)	返回矩阵 **A** 的秩 k
矩阵的阶梯形	rref	B = rref(A)	返回矩阵 **A** 的行最简阶梯形矩阵 **B**

例 4　设 $\boldsymbol{A}=\begin{pmatrix}0 & 1 & 2\\ 1 & 1 & 4\\ 2 & -1 & 0\end{pmatrix}$，求 $\boldsymbol{A}^{-1}$.

解　输入命令：

```
>> A = [0  1  2;1  1  4;2  -1  0];
   A1 = inv(A)
A1 =
       2.0000   -1.0000    1.0000
       4.0000   -2.0000    1.0000
      -1.5000    1.0000   -0.5000
>> A2 = A^(-1)
A2 =
       2.0000   -1.0000    1.0000
       4.0000   -2.0000    1.0000
      -1.5000    1.0000   -0.5000
```

例 5　求矩阵 $\boldsymbol{A}=\begin{pmatrix}1 & 3 & -1 & 2 & 3\\ 2 & -1 & 1 & 3 & 0\\ 3 & 2 & 1 & 2 & 1\\ 1 & -4 & 3 & 1 & 1\end{pmatrix}$ 的秩及阶梯形矩阵.

解　输入命令：

```
>>A=[1  3  -1  2  3; 2  -1  1  3  0; 3  2  1  2  1; 1  -4  3  1  1];
r = rank(A)
r =
    4
>> B = rref(A)
B =
```

1.0000	0	0	0	−3.8571
0	1.0000	0	0	2.2857
0	0	1.0000	0	4.0000
0	0	0	1.0000	2.0000

习题 6.3

1. 利用 Matlab 计算下列行列式：

(1) $\begin{vmatrix} -1 & 0 & 2 & -2 \\ 1 & 1 & -3 & 4 \\ 0 & 2 & -7 & 1 \\ 2 & 0 & -2 & 3 \end{vmatrix}$；　(2) $\begin{vmatrix} 0 & 2 & -1 & 5 \\ 1 & -3 & 1 & 7 \\ 2 & 0 & -3 & 4 \\ 1 & -3 & -3 & 2 \end{vmatrix}$；

(3) $\begin{vmatrix} 3 & 0 & -1 & -1 \\ 2 & -1 & 0 & 5 \\ -1 & 4 & 1 & -2 \\ 0 & 3 & -2 & 0 \end{vmatrix}$；　(4) $\begin{vmatrix} 3 & -1 & 1 & 2 \\ 0 & 2 & -1 & 0 \\ -2 & 3 & 0 & 5 \\ 2 & -3 & 0 & -1 \end{vmatrix}$.

2. 利用 Matlab 求 $\begin{pmatrix} 1 & 2 & -3 \\ 0 & 1 & 2 \\ 3 & 2 & -5 \end{pmatrix}\begin{pmatrix} -1 & -2 & 3 \\ 0 & 0 & 2 \\ -5 & 1 & 7 \end{pmatrix}$.

3. 利用 Matlab 求 $\begin{pmatrix} 3 & 1 & 0 & 2 \\ 0 & 2 & -1 & 5 \end{pmatrix}\begin{pmatrix} 1 & 0 & -1 \\ 2 & 3 & 5 \\ -1 & 0 & 7 \\ 1 & 1 & -1 \end{pmatrix}\begin{pmatrix} -1 & 1 \\ 0 & 0 \\ 2 & -1 \end{pmatrix}$.

4. 已知 $\boldsymbol{A}=\begin{pmatrix} 1 & 1 & 0 \\ 1 & -1 & 0 \\ 1 & 1 & 2 \end{pmatrix}$，$\boldsymbol{B}=\begin{pmatrix} 1 & 2 & -1 \\ -2 & 1 & 0 \\ 1 & 0 & 3 \end{pmatrix}$，利用 Matlab 求 $\boldsymbol{BA}^{\mathrm{T}}$.

5. 已知 $\boldsymbol{A}=\begin{pmatrix} 1 & 2 & -1 \\ -2 & 1 & 0 \\ 0 & 2 & 5 \end{pmatrix}$，$\boldsymbol{B}=\begin{pmatrix} 2 & 1 & -2 \\ 3 & 1 & 4 \end{pmatrix}$，$\boldsymbol{C}=\begin{pmatrix} 3 & 2 \\ 2 & 1 \\ 0 & -4 \end{pmatrix}$，利用 Matlab 求 $\boldsymbol{AB}^{\mathrm{T}}-\boldsymbol{C}$.

6. 利用 Matlab 求下列矩阵的逆：

(1) $\boldsymbol{A}=\begin{pmatrix} 2 & 0 & 1 \\ -1 & 3 & 1 \\ 0 & 2 & 4 \end{pmatrix}$；　(2) $\boldsymbol{A}=\begin{pmatrix} 0 & 1 & 3 \\ -1 & 1 & 7 \\ 2 & -1 & 4 \end{pmatrix}$；　(3) $\boldsymbol{A}=\begin{pmatrix} 5 & 2 & 0 & 0 \\ 2 & 1 & 0 & 0 \\ 0 & 0 & 1 & -2 \\ 0 & 0 & 1 & 1 \end{pmatrix}$.

7. 设 $\boldsymbol{A}=\begin{pmatrix}3&0&0\\1&4&0\\0&0&3\end{pmatrix}$，$\boldsymbol{E}=\begin{pmatrix}1&0&0\\0&1&0\\0&0&1\end{pmatrix}$，利用 Matlab 求 $(\boldsymbol{A}-2\boldsymbol{E})^{-1}$.

8. 设 $\boldsymbol{A}=\begin{pmatrix}1&0&1\\0&2&0\\-1&0&1\end{pmatrix}$，$\boldsymbol{E}$ 为3阶单位矩阵，满足 $\boldsymbol{AB}+\boldsymbol{E}=\boldsymbol{A}^2+\boldsymbol{B}$，利用 Matlab 求矩阵 $\boldsymbol{B}$.

9. 利用 Matlab 求下列矩阵的秩：

(1) $\begin{pmatrix}3&2&1\\3&1&5\\3&2&3\end{pmatrix}$；　(2) $\begin{pmatrix}3&-2&0&-1\\0&2&2&1\\1&-2&-3&-2\\0&1&2&1\end{pmatrix}$

(3) $\begin{pmatrix}3&1&0&2\\1&-1&2&-1\\1&3&-4&4\end{pmatrix}$；　(4) $\begin{pmatrix}3&2&-1&-3&-1\\2&-1&3&1&-3\\7&0&5&-1&-8\end{pmatrix}$.

10. 利用 Matlab 将下列矩阵化成行阶梯形矩阵：

(1) $\begin{pmatrix}1&0&2&-1\\2&0&3&1\\3&0&4&-3\end{pmatrix}$；　(2) $\begin{pmatrix}0&2&-3&1\\0&3&-4&3\\0&4&-7&-1\end{pmatrix}$；

(3) $\begin{pmatrix}1&-1&3&-4&3\\3&-3&5&-4&1\\2&-2&3&-2&0\\3&-3&4&-2&-1\end{pmatrix}$；　(4) $\begin{pmatrix}2&3&1&-3&-7\\1&2&0&-2&-4\\3&-2&8&3&0\\2&-3&7&4&3\end{pmatrix}$.

6.4 利用 Matlab 求解线性方程组

在工程技术领域中经常要考虑的问题就是线性方程组的求解问题：对于给定的线性方程组，是否存在解；当解存在时，如何求解. 在代数中，经常使用高斯消元法进行计算，这种方法的人工计算量较大，往往需要花费很多时间. 下面介绍利用 Matlab 解线性方程组的方法.

6.4.1 齐次线性方程组的通解

求齐次线性方程组的通解的 Matlab 内建函数如表 6-5 所示.

表 6-5　求齐次线性方程组的函数及调用格式

功　　能	函　　数	调用格式	说　　明
求 $\boldsymbol{Ax}=\boldsymbol{o}$ 的基础解系	null	B = null(A)	**B** 的列向量为方程组解空间的一组标准正交基
		B = null(A,'r')	**B** 的列向量是齐次线性方程组的基础解系

例 1　求解方程组的通解：$\begin{cases} x_1 - x_2 + 3x_3 + x_4 = 0, \\ 2x_1 - x_2 - x_3 + 4x_4 = 0, \\ 3x_1 - 2x_2 + 2x_3 + 3x_4 = 0. \end{cases}$

解　输入命令：

```
>> A = [1  -1  3  1;2  -1  -1  4;3  -2  2  3];
   B = null(A,'r')
```

输出：

```
B =

   4
   7
   1
   0
```

或通过阶梯形矩阵得到基础解系：

```
>> B = rref(A)
```

输出：

```
B =

   1  0  -4  0
   0  1  -7  0
   0  0   0  1
```

即可写出其基础解系.

6.4.2　非齐次线性方程组的特解

求非齐次线性方程组的特解的 Matlab 内建函数如表 6-6 所示.

表 6-6　求非齐次线性方程组的特解的调用格式

功　　能	方　　法	调用格式
求解 $\boldsymbol{Ax}=\boldsymbol{b}$	用阶梯形矩阵	x = rref([A,b])

例 2 求方程组$\begin{cases}6x_1 + 4x_3 + x_4 = 3, \\ x_1 - x_2 + 2x_3 + x_4 = 1, \\ 4x_1 + x_2 + 2x_3 = 1, \\ x_1 + x_2 + x_3 + x_4 = 0\end{cases}$的解.

解 输入命令：

```
>> A = [6  0  4  1;1  -1  2  1;4  1  2  0;1  1  1  1];
   b = [3  1  1  0]';
   x = rref([A  b])
```

输出：

```
x =
     1   0   0   0    1
     0   1   0   0   -1
     0   0   1   0   -1
     0   0   0   1    1
```

x 的最后一列就是题设方程组的解.

6.4.3 非齐次线性方程组的通解

非齐次线性方程组需要先将增广矩阵[A b]化成行阶梯形矩阵，判断方程组是否有解，若有解，再去求通解.

例 3 求方程组$\begin{cases}x_1 + 2x_2 - x_3 + 3x_4 = 1, \\ 2x_1 + 5x_2 + x_3 - 2x_4 = 0, \\ x_1 - 3x_2 + 2x_3 + 7x_4 = -7, \\ 3x_1 + 7x_2 + x_4 = 1\end{cases}$的通解.

解 用 rref 求解

```
>> A = [1  2  -1  3;2  5  1  -2;1  -3  2  7;3  7  0  1];
   b = [1  0  -7  1]';
   rref([A  b])
```

输出：

```
ans =
      1   0   0    5   -2
      0   1   0   -2    1
      0   0   1   -2   -1
      0   0   0    0    0
```

则导出组的基础解系为 $\boldsymbol{\xi}_1=(5,-2,-2,0)^{\mathrm{T}}$，特解为 $\boldsymbol{\eta}=(-2,1,-1,0)^{\mathrm{T}}$，所以原方程组的通解为 $\boldsymbol{x}=c\boldsymbol{\xi}_1+\boldsymbol{\eta}(c\in\mathbf{R})$.

习题 6.4

1. 利用 Matlab 求下列齐次线性方程组的通解：

(1) $\begin{cases}x_1+x_2+2x_3-x_4=0,\\2x_1+x_2+x_3-x_4=0,\\2x_1+2x_2+x_3+2x_4=0;\end{cases}$ (2) $\begin{cases}x_1+2x_2+x_3-x_4=0,\\3x_1+6x_2-x_3-3x_4=0,\\5x_1+10x_2+x_3-5x_4=0;\end{cases}$

(3) $\begin{cases}2x_1+3x_2-x_3+5x_4=0,\\3x_1+x_2+2x_3-7x_4=0,\\4x_1+x_2-3x_3+6x_4=0,\\x_1-2x_2+4x_3-7x_4=0;\end{cases}$ (4) $\begin{cases}3x_1+4x_2-5x_3+7x_4=0,\\2x_1-3x_2+3x_3-2x_4=0,\\4x_1+11x_2-13x_3+16x_4=0,\\7x_1-2x_2+x_3+3x_4=0.\end{cases}$

2. 利用 Matlab 求下列非齐次线性方程组的解：

(1) $\begin{cases}4x_1+2x_2-x_3=2,\\3x_1-1x_2+2x_3=10,\\11x_1+3x_2=8;\end{cases}$ (2) $\begin{cases}2x+3y+z=4,\\x-2y+4z=-5,\\3x+8y-2z=13,\\4x-y+9z=-6;\end{cases}$

(3) $\begin{cases}2x+y-z+w=1,\\4x+2y-2z+w=2,\\2x+y-z-w=1;\end{cases}$ (4) $\begin{cases}2x+y-z+w=1,\\3x-2y+z-3w=4,\\x+4y-3z+5w=-2.\end{cases}$

6.5 利用 Matlab 求矩阵的特征值及特征向量

6.5.1 矩阵的特征值及特征向量

利用 Matlab 可以很容易地求出矩阵的特征值和特征向量，其内建函数如表 6-7 所示.

表 6-7 求矩阵的特征值及特征向量的函数及调用格式

功能	函数	调用格式	说明
求矩阵 $\boldsymbol{A}$ 的特征值与特征向量	eig	d = eig(A)	求矩阵 $\boldsymbol{A}$ 的特征值 d
		[P,D] = eig(A)	求特征值的对角矩阵 $\boldsymbol{D}$ 和特征向量矩阵 $\boldsymbol{P}$，使 $\boldsymbol{AP}=\boldsymbol{PD}$ 成立

例 1 求矩阵 $\boldsymbol{A}=\begin{pmatrix}1 & 2 & 2\\2 & 1 & 2\\2 & 2 & 1\end{pmatrix}$ 的特征值和特征向量.

解 输入命令：

```
>> A = [1  2  2;2  1  2;2  2  1];
   [P,D] = eig(A)
```

输出：

```
P =

   -0.5619    0.5924   0.5774
   -0.2321   -0.7828   0.5774
    0.7940    0.1904   0.5774

D =

   -1.0000         0        0
         0   -1.0000        0
         0         0   5.0000
```

则对应于5的特征向量是$(0.5774,0.5774,0.5774)^T$,对应于-1的特征向量分别是$(-0.5619,-0.2321,0.7940)^T$,$(0.5924,-0.7828,0.1904)^T$.

例 2 求矩阵 $\boldsymbol{A}=\begin{pmatrix}-1 & 1 & 0\\-4 & 3 & 0\\1 & 0 & 2\end{pmatrix}$ 的特征值和特征向量.

解 输入命令：

```
>> A = [-1  1  0;-4  3  0;1  0  2];
   [P,D] = eig(A)
```

输出：

```
P =

        0    0.4082   -0.4082
        0    0.8165   -0.8165
   1.0000   -0.4082    0.4082

D =

   2   0   0
   0   1   0
   0   0   1
```

6.5.2 矩阵的对角化

利用 Matlab 可以将给定的矩阵对角化，其内建函数如表 6-8 所示.

表 6-8 矩阵对角化的函数及调用格式

功　能	函　数	调用格式	说　明
矩阵 $\boldsymbol{A}$ 的对角化	eig	[P,D] = eig(A)	求对角矩阵 $\boldsymbol{D}$ 和可逆矩阵 $\boldsymbol{P}$，使 $\boldsymbol{A}=\boldsymbol{PDP}^{-1}$ 成立
实对称阵 $\boldsymbol{A}$ 的对角化	schur	[Q,D] = schur(A)	求对角矩阵 $\boldsymbol{D}$ 和正交矩阵 $\boldsymbol{Q}$，使 $\boldsymbol{A}=\boldsymbol{Q}^{\mathrm{T}}\boldsymbol{DQ}$ 成立

例 3 设 $\boldsymbol{A}=\begin{pmatrix}-2 & 1 & 1\\ 0 & 2 & 0\\ -4 & 1 & 3\end{pmatrix}$，求与 $\boldsymbol{A}$ 相似的对角矩阵及相似变换矩阵 $\boldsymbol{P}$.

解 输入命令：

```
>> A = [-2  1  1;0  2  0;-4  1  3];
   [P,D] = eig(A)
```

输出：

```
P =
   -0.7071   -0.2425    0.3015
         0         0    0.9045
   -0.7071   -0.9701    0.3015
D =
   -1    0    0
    0    2    0
    0    0    2
```

即相似对角矩阵为 $\boldsymbol{D}$，相似变换矩阵为 $\boldsymbol{P}$.

例 4 将矩阵 $\boldsymbol{A}=\begin{pmatrix}4 & 2 & 2\\ 2 & 4 & 2\\ 2 & 2 & 4\end{pmatrix}$ 对角化.

解 输入命令：

```
>> A = [4  2  2;2  4  2;2  2  4];
   [Q  D] = schur(A)
```

输出：

```
Q =
      0.4082    0.7071   0.5774
      0.4082   -0.7071   0.5774
     -0.8165         0   0.5774
D =
     2.0000         0         0
          0    2.0000         0
          0         0    8.0000
```

即对角矩阵为 $\boldsymbol{D}$,正交变换矩阵为 $\boldsymbol{Q}$.

习题 6.5

1. 利用 Matlab 求下列矩阵的特征值与特征向量：

(1) $\begin{pmatrix} 2 & -4 \\ -3 & 3 \end{pmatrix}$； (2) $\begin{pmatrix} 2 & 1 & 1 \\ 0 & 2 & 0 \\ 0 & -1 & 1 \end{pmatrix}$； (3) $\begin{pmatrix} 1 & -3 & 3 \\ 3 & -5 & 3 \\ 6 & -6 & 4 \end{pmatrix}$.

2. 利用 Matlab 将下列矩阵对角化：

(1) $\begin{pmatrix} 1 & -1 & 1 \\ 2 & 4 & -2 \\ -3 & -3 & 5 \end{pmatrix}$； (2) $\begin{pmatrix} 3 & -1 & 0 & 0 \\ 1 & 1 & 0 & 0 \\ -2 & 4 & 5 & -3 \\ 7 & 5 & 3 & -1 \end{pmatrix}$.

3. 利用 Matlab 将下列实对称矩阵对角化：

(1) $\begin{pmatrix} 1 & 1 & 1 \\ 1 & 1 & 1 \\ 1 & 1 & 1 \end{pmatrix}$； (2) $\begin{pmatrix} 1 & -2 & 0 \\ -2 & 2 & -2 \\ 0 & -2 & 3 \end{pmatrix}$； (3) $\begin{pmatrix} 2 & -1 & -1 & 1 \\ -1 & 2 & 1 & -1 \\ -1 & 1 & 2 & -1 \\ 1 & -1 & -1 & 2 \end{pmatrix}$.

6.6 用 Matlab 优化工具箱解线性规划

在工程技术、经济管理、科学研究和日常生活等诸多领域中,人们经常会遇到一类决策问题:在一系列客观或主观限制条件下,寻求使所关注的某个或多个指标达到最大或最小的决策. 例如:在劳动力和资源等因数的限制下,怎样制订生产计划使得企业获得最大的利润;在满足物资需求和装载的条件下,制订运输方案使总运费最低. 上述这类决策问题通常称为**最优化**(optimization) **问**

题.人们用**数学建模**的方法解决此类问题.

建立优化问题的数学模型,一般有以下三个要素:

(1) **决策变量**(decision variables),通常是该问题要求解出的那些未知量,一般用 n 维列向量 $\boldsymbol{x}=(x_1,x_2,\cdots,x_n)^{\mathrm{T}}$ 表示,当对 $\boldsymbol{x}$ 赋值后,它通常称为该问题的**一个解**.

(2) **目标函数**(objective function),通常是该问题要优化的那个目标的数学表达式,它是决策变量 $\boldsymbol{x}$ 的函数,可以抽象地记作 $f(\boldsymbol{x})$.

(3) **约束条件**(constraints),由该问题对决策变量的限制给出,常用一组关于 $\boldsymbol{x}$ 的不等式(或等式)$g_i(\boldsymbol{x})\leqslant 0(i=1,2,\cdots,m)$ 给出.

一般地,这类模型可表述为如下形式:

$$\min(\max)z=f(\boldsymbol{x}),$$
$$\text{s.t. } g_i(\boldsymbol{x})\leqslant 0 \quad (i=1,2,\cdots,m).$$

在优化模型中,如果目标函数 $f(\boldsymbol{x})$ 和约束条件中的 $g_i(\boldsymbol{x})\leqslant 0(i=1,2,\cdots,m)$ 都是线性函数,则该模型称为**线性规划**.

6.6.1 线性规划的标准形式

线性规划在银行、教育、林业、石油、运输等各种行业及科学的各个领域中都有着广泛的应用.

引例 1 一家汽车公司生产轿车和卡车.每辆车都必须经过车身装配车间和喷漆车间处理.车身装配车间如果只装配轿车,每天可装配 50 辆;如果只装配卡车,每天可装配 30 辆.喷漆车间如果只喷轿车,每天可喷 60 辆;如果只喷卡车,每天可喷 40 辆.每辆轿车的利润是 1 600 元,每辆卡车的利润是 2 400 元.公司的生产计划部门需制订一天的产量计划,以使公司的利润最大化.

解 公司追求的目标是其利润的最大化,生产计划部门为此要决定每一种车型的产量,所以定义两个决策变量:

$x_1=$ 每天生产的轿车数量, $x_2=$ 每天生产的卡车数量.

公司每天的利润为 $1\,600x_1+2\,400x_2$,因此该公司追求利润最大化的目标函数为

$$\max z=1\,600x_1+2\,400x_2.$$

决策变量须满足以下两个条件(如果把每天的时间设为 1,那么每天的工作时间应该小于等于 1):

(1) 车身装配车间每天装配一辆轿车的时间为 $\frac{1}{50}$,装配一辆卡车的时间为

$\frac{1}{30}$，所以处理 x_1 辆轿车和 x_2 辆卡车的时间应满足

$$\frac{1}{50}x_1+\frac{1}{30}x_2\leqslant 1;$$

(2) 喷漆车间每天处理一辆轿车的时间为 $\frac{1}{60}$，处理一辆卡车的时间为 $\frac{1}{40}$，所以处理 x_1 辆轿车和 x_2 辆卡车的时间应满足

$$\frac{1}{60}x_1+\frac{1}{40}x_2\leqslant 1,$$

以及非负限制

$$x_j\geqslant 0\quad (j=1,2).$$

该汽车公司追求利润最大化的数学模型是如下整数线性规划模型：

$$\max z=1\,600x_1+2\,400x_2;$$

$$\text{s. t. }\ \frac{1}{50}x_1+\frac{1}{30}x_2\leqslant 1,$$

$$\frac{1}{60}x_1+\frac{1}{40}x_2\leqslant 1,$$

$$x_1\geqslant 0,\quad x_2\geqslant 0.$$

引例 2 某酒店一周中每天需要不同数目的服务人员：

时间	星期一	星期二	星期三	星期四	星期五	星期六	星期日
人数	50	30	24	40	50	80	90

并且规定员工需连续工作 5 天休息两天. 试确定聘用方案，使在满足需要的条件下聘用的总人数最少.

解 该酒店追求的目标是一周中聘用的总人数最少，因此必须做出决策：每天聘用多少人. 为此，定义以下决策决量：

$x_1,x_2,\cdots,x_7$ 分别表示星期一至星期日开始上班的人数.

因此，目标函数为

$$\min z=x_1+x_2+x_3+x_4+x_5+x_6+x_7.$$

决策变量必须满足以下 7 个条件：

星期一工作的员工应是星期四到星期一聘用的，按照需要至少有 50 人，即

$$x_1+x_4+x_5+x_6+x_7\geqslant 50.$$

类似地，有

$$x_1+x_2+x_5+x_6+x_7\geqslant 30,$$

$$x_1+x_2+x_3+x_6+x_7\geqslant 24,$$

$$x_1+x_2+x_3+x_4+x_7 \geqslant 40,$$
$$x_1+x_2+x_3+x_4+x_5 \geqslant 50,$$
$$x_2+x_3+x_4+x_5+x_6 \geqslant 80,$$
$$x_3+x_4+x_5+x_6+x_7 \geqslant 90.$$

人数应该是整数,所以决策变量须是非负的整数变量,即

$$x_i \text{ 为非负整数} \quad (i=1,2,\cdots,7).$$

该酒店聘用总人数最少的数学模型是如下的线性规划模型:

$$\begin{aligned}
\min z &= x_1+x_2+x_3+x_4+x_5+x_6+x_7;\\
\text{s.t. } & x_1+x_4+x_5+x_6+x_7 \geqslant 50,\\
& x_1+x_2+x_5+x_6+x_7 \geqslant 30,\\
& x_1+x_2+x_3+x_6+x_7 \geqslant 24,\\
& x_1+x_2+x_3+x_4+x_7 \geqslant 40,\\
& x_1+x_2+x_3+x_4+x_5 \geqslant 50,\\
& x_2+x_3+x_4+x_5+x_6 \geqslant 80,\\
& x_3+x_4+x_5+x_6+x_7 \geqslant 90,
\end{aligned}$$

x_i 为非负整数($i=1,2,\cdots,7$).

引例 1 和引例 2 中的目标函数和约束函数均为线性函数,故均为线性规划模型.

线性规划模型的**标准形式**为:

$$\begin{aligned}
\min(\max) z &= c_1x_1+c_2x_2+\cdots+c_nx_n;\\
\text{s.t. } & a_{i1}x_1+a_{i2}x_2+\cdots+a_{in}x_n=b_i \quad (i=1,2,\cdots,m),\\
& x_j \geqslant 0 \quad (j=1,2,\cdots,n).
\end{aligned}$$

其标准形式用矩阵表示如下:

$$\begin{aligned}
\min(\max) z &= \boldsymbol{c}^{\mathrm{T}}\boldsymbol{x};\\
\text{s.t. } & \boldsymbol{Ax} \leqslant \boldsymbol{b},\\
& x_j \geqslant 0 \quad (j=1,2,\cdots,n).
\end{aligned}$$

其中,

$$\boldsymbol{A}=\begin{pmatrix} a_{11} & a_{12} & \cdots & a_{1n}\\ a_{21} & a_{22} & \cdots & a_{2n}\\ \vdots & \vdots & & \vdots\\ a_{m1} & a_{m2} & \cdots & a_{mn}\end{pmatrix},\quad \boldsymbol{c}=\begin{pmatrix} c_1\\ c_2\\ \vdots\\ c_n\end{pmatrix},\quad \boldsymbol{x}=\begin{pmatrix} x_1\\ x_2\\ \vdots\\ x_n\end{pmatrix},\quad \boldsymbol{b}=\begin{pmatrix} b_1\\ b_2\\ \vdots\\ b_m\end{pmatrix}.$$

这时 $\boldsymbol{x}=(x_1,x_2,\cdots,x_n)^{\mathrm{T}}$ 是**决策向量**;$\boldsymbol{b}=(b_1,b_2,\cdots,b_m)^{\mathrm{T}}$ 是主约束的右端常数向量,$b_j(i=1,2,\cdots,m)$ 是主约束的右端常数项(通常不妨设为非负

数）；$\boldsymbol{c}=(c_1,c_2,\cdots,c_n)^{\mathrm{T}}$ 称为**价值向量**，$c_j(j=1,2,\cdots,n)$ 称为**价值系数**.

根据决策变量的取值情况，可以将线性规划进行分类：

(1) 当所有决策变量都取整数时，称为**整数规划**；

(2) 当所有决策变量只取 0 或 1 时，称为 **0-1 规划**；

(3) 当只有部分决策变量取整数时，称为**混合整数规划**.

线性规划问题的求解在实际建模中，常常借助于数学软件进行计算及求解，常用的数学软件有 Lingo 和 Matlab. 下面主要介绍用 Matlab 优化工具箱求解线性规划模型.

6.6.2 用 Matlab 优化工具箱求解线性规划

Matlab 软件用于求解线性规划

$$\min z=\boldsymbol{c}^{\mathrm{T}}\boldsymbol{x};$$
$$\text{s.t. } \boldsymbol{A}\boldsymbol{x}\leqslant \boldsymbol{b},$$
$$x_j\geqslant 0(j=1,2,\cdots,n)$$

的命令为

$$[\mathrm{x},\mathrm{fval}]=\mathrm{linprog}(\mathrm{c},\mathrm{A},\mathrm{b}).$$

例 1 用 Matlab 求解引例 1.

解 引例 1 的数学模型为

$$\max z=1\,600x_1+2\,400x_2;$$
$$\text{s.t. } \frac{1}{50}x_1+\frac{1}{30}x_2\leqslant 1,$$
$$\frac{1}{60}x_1+\frac{1}{40}x_2\leqslant 1,$$
$$x_1\geqslant 0,x_2\geqslant 0.$$

因 Matlab 软件是求目标函数为最小值的线性规划模型，而引例 1 中的目标函数是求最大值，故需将引例 1 的目标函数转化成求最小值. 引例 1 的数学模型转化为

$$\min z=-1\,600x_1-2\,400x_2;$$
$$\text{s.t. } \frac{1}{50}x_1+\frac{1}{30}x_2\leqslant 1,$$
$$\frac{1}{60}x_1+\frac{1}{40}x_2\leqslant 1,$$
$$-x_1\leqslant 0,$$
$$-x_2\leqslant 0.$$

在 Matlab 中输入

$$c = [-1600 \quad -2400];$$

$$A = [\frac{1}{50} \quad \frac{1}{30};\frac{1}{60} \quad \frac{1}{40};-1 \quad 0;0 \quad -1];$$

$$b = [1 \quad 1 \quad 0 \quad 0];$$

$$[x,fval] = linprog(c,A,b)$$

求解得

```
x =
      50.0000
       0.0000
fval =
      -8.0000e+004
```

即每天生产轿车 50 辆可获得最大利润为 80 000 元.

对于纯整数规划和混合整数规划模型的求解,有时需要利用"分支定界法",下面用一个例子讲解此方法.

例 2 求解:

$$\min z = x_1 + 3x_2;$$

$$\text{s. t. } 22x_1 + 34x_2 \geqslant 285,$$

$$x_2 \geqslant 3.13,$$

$$x_1, x_2 \text{ 为非负整数.}$$

解 (1) 忽略 x_1, x_2 是整数这一条件,求得最优解为

$$x_1 = 8.12, \quad x_2 = 3.13, \quad z_{\min} = 17.5.$$

这不是整数解. 于是可将题目约束条件的区域中与 x_1 有关的区域分成 R_1, R_2 两个区域,即

$$R_1:\begin{cases} x_1 \geqslant 9, \\ 22x_1 + 34x_2 \geqslant 285, \\ x_2 \geqslant 3.13, \end{cases} \quad R_2:\begin{cases} x_1 \leqslant 8, \\ 22x_1 + 34x_2 \geqslant 285, \\ x_2 \geqslant 3.13. \end{cases}$$

(2) 分别在 R_1, R_2 内求得最优解为

$$R_1: x_1 = 9, x_2 = 3.13, z_{\min} = lb_2 = 18.39;$$

$$R_2: x_1 = 8, x_2 = 3.13, z_{\min} = lb_3 = 17.62.$$

由于在 R_1, R_2 内求得的最优解都不是整数解,且 $lb_3 < lb_2$,所以进一步将 R_2 分成 R_{21}, R_{22} 两个区域,即

$$R_{21}:\begin{cases}x_1 \leqslant 8,\\22x_1+34x_2 \geqslant 285,\\x_2 \geqslant 3.13,\\x_2 \geqslant 4,\end{cases}\quad R_{22}:\begin{cases}x_1 \leqslant 8,\\22x_1+34x_2 \geqslant 285,\\x_2 \geqslant 3.13,\\x_2 \leqslant 3.\end{cases}$$

(3) 求出在 R_{21} 内的最优解是

$$R_{21}:x_1=6.77,x_2=4,z_{\min}=lb_4=18.77.$$

在 R_{22} 内新的约束 $x_2 \leqslant 3$ 与原有的约束 $x_2 \geqslant 3.13$ 矛盾,故在 R_{22} 中没有可行解.

(4) 对区域 R_1 和 R_{21} 进行比较,有 $lb_2 < lb_4$,所以转向在 R_1 中求解最优解.将 R_1 分成 R_{11},R_{12} 两个区域,即

$$R_{11}:\begin{cases}x_1 \geqslant 9,\\22x_1+34x_2 \geqslant 285,\\x_2 \geqslant 3.13,\\x_2 \geqslant 4,\end{cases}\quad R_{12}:\begin{cases}x_1 \geqslant 9,\\22x_1+34x_2 \geqslant 285,\\x_2 \geqslant 3.13,\\x_2 \leqslant 3.\end{cases}$$

在 R_{12} 内显然没有最优解,在 R_{11} 内的最优解是

$$R_{11}:x_1=9,x_2=4,z_{\min}=lb_5=21.$$

(5) 这个解满足整数解的条件,但是 $lb_4 < lb_5$,故需将 R_{21} 区域划分成两个区域 R_{211},R_{212},即

$$R_{211}:\begin{cases}x_1 \leqslant 8,\\x_1 \geqslant 7,\\22x_1+34x_2 \geqslant 285,\\x_2 \geqslant 3.13,\\x_2 \geqslant 4,\end{cases}\quad R_{212}:\begin{cases}x_1 \leqslant 8,\\x_1 \leqslant 6,\\22x_1+34x_2 \geqslant 285,\\x_2 \geqslant 3.13,\\x_2 \geqslant 4.\end{cases}$$

分别在 R_{211},R_{212} 内求最优解是

$$R_{211}:x_1=7,x_2=4,z_{\min}=lb_6=19;$$

$$R_{212}:x_1=6,x_2=4.5,z_{\min}=lb_7=19.5.$$

可见,R_{211} 中的最优解满足整数条件,同时目标函数的下限值 $lb_6 < lb_7 < lb_5$,所以没有必要在 R_{212} 和 R_{11} 内进行搜索.因此,最后所得的最优整数解是

$$R_{211}:x_1=7,x_2=4,z_{\min}=lb_6=19.$$

需要指出的是,Lingo软件是用来求解线性和非线性优化问题的简易软件,在教育、科研和工业界得到了广泛应用.

习题 6.6

1. $z = 0.9x + y$,式中变量 x,y 满足条件 $\begin{cases} 3x + 4y \geqslant 28, \\ 0 \leqslant x \leqslant 6, \\ 0 \leqslant y \leqslant 4, \end{cases}$ 求 z 的最小值.

2. 甲、乙、丙三种食物中维生素 A、维生素 B 的含量及成本如下:

项　　目	甲	乙	丙
维生素 A(单位 /kg)	600	700	400
维生素 B(单位 /kg)	800	400	500
成本(元 /kg)	11	9	4

某食物营养研究所想用 x kg 甲种食物、y kg 乙种食物、z kg 丙种食物配成 100 kg混合物,并使混合物至少含有56 000单位维生素 A 和63 000单位维生素 B. 试用 x、y 表示混合物的成本 M(元);并确定 x、y、z 的值,使成本最低.

3. 某厂要生产甲种产品 45 个、乙种产品 55 个、所用原料为 A、B 两种规格的金属板,每张面积分别为 2 m^2 和 3 m^2,用 A 种原料可造甲种产品 3 个和乙种产品 5 个,用 B 种原料可造甲、乙两种产品各 6 个. 问 A、B 两种产品各取多少块可保证完成任务,且使总的用料(面积) 最省?

数学家 —— 哈密顿

哈密顿

哈密顿(Hamilton,William Rowan)是英国数学家、物理学家,1805年8月4日生于都柏林,1865年9月2日卒于都柏林.

哈密顿是律师之子,父母早亡,由精通多种语言的叔叔培养.哈密顿自幼天资过人,是出名的"神童",相传14岁时,就能流利地讲13种外语,并喜爱古典文学.但在他13岁时,碰巧遇到一位来自美国的计算神速的儿童科尔伯恩(Colburn),便激起了他对数学的兴趣,继而自学了克莱罗的《代数基础》、牛顿的《自然哲学的数学原理》和拉普拉斯的《天体力学》等名著.

17岁时他就发表文章订正《天体力学》证明中的一个错误,从而使天文学家大为惊异.1823年在一百名投考者中,他以第一名的优异成绩考进了都柏林的三一学院,他的名声先他而至,很快成了该校的名人.他进入都柏林的三一学院后,常常一人囊括各种学习比赛的奖励,尤其是数学和古典文学,总是冠盖群雄,成为超群的优等生.他22岁还未毕业时,就被破格任命为三一学院的天文学教授,并担任爱尔兰皇家天文台台长.他在1835年获得爵士头衔,1836年获得英国皇家学会皇家勋章,1837年被选为爱尔兰皇家科学院院长.

1828年,他发表《光线系统的理论》,这篇论文为几何光学奠定了基础,并引进了所谓光学的特征函数.爱尔兰皇家科学院院长布龙戈利(Brinkley)教授,将这篇论文推荐给皇家科学院时称赞道:"我不是说哈密顿将成为数学家,而是说他现在就是第一流的青年数学家."

1830—1832年间,他从数学的推演中得出,在双轴晶体中按某一特殊方向传播的光线,将产生折射光线的一个圆锥,这一发现揭示了光传播的重要几何性质.

哈密顿在数学上有很大贡献.以他的姓氏命名的哈密顿算符、哈密顿函数、哈密顿线性度量空间,以及哈密顿-奥斯特罗格拉茨基-雅可比方程等尤为著名.他还研究了波形曲面理论,充实了伽罗瓦(Galois)的理论.特别是他生命的最后20年中,他花了大部分时间和精力从事四元数的研究.

哈密顿定义的四元数表明存在无矛盾的数系,其中乘法交换律并不成立,从而打破了对传统的"数系"的认识,进而把代数从古老而濒于僵死的框架中解放了出来,鼓舞了许多数学家对各种类型的线代数进行广泛的研究,推动了近世代数及算子代数的发展.四元数的发现直接打开了人们长期囿于复数的视野,启发人们去发现各种抽象的数系.哈密顿还把四元数引入微积分,定义了描述函数的数量或方向两个方面的变化的概念——"梯度"、"散度"、"旋度"、"聚度",成为研究物理学、工程技术的重要计算工具.后来哈密顿的学生、英国物理学家麦克斯韦在掌握了四元数之后,又利用向量分析等数学理论,建立起著称于世的电磁理论.另外,由此发展起来的非交换代数已成为量子力学及真正了解原子内部结构的数学基础.

在物理学方面,哈密顿发展了分析力学.其中最大的功绩是他在1834年建立的著名的最小作用原理(现称哈密顿原理). 这个原理认为:“一个系统在从一点到另一点运动中,一定选取使作用量为最小的那条途径.”这就是有名的哈密顿原理,它发展了达朗贝尔原理,在很多方面比达朗贝尔原理更简单、自然、实用. 不仅从它容易推出变分学中的拉格朗日方程,而且它是近似求解动力学的基础,在现代的数学物理中有着广泛的应用. 近代物理学家薛定谔就曾说过:“哈密顿原理是近代物理的基石.”

哈密顿诚然天赋过人,但他的成就主要依赖于他的勤奋好学和追求真理的精神. 他善于从对比中发现问题,坚持不懈地通过具体分析、归纳,从中找出一般性规律. 他治学严谨,在解决数学或物理问题时,认真细致,有条不紊. 为了检查和证明一个结论,常常反复做大量的计算和试验,就连走路时也在思考数学和科学问题. 例如,四元数乘法基本公式就是他在都柏林城外皇家运河边散步时想到的.

德国数学家雅可比在1842年英国曼彻斯特召开的大英学术协会总会上称赞“哈密顿是英国的拉格朗日”. 1943年爱尔兰政府为了纪念四元数发现100周年,特别发行了印有哈密顿头像的邮票. 爱尔兰政府还在都柏林皇家运河的勃洛翰桥上立下一块石碑,上面刻有:“在1843年10月16日,当威廉罗旺·哈密顿爵士走过这里时,天才的灵感使他发现了四元数乘法基本公式 $i^2+j^2+k^2=-1$.”

附录 A　2007—2016 年硕士研究生入学考试（数学三）试题

线性代数部分

为了让学生更系统地复习与自我检查，我们选编了 2007 年到 2016 年硕士研究生入学考试试卷中的线性代数部分的试题，分别按类型列出，并注明年份.

一、填空题

1.（2007 年）设矩阵 $\boldsymbol{A}=\begin{pmatrix}0&1&0&0\\0&0&1&0\\0&0&0&1\\0&0&0&0\end{pmatrix}$，则 $\boldsymbol{A}^3$ 的秩为________.

2.（2008 年）设 3 阶矩阵 $\boldsymbol{A}$ 的特征值为 1,2,2，$\boldsymbol{E}$ 为 3 阶单位矩阵，则 $|4\boldsymbol{A}^{-1}-\boldsymbol{E}|=$________.

3.（2009 年）设 $\boldsymbol{\alpha}=(1,1,1)^{\mathrm{T}}$，$\boldsymbol{\beta}=(1,0,k)^{\mathrm{T}}$，若矩阵 $\boldsymbol{\alpha}\boldsymbol{\beta}^{\mathrm{T}}$ 相似于 $\begin{pmatrix}3&0&0\\0&0&0\\0&0&0\end{pmatrix}$，则 $k=$________.

4.（2010 年）设 $\boldsymbol{A},\boldsymbol{B}$ 为 3 阶矩阵，且 $|\boldsymbol{A}|=3$，$|\boldsymbol{B}|=2$，$|\boldsymbol{A}^{-1}+\boldsymbol{B}|=2$，则 $|\boldsymbol{A}+\boldsymbol{B}^{-1}|=$________.

5.（2011 年）设二次型 $f(x_1,x_2,x_3)=\boldsymbol{x}^{\mathrm{T}}\boldsymbol{A}\boldsymbol{x}$ 的秩为 1，$\boldsymbol{A}$ 中行元素之和为 3，则 f 在正交变换 $\boldsymbol{x}=\boldsymbol{Q}\boldsymbol{y}$ 下的标准形为________.

6.（2012 年）设 $\boldsymbol{A}$ 为 3 阶方阵，且 $|\boldsymbol{A}|=3$，$\boldsymbol{A}^*$ 为其伴随矩阵，若交换 $\boldsymbol{A}$ 的第一行和第二行得矩阵 $\boldsymbol{B}$，则 $|\boldsymbol{B}\boldsymbol{A}^*|=$________.

7.（2013 年）设 $\boldsymbol{A}$ 为 3 阶非零矩阵，$|\boldsymbol{A}|$ 为 A 的行列式，A_{ij} 为 a_{ij} 的代数余子式，若 $a_{ij}+A_{ij}=0(i,j=1,2,3)$，则 $|\boldsymbol{A}|=$________.

8.（2014 年）设二次型 $f(x_1,x_2,x_3)=x_1^2-x_2^2+2ax_1x_3+4x_2x_3$ 的负惯性指数为 1，则 a 的取值范围是________.

9.（2015 年）设 3 阶矩阵 $\boldsymbol{A}$ 的特征值为 $2,-2,1$，$\boldsymbol{B}=\boldsymbol{A}^2-\boldsymbol{A}+\boldsymbol{E}$，其中 $\boldsymbol{E}$ 为 3 阶单位矩阵，则行列式 $|\boldsymbol{B}|=$________.

10.（2016年）二次型 $f(x_1,x_2,x_3)=(x_1+x_2)^2+(x_2-x_3)^2+(x_3+x_1)^2$ 的秩为________.

二、选择题

1.（2007年）设向量组 $\boldsymbol{\alpha}_1,\boldsymbol{\alpha}_2,\boldsymbol{\alpha}_3$ 线性无关，则下列向量组线性相关的是（　　）.

A. $\boldsymbol{\alpha}_1-\boldsymbol{\alpha}_2,\boldsymbol{\alpha}_2-\boldsymbol{\alpha}_3,\boldsymbol{\alpha}_3-\boldsymbol{\alpha}_1$　　B. $\boldsymbol{\alpha}_1+\boldsymbol{\alpha}_2,\boldsymbol{\alpha}_2+\boldsymbol{\alpha}_3,\boldsymbol{\alpha}_3+\boldsymbol{\alpha}_1$

C. $\boldsymbol{\alpha}_1-2\boldsymbol{\alpha}_2,\boldsymbol{\alpha}_2-2\boldsymbol{\alpha}_3,\boldsymbol{\alpha}_3-2\boldsymbol{\alpha}_1$　　D. $\boldsymbol{\alpha}_1+2\boldsymbol{\alpha}_2,\boldsymbol{\alpha}_2+2\boldsymbol{\alpha}_3,\boldsymbol{\alpha}_3+2\boldsymbol{\alpha}_1$

2.（2007年）设矩阵 $\boldsymbol{A}=\begin{pmatrix}2&-1&-1\\-1&2&-1\\-1&-1&2\end{pmatrix}$，$\boldsymbol{B}=\begin{pmatrix}1&0&0\\0&1&0\\0&0&0\end{pmatrix}$，则 $\boldsymbol{A}$ 与 $\boldsymbol{B}$（　　）.

A. 合同，且相似　　B. 合同，但不相似

C. 不合同，但相似　　D. 既不合同，也不相似

3.（2008年）设 $\boldsymbol{A}$ 为 n 阶非零矩阵，$\boldsymbol{E}$ 为 n 阶单位矩阵，若 $\boldsymbol{A}^3=\boldsymbol{O}$，则（　　）.

A. $\boldsymbol{E}-\boldsymbol{A}$ 不可逆，$\boldsymbol{E}+\boldsymbol{A}$ 不可逆　　B. $\boldsymbol{E}-\boldsymbol{A}$ 不可逆，$\boldsymbol{E}+\boldsymbol{A}$ 可逆

C. $\boldsymbol{E}-\boldsymbol{A}$ 可逆，$\boldsymbol{E}+\boldsymbol{A}$ 可逆　　D. $\boldsymbol{E}-\boldsymbol{A}$ 可逆，$\boldsymbol{E}+\boldsymbol{A}$ 不可逆

4.（2008年）设 $\boldsymbol{A}=\begin{pmatrix}1&2\\2&1\end{pmatrix}$，则在实数域上与 $\boldsymbol{A}$ 合同的矩阵为（　　）.

A. $\begin{pmatrix}-2&1\\1&-2\end{pmatrix}$　　B. $\begin{pmatrix}2&-1\\-1&2\end{pmatrix}$

C. $\begin{pmatrix}2&1\\1&2\end{pmatrix}$　　D. $\begin{pmatrix}1&-2\\-2&1\end{pmatrix}$

5.（2009年）设 $\boldsymbol{A},\boldsymbol{B}$ 均为2阶矩阵，$\boldsymbol{A}^*,\boldsymbol{B}^*$ 分别为 $\boldsymbol{A},\boldsymbol{B}$ 的伴随矩阵，若 $|\boldsymbol{A}|=2$，$|\boldsymbol{B}|=3$，则分块矩阵 $\begin{pmatrix}\boldsymbol{O}&\boldsymbol{A}\\\boldsymbol{B}&\boldsymbol{O}\end{pmatrix}$ 的伴随矩阵为（　　）.

A. $\begin{pmatrix}\boldsymbol{O}&3\boldsymbol{B}^*\\2\boldsymbol{A}^*&\boldsymbol{O}\end{pmatrix}$　　B. $\begin{pmatrix}\boldsymbol{O}&2\boldsymbol{B}^*\\3\boldsymbol{A}^*&\boldsymbol{O}\end{pmatrix}$

C. $\begin{pmatrix}\boldsymbol{O}&3\boldsymbol{A}^*\\2\boldsymbol{B}^*&\boldsymbol{O}\end{pmatrix}$　　D. $\begin{pmatrix}\boldsymbol{O}&2\boldsymbol{A}^*\\3\boldsymbol{B}^*&\boldsymbol{O}\end{pmatrix}$

6.（2009年）设 $\boldsymbol{A},\boldsymbol{P}$ 均为3阶矩阵，$\boldsymbol{P}^{\mathrm{T}}$ 为 $\boldsymbol{P}$ 的转置矩阵，且 $\boldsymbol{P}^{\mathrm{T}}\boldsymbol{A}\boldsymbol{P}=\begin{pmatrix}1&0&0\\0&1&0\\0&0&2\end{pmatrix}$，若 $\boldsymbol{P}=(\boldsymbol{\alpha}_1,\boldsymbol{\alpha}_2,\boldsymbol{\alpha}_3)$，$\boldsymbol{Q}=(\boldsymbol{\alpha}_1+\boldsymbol{\alpha}_2,\boldsymbol{\alpha}_2,\boldsymbol{\alpha}_3)$，则 $\boldsymbol{Q}^{\mathrm{T}}\boldsymbol{A}\boldsymbol{Q}$ 为（　　）.

A. $\begin{pmatrix}2&1&0\\1&1&0\\0&0&2\end{pmatrix}$　　B. $\begin{pmatrix}1&1&0\\1&2&0\\0&0&2\end{pmatrix}$

C. $\begin{pmatrix}2&0&0\\0&1&0\\0&0&2\end{pmatrix}$　　D. $\begin{pmatrix}1&0&0\\0&2&0\\0&0&2\end{pmatrix}$

7.(2010年)设向量组Ⅰ:$\boldsymbol{\alpha}_1,\boldsymbol{\alpha}_2,\cdots,\boldsymbol{\alpha}_r$ 可由向量组Ⅱ:$\boldsymbol{\beta}_1,\boldsymbol{\beta}_2,\cdots,\boldsymbol{\beta}_s$ 线性表示,下列命题正确的是(　　).

A. 若向量组Ⅰ线性无关,则 $r\leqslant s$

B. 若向量组Ⅰ线性相关,则 $r>s$

C. 若向量组Ⅱ线性无关,则 $r\leqslant s$

D. 若向量组Ⅱ线性相关,则 $r>s$

8.(2010年)设 $\boldsymbol{A}$ 为4阶实对称矩阵,且 $\boldsymbol{A}^2+\boldsymbol{A}=\boldsymbol{O}$,若 $\boldsymbol{A}$ 的秩为3,则 $\boldsymbol{A}$ 相似于(　　).

A. $\begin{pmatrix}1&&&\\&1&&\\&&1&\\&&&0\end{pmatrix}$　　B. $\begin{pmatrix}1&&&\\&1&&\\&&-1&\\&&&0\end{pmatrix}$

C. $\begin{pmatrix}1&&&\\&-1&&\\&&-1&\\&&&0\end{pmatrix}$　　D. $\begin{pmatrix}-1&&&\\&-1&&\\&&-1&\\&&&0\end{pmatrix}$

9.(2011年)设 $\boldsymbol{A}$ 为3阶矩阵,将 $\boldsymbol{A}$ 的第2列加到第1列得矩阵 $\boldsymbol{B}$,再交换 $\boldsymbol{B}$ 的第2行与第3行得单位矩阵,记 $\boldsymbol{P}_1=\begin{pmatrix}1&0&0\\1&1&0\\0&0&1\end{pmatrix}$,$\boldsymbol{P}_2=\begin{pmatrix}1&0&0\\0&0&1\\0&1&0\end{pmatrix}$,则 $\boldsymbol{A}=$(　　).

A. $\boldsymbol{P}_1\boldsymbol{P}_2$　　B. $\boldsymbol{P}_1^{-1}\boldsymbol{P}_2$　　C. $\boldsymbol{P}_2\boldsymbol{P}_1$　　D. $\boldsymbol{P}_2\boldsymbol{P}_1^{-1}$

10.(2011年)设 $\boldsymbol{A}$ 为 4×3 矩阵,$\boldsymbol{\eta}_1,\boldsymbol{\eta}_2,\boldsymbol{\eta}_3$ 是非齐次线性方程组 $\boldsymbol{Ax}=\boldsymbol{\beta}$ 的3个线性无关的解,k_1,k_2 为任意常数,则 $\boldsymbol{Ax}=\boldsymbol{\beta}$ 的通解为(　　).

A. $\dfrac{\boldsymbol{\eta}_2+\boldsymbol{\eta}_3}{2}+k_1(\boldsymbol{\eta}_2-\boldsymbol{\eta}_1)$

B. $\dfrac{\boldsymbol{\eta}_2-\boldsymbol{\eta}_3}{2}+k_2(\boldsymbol{\eta}_2-\boldsymbol{\eta}_1)$

C. $\dfrac{\boldsymbol{\eta}_2+\boldsymbol{\eta}_3}{2}+k_1(\boldsymbol{\eta}_3-\boldsymbol{\eta}_1)+k_2(\boldsymbol{\eta}_2-\boldsymbol{\eta}_1)$

D. $\dfrac{\boldsymbol{\eta}_2-\boldsymbol{\eta}_3}{2}+k_2(\boldsymbol{\eta}_2-\boldsymbol{\eta}_1)+k_3(\boldsymbol{\eta}_3-\boldsymbol{\eta}_1)$

11.（2012 年）设 $\boldsymbol{\alpha}_1=(0,0,c_1)^{\mathrm{T}},\boldsymbol{\alpha}_2=(0,1,c_2)^{\mathrm{T}},\boldsymbol{\alpha}_3=(1,-1,c_3)^{\mathrm{T}},\boldsymbol{\alpha}_4=(-1,1,c_4)^{\mathrm{T}}$，其中 c_1,c_2,c_3,c_4 为任意常数，下列向量组线性相关的是（　　）.

A. $\boldsymbol{\alpha}_1,\boldsymbol{\alpha}_2,\boldsymbol{\alpha}_3$　　B. $\boldsymbol{\alpha}_1,\boldsymbol{\alpha}_2,\boldsymbol{\alpha}_4$　　C. $\boldsymbol{\alpha}_1,\boldsymbol{\alpha}_3,\boldsymbol{\alpha}_4$　　D. $\boldsymbol{\alpha}_2,\boldsymbol{\alpha}_3,\boldsymbol{\alpha}_4$

12.（2012 年）设 $\boldsymbol{A}$ 为 3 阶方阵，$\boldsymbol{P}$ 为 3 阶可逆方阵，且 $\boldsymbol{P}^{-1}\boldsymbol{A}\boldsymbol{P}=\begin{pmatrix}1&0&0\\0&1&0\\0&0&2\end{pmatrix}$，若 $\boldsymbol{P}=(\boldsymbol{\alpha}_1,\boldsymbol{\alpha}_2,\boldsymbol{\alpha}_3)$，$\boldsymbol{Q}=(\boldsymbol{\alpha}_1+\boldsymbol{\alpha}_2,\boldsymbol{\alpha}_2,\boldsymbol{\alpha}_3)$，则 $\boldsymbol{Q}^{-1}\boldsymbol{A}\boldsymbol{Q}=$（　　）.

A. $\begin{pmatrix}1&0&0\\0&2&0\\0&0&1\end{pmatrix}$　　B. $\begin{pmatrix}1&0&0\\0&1&0\\0&0&2\end{pmatrix}$

C. $\begin{pmatrix}2&0&0\\0&1&0\\0&0&2\end{pmatrix}$　　D. $\begin{pmatrix}2&0&0\\0&2&0\\0&0&1\end{pmatrix}$

13.（2013 年）设矩阵 $\boldsymbol{A}$、$\boldsymbol{B}$、$\boldsymbol{C}$ 均为 n 阶矩阵，若 $\boldsymbol{AB}=\boldsymbol{C}$，且 $\boldsymbol{B}$ 可逆，则（　　）.

A. 矩阵 $\boldsymbol{C}$ 的行向量组与矩阵 $\boldsymbol{A}$ 的行向量组等价

B. 矩阵 $\boldsymbol{C}$ 的列向量组与矩阵 $\boldsymbol{A}$ 的列向量组等价

C. 矩阵 $\boldsymbol{C}$ 的行向量组与矩阵 $\boldsymbol{B}$ 的行向量组等价

D. 矩阵 $\boldsymbol{C}$ 的行向量组与矩阵 $\boldsymbol{B}$ 的列向量组等价

14.（2013 年）矩阵 $\begin{pmatrix}1&a&1\\a&b&a\\1&a&1\end{pmatrix}$ 与 $\begin{pmatrix}2&0&0\\0&b&0\\0&0&0\end{pmatrix}$ 相似的充分必要条件为（　　）.

A. $a=0,b=2$　　B. $a=0$，b 为任意常数

C. $a=2,b=0$　　D. $a=2$，b 为任意常数

15.（2014 年）行列式 $\begin{vmatrix}0&a&b&0\\a&0&0&b\\0&c&d&0\\c&0&0&d\end{vmatrix}=$（　　）.

A. $(ad-bc)^2$　　B. $-(ad-bc)^2$

C. $a^2d^2-b^2c^2$　　　　D. $b^2c^2-a^2d^2$

16.(2014年)设 $\boldsymbol{\alpha}_1,\boldsymbol{\alpha}_2,\boldsymbol{\alpha}_3$ 均为3维向量,则对任意的常数 k,l,向量组 $\boldsymbol{\alpha}_1+k\boldsymbol{\alpha}_3,\boldsymbol{\alpha}_2+l\boldsymbol{\alpha}_3$ 线性无关是向量组 $\boldsymbol{\alpha}_1,\boldsymbol{\alpha}_2,\boldsymbol{\alpha}_3$ 线性无关的(　　).

A. 必要非充分条件　　　　B. 充分非必要条件

C. 充分必要条件　　　　D. 既非充分也非必要条件

17.(2015年)设矩阵 $\boldsymbol{A}=\begin{pmatrix}1&1&1\\1&2&a\\1&4&a^2\end{pmatrix},\boldsymbol{b}=\begin{pmatrix}1\\d\\d^2\end{pmatrix}$.若集合 $\Omega=\{1,2\}$,则线性方程组 $\boldsymbol{Ax}=\boldsymbol{b}$ 有无穷多解的充分必要条件为(　　).

A. $a\notin\Omega,d\notin\Omega$　　　　B. $a\notin\Omega,d\in\Omega$

C. $a\in\Omega,d\notin\Omega$　　　　D. $a\in\Omega,d\in\Omega$

18. 设二次型 $f(x_1,x_2,x_3)$ 在正交变换 $\boldsymbol{x}=\boldsymbol{Py}$ 下的标准形为 $2y_1^2+y_2^2-y_3^2$,其中 $\boldsymbol{P}=(\boldsymbol{e}_1,\boldsymbol{e}_2,\boldsymbol{e}_3)$,若 $\boldsymbol{Q}=(\boldsymbol{e}_1,-\boldsymbol{e}_3,\boldsymbol{e}_2)$,则 $f=(x_1,x_2,x_3)$ 在正交变换 $\boldsymbol{x}=\boldsymbol{Qy}$ 下的标准形为(　　).

A. $2y_1^2-y_2^2+y_3^2$　　　　B. $2y_1^2+y_2^2-y_3^2$

C. $2y_1^2-y_2^2-y_3^2$　　　　D. $2y_1^2+y_2^2+y_3^2$

19. 设 n 阶矩阵 $\boldsymbol{A}$ 与 $\boldsymbol{B}$ 等价,则必有(　　).

A. 当 $|\boldsymbol{A}|=a(a\neq 0)$ 时,$|\boldsymbol{B}|=a$

B. 当 $|\boldsymbol{A}|=a(a\neq 0)$ 时,$|\boldsymbol{B}|=-a$

C. 当 $|\boldsymbol{A}|\neq 0$ 时,$|\boldsymbol{B}|=0$

D. 当 $|\boldsymbol{A}|=0$ 时,$|\boldsymbol{B}|=0$

20. 设 n 阶矩阵 $\boldsymbol{A}$ 的伴随矩阵 $\boldsymbol{A}^*\neq\boldsymbol{O}$,若 $\boldsymbol{\xi}_1,\boldsymbol{\xi}_2,\boldsymbol{\xi}_3,\boldsymbol{\xi}_4$ 是非齐次线性方程组 $\boldsymbol{Ax}=\boldsymbol{b}$ 的互不相等的解,则对应的齐次线性方程组 $\boldsymbol{Ax}=\boldsymbol{0}$ 的基础解系(　　).

A. 不存在　　　　B. 仅含一个非零解向量

C. 含有两个线性无关的解向量　　　　D. 含有三个线性无关的解向量

三、解答题

1.(2007年)设线性方程组

$$\begin{cases}x_1+x_2+x_3=0,\\x_1+2x_2+ax_3=0,\\x_1+4x_2+a^2x_3=0\end{cases}\qquad(1)$$

与方程

$$x_1+2x_2+x_3=a-1\qquad(2)$$

有公共解,求 a 的值及所有公共解.

2.（2007 年）设 3 阶实对称矩阵 $\boldsymbol{A}$ 的特征值 $\lambda_1=1,\lambda_2=2,\lambda_3=-2,\boldsymbol{\alpha}_1=(1,-1,1)^{\mathrm{T}}$ 是 $\boldsymbol{A}$ 的属于 λ_1 的一个特征向量. 记 $\boldsymbol{B}=\boldsymbol{A}^5-4\boldsymbol{A}^3+\boldsymbol{E}$，其中 $\boldsymbol{E}$ 为 3 阶单位矩阵.

(1) 验证 $\boldsymbol{\alpha}_1$ 是矩阵 $\boldsymbol{B}$ 的特征向量，并求 $\boldsymbol{B}$ 的全部特征值与特征向量；

(2) 求矩阵 $\boldsymbol{B}$.

3.（2008 年）设 n 元线性方程组 $\boldsymbol{Ax}=\boldsymbol{b}$，其中

$$\boldsymbol{A}=\begin{pmatrix}2a & 1 & & \\ a^2 & 2a & \ddots & \\ & \ddots & \ddots & 1\\ & & a^2 & 2a\end{pmatrix}_{n\times n},\quad \boldsymbol{x}=\begin{pmatrix}x_1\\x_2\\\vdots\\x_n\end{pmatrix},\quad \boldsymbol{b}=\begin{pmatrix}1\\0\\\vdots\\0\end{pmatrix}.$$

(1) 求证行列式 $|\boldsymbol{A}|=(n+1)a^n$；

(2) a 为何值时，该方程组有唯一解，并求 x_1；

(3) a 为何值时，方程组有无穷多解，并求其通解.

4.（2008 年）设 $\boldsymbol{A}$ 为 3 阶矩阵，$\boldsymbol{a}_1,\boldsymbol{a}_2$ 为 $\boldsymbol{A}$ 的分别属于特征值 $-1,1$ 的特征向量，向量 $\boldsymbol{a}_3$ 满足 $\boldsymbol{A}\boldsymbol{a}_3=\boldsymbol{a}_2+\boldsymbol{a}_3$.

(1) 证明 $\boldsymbol{a}_1,\boldsymbol{a}_2,\boldsymbol{a}_3$ 线性无关；

(2) 令 $\boldsymbol{P}=(\boldsymbol{a}_1,\boldsymbol{a}_2,\boldsymbol{a}_3)$，求 $\boldsymbol{P}^{-1}\boldsymbol{AP}$.

5.（2009 年）设

$$\boldsymbol{A}=\begin{pmatrix}1 & -1 & -1\\ -1 & 1 & 1\\ 0 & -4 & -2\end{pmatrix},\quad \boldsymbol{\xi}_1=\begin{pmatrix}-1\\1\\-2\end{pmatrix}.$$

(1) 求满足 $\boldsymbol{A\xi}_2=\boldsymbol{\xi}_1,\boldsymbol{A}^2\boldsymbol{\xi}_3=\boldsymbol{\xi}_1$ 的所有向量 $\boldsymbol{\xi}_2,\boldsymbol{\xi}_3$.

(2) 对(1)中的任意向量 $\boldsymbol{\xi}_2,\boldsymbol{\xi}_3$，证明 $\boldsymbol{\xi}_1,\boldsymbol{\xi}_2,\boldsymbol{\xi}_3$ 线性无关.

6.（2009 年）设二次型

$$f(x_1,x_2,x_3)=ax_1^2+ax_2^2+(a-1)x_3^2+2x_1x_3-2x_2x_3.$$

(1) 求二次型 f 的矩阵的所有特征值.

(2) 若二次型 f 的规范形为 $y_1^2+y_2^2$，求 a 的值.

7.（2010 年）设 $\boldsymbol{A}=\begin{pmatrix}\lambda & 1 & 1\\ 0 & \lambda-1 & 0\\ 1 & 1 & \lambda\end{pmatrix}$，$\boldsymbol{b}=\begin{pmatrix}a\\1\\1\end{pmatrix}$，已知线性方程组 $\boldsymbol{Ax}=\boldsymbol{b}$ 存在 2 个不同的解，求：

(1) λ,a；

(2) 方程组 $\boldsymbol{Ax}=\boldsymbol{b}$ 的通解.

8.(2010年)设$\boldsymbol{A}=\begin{pmatrix}0&-1&4\\-1&3&a\\4&a&0\end{pmatrix}$,有正交矩阵$\boldsymbol{Q}$使得$\boldsymbol{Q}^{\mathrm{T}}\boldsymbol{A}\boldsymbol{Q}$为对角矩阵,若$\boldsymbol{Q}$的第1列为$\frac{1}{\sqrt{6}}(1,2,1)^{\mathrm{T}}$,求$a$,$\boldsymbol{Q}$.

9.(2011年)设3维向量组$\boldsymbol{\alpha}_1=(1,0,1)^{\mathrm{T}}$,$\boldsymbol{\alpha}_2=(0,1,1)^{\mathrm{T}}$,$\boldsymbol{\alpha}_3=(1,3,5)^{\mathrm{T}}$不能由$\boldsymbol{\beta}_1=(1,a,1)^{\mathrm{T}}$,$\boldsymbol{\beta}_2=(1,2,3)^{\mathrm{T}}$,$\boldsymbol{\beta}_3=(1,3,5)^{\mathrm{T}}$线性表出.

(1) 求a;

(2) 将$\boldsymbol{\beta}_1$,$\boldsymbol{\beta}_2$,$\boldsymbol{\beta}_3$由$\boldsymbol{\alpha}_1$,$\boldsymbol{\alpha}_2$,$\boldsymbol{\alpha}_3$线性表出.

10.(2011年)已知$\boldsymbol{A}$为3阶实矩阵,$r(\boldsymbol{A})=2$,且$\boldsymbol{A}\begin{pmatrix}1&1\\0&0\\-1&1\end{pmatrix}=\begin{pmatrix}-1&1\\0&0\\1&1\end{pmatrix}$,

求:(1)$\boldsymbol{A}$的特征值与特征向量;

(2)$\boldsymbol{A}$.

11.(2012年)设$\boldsymbol{A}=\begin{pmatrix}1&a&0&0\\0&1&a&0\\0&0&1&a\\a&0&0&1\end{pmatrix}$,$\boldsymbol{\beta}=\begin{pmatrix}1\\-1\\0\\0\end{pmatrix}$.

(1) 计算行列式$|\boldsymbol{A}|$;

(2) 已知线性方程组$\boldsymbol{A}\boldsymbol{x}=\boldsymbol{\beta}$有无穷多解,求$a$,并求$\boldsymbol{A}\boldsymbol{x}=\boldsymbol{\beta}$的通解.

12.(2012年)已知$\boldsymbol{A}=\begin{pmatrix}1&0&1\\0&1&1\\-1&0&a\\0&a&-1\end{pmatrix}$,二次型$f(x_1,x_2,x_3)=\boldsymbol{x}^{\mathrm{T}}(\boldsymbol{A}^{\mathrm{T}}\boldsymbol{A})\boldsymbol{x}$的秩为2.

(1) 求实数a的值;

(2) 求正交变换$\boldsymbol{x}=\boldsymbol{Q}\boldsymbol{y}$,将$f$化为标准形.

13.(2013年)设$\boldsymbol{A}=\begin{pmatrix}1&a\\1&0\end{pmatrix}$,$\boldsymbol{B}=\begin{pmatrix}0&1\\1&b\end{pmatrix}$,当$a$,$b$为何值时,存在矩阵$\boldsymbol{C}$使得$\boldsymbol{AC}-\boldsymbol{CA}=\boldsymbol{B}$,并求所有矩阵$\boldsymbol{C}$.

14.(2013年)设二次型$f(x_1,x_2,x_3)=2(a_1x_1+a_2x_2+a_3x_3)^2+(b_1x_1+b_2x_2+b_3x_3)^2$,记$\boldsymbol{\alpha}=\begin{pmatrix}a_1\\a_2\\a_3\end{pmatrix}$,$\boldsymbol{\beta}=\begin{pmatrix}b_1\\b_2\\b_3\end{pmatrix}$.

(1) 证明二次型 f 对应的矩阵为 $2\boldsymbol{\alpha}\boldsymbol{\alpha}^{\mathrm{T}}+\boldsymbol{\beta}\boldsymbol{\beta}^{\mathrm{T}}$；

(2) 若 $\boldsymbol{\alpha}$、$\boldsymbol{\beta}$ 正交且均为单位向量，证明二次型 f 在正交变换下的标准形为二次型 $2y_1^2+y_2^2$.

15.(2014 年) 设 $\boldsymbol{A}=\begin{pmatrix}1&-2&3&-4\\0&1&-1&1\\1&2&0&-3\end{pmatrix}$，$\boldsymbol{E}$ 为 3 阶单位矩阵.

(1) 求方程组 $\boldsymbol{A}\boldsymbol{x}=\boldsymbol{0}$ 的一个基础解系；

(2) 求满足 $\boldsymbol{A}\boldsymbol{B}=\boldsymbol{E}$ 的所有矩阵 $\boldsymbol{B}$.

16.(2014 年) 证明：n 阶矩阵 $\begin{pmatrix}1&1&\cdots&1\\1&1&\cdots&1\\\vdots&\vdots&&\vdots\\1&1&\cdots&1\end{pmatrix}$ 与 $\begin{pmatrix}0&0&\cdots&1\\0&0&\cdots&2\\\vdots&\vdots&&\vdots\\0&0&\cdots&n\end{pmatrix}$ 相似.

17.(2015 年) 设矩阵 $\boldsymbol{A}=\begin{pmatrix}a&1&0\\1&a&-1\\0&1&a\end{pmatrix}$，且 $\boldsymbol{A}^3=\boldsymbol{O}$.

(1) 求 a 的值；

(2) 若矩阵 $\boldsymbol{X}$ 满足 $\boldsymbol{X}-\boldsymbol{X}\boldsymbol{A}^2-\boldsymbol{A}\boldsymbol{X}+\boldsymbol{A}\boldsymbol{X}\boldsymbol{A}^2=\boldsymbol{E}$，其中 $\boldsymbol{E}$ 为 3 阶单位矩阵，求 $\boldsymbol{X}$.

18.(2015 年) 设矩阵 $\boldsymbol{A}=\begin{pmatrix}0&2&-3\\-1&3&-3\\1&-2&a\end{pmatrix}$ 相似于矩阵 $\boldsymbol{B}=\begin{pmatrix}1&-2&0\\0&b&0\\0&3&1\end{pmatrix}$.

(1) 求 a,b 的值；

(2) 求可逆矩阵 $\boldsymbol{P}$，使 $\boldsymbol{P}^{-1}\boldsymbol{A}\boldsymbol{P}$ 为对角矩阵.

19. (2016 年) 设 $\boldsymbol{\alpha}_1=(1,2,0)^{\mathrm{T}}$，$\boldsymbol{\alpha}_2=(1,a+2,-3a)^{\mathrm{T}}$，$\boldsymbol{\alpha}_3=(-1,-b-2,a+2b)^{\mathrm{T}}$，$\boldsymbol{\beta}=(1,3,-3)^{\mathrm{T}}$，试讨论当 a,b 为何值时，

(1) $\boldsymbol{\beta}$ 不能由 $\boldsymbol{\alpha}_1,\boldsymbol{\alpha}_2,\boldsymbol{\alpha}_3$ 线性表示；

(2) $\boldsymbol{\beta}$ 可由 $\boldsymbol{\alpha}_1,\boldsymbol{\alpha}_2,\boldsymbol{\alpha}_3$ 唯一地线性表示，并求出表示式；

(3) $\boldsymbol{\beta}$ 可由 $\boldsymbol{\alpha}_1,\boldsymbol{\alpha}_2,\boldsymbol{\alpha}_3$ 线性表示，但表示式不唯一，并求出表示式.

20.(2016) 设 n 阶矩阵

$$\boldsymbol{A}=\begin{pmatrix}1&b&\cdots&b\\b&1&\cdots&b\\\vdots&\vdots&&\vdots\\b&b&\cdots&1\end{pmatrix}.$$

(1) 求 $\boldsymbol{A}$ 的特征值和特征向量;

(2) 求可逆矩阵 $\boldsymbol{P}$, 使得 $\boldsymbol{P}^{-1}\boldsymbol{A}\boldsymbol{P}$ 为对角矩阵.

部分参考答案

习题 1.1

<A>

1.(1)5;(2)0;(3)1;(4)2;(5)4;(6)0;(7)ac;(8)ac.

2.(1)6;(2)1;(3)1;(4)2;(5)4;(6)18;(7)0;(8)0.

3.$x=\pm\frac{\sqrt{2}}{2}$.

<B>

1.(1)$4t+1$;(2)-1.

2.(1)$x=-2$ 或 $x=1$;(2)$x=0$;(3)$x=-2$ 或 $x=-1$ 或 $x=0$;(4)$x=2$ 或 $x=3$.

习题 1.2

<A>

1.(1) 偶排列;(2) 奇排列;(3) 奇排列;

(4)$n=\begin{cases}4k,4k+1, & 偶排列,\\ 4k+2,4k+3, & 奇排列\end{cases}(k=0,1,2,\cdots)$.

2.$k=5,s=3$.

3.(1)36;(2)8;(3)-18;(4)$(-1)^{\frac{n(n-1)}{2}}n!$;(5)16;(6)88.

<B>

1.(1) $(-1)^{n-1}n!$;(2)$x^4-3x^2y+2xy^2-y^3$.

2.-10.

习题 1.3

<A>

1.(1)-12;(2)2;(3)6.

2.(1)$-29\,400\,000$;(2)-59;(3)$-(a+b+c)[(b-c)^2+(a-c)(a-b)]$;(4)$-29$;(5)4;(6)$(n-1)!$.

< B >

1. (1) $[a+(n-1)b](a-b)^{n-1}$; (2) $\left(\lambda_1-\sum_{i=2}^{n}\frac{1}{\lambda_i}\right)\lambda_2\lambda_3\cdots\lambda_n$.

习题 1.4

< A >

1. 余子式分别为 -3，-2，代数余子式分别为 -3，2.

2. 7.

3. (1) 8; (2) 12; (3) x^2y^2; (4) -22; (5) 0; (6) $abcd+ab+ad+cd+1$.

4. (1) 0; (2) -28.

< B >

1. (1) $x^n+(-1)^{n+1}y$; (2) $(-1)^{n-1}\prod_{i=1}^{n}(a_i-x)$.

习题 1.5

< A >

1. (1) $x_1=x_2=\frac{1}{2}$; (2) $x_1=1, x_2=2, x_3=1$; (3) $x_1=3, x_2=-4, x_3=-1, x_4=1$; (4) $x_1=1, x_2=2, x_3=3, x_4=-1$.

2. $\lambda=0$ 或 $\lambda=2$ 或 $\lambda=3$.

< B >

1. $\mu=\frac{1}{2}$ 或 $\lambda=1$.

2. a_1, a_2, a_3, a_4 两两互不相等.

第 1 章总习题

一、判断题

1	2	3	4
×	√	×	×

二、选择题

1	2	3	4	5	6
D	AD	C	D	C	C

三、填空题

1	2	3	4	5	6	7	8
5	2,3	-143	负	$abcd$	0	$0,-32$	1或2或3

四、计算题

1.(1)1;(2)5;(3)$ab(b-a)$.

2.(1)5;(2)-7;(3)0.

3.$k=1$ 或 $k=3$.

4.$x\neq 0$ 且 $x\neq 2$.

5.(1)$(-1)^{n+1}n!$;(2)1;(3)0.

6.(1)0;(2)1;(3)160;(4)$(x+y+z)(x-y-z)(y-x-z)(z-y-x)$.

7.1.

8.(1)$a+b+d$;(2)154;(3)0;(4)7;(5)$n!$;(6)$b_1b_2\cdots b_n$.

9.(1)$x_1=3,x_2=-4,x_3=-1,x_4=1$;(2)$x=1,y=2,z=3$.

10.是.

11.(1)$k=-1$ 或 $k=4$;(2)$k=-2$ 或 $k=1$.

习题 2.1

<A>

3.**B**,**C**.

<B>

1.

乙策略 →		石头	剪刀	布
甲	石头	0	1	-1
策↓	剪刀	-1	0	1
略	布	1	-1	0

习题 2.2

<A>

1.(1)$\begin{pmatrix}-1 & 6 & 5\\ -2 & -1 & 12\end{pmatrix}$;(2)$\begin{pmatrix}-1 & 4\\ 0 & -2\end{pmatrix}$;(3)$\begin{pmatrix}2a+3c & -4b+c\\ -2b-c & a+b\\ 3a-b+8c & -a-5b\end{pmatrix}$.

2. (1) $\begin{pmatrix} 14 & 13 & 8 & 7 \\ -2 & 5 & -2 & 5 \\ 2 & 1 & 6 & 5 \end{pmatrix}$; (2) $\begin{pmatrix} \frac{10}{3} & \frac{10}{3} & 2 & 2 \\ 0 & \frac{4}{3} & 0 & \frac{4}{3} \\ \frac{2}{3} & \frac{2}{3} & 2 & 2 \end{pmatrix}$.

3. (1) $\begin{pmatrix} 1 \\ -1 \\ -5 \end{pmatrix}$; (2) 5; (3) $\begin{pmatrix} -2 & 4 & 0 & 6 \\ -1 & 2 & 0 & 3 \\ 3 & -6 & 0 & -9 \end{pmatrix}$;

(4) $\begin{pmatrix} 6 & -7 & 8 \\ 20 & -5 & 6 \end{pmatrix}$; (5) $\begin{pmatrix} -6 & 29 \\ 5 & 32 \end{pmatrix}$.

4. (1) $\begin{pmatrix} 2 & -23 \\ 0 & 8 \end{pmatrix}$; (2) $\begin{pmatrix} 1 \\ 3 \\ 2 \end{pmatrix}$.

6. $\begin{pmatrix} a & b \\ 0 & a \end{pmatrix}$ (a, b 为任意实数).

7. (1) $\begin{pmatrix} 1 & 2 & 3 \\ 0 & 1 & 2 \\ 0 & 0 & 1 \end{pmatrix}$; (2) $\begin{pmatrix} 1 & n \\ 0 & 1 \end{pmatrix}$; (3) $\begin{pmatrix} \lambda_1^n & 0 & 0 \\ 0 & \lambda_2^n & 0 \\ 0 & 0 & \lambda_3^n \end{pmatrix}$; (4) $\boldsymbol{O}_{3\times 3}$.

< B >

1. $\begin{pmatrix} -1 & 1 & 5 \\ 0 & -1 & 1 \\ 0 & 0 & -1 \end{pmatrix}$.

2. $(\boldsymbol{AB})^2 = \begin{pmatrix} 0 & 0 \\ -1 & 1 \end{pmatrix}$, $\boldsymbol{A}^2\boldsymbol{B}^2 = \begin{pmatrix} -2 & 2 \\ 0 & 0 \end{pmatrix}$.

4. $2^n m^{n+1}$.

习题 2.3

< A >

1. (1) $\begin{pmatrix} \frac{3}{2} & -1 \\ \frac{5}{2} & -2 \end{pmatrix}$; (2) $\begin{pmatrix} \cos\theta & \sin\theta \\ \sin\theta & -\cos\theta \end{pmatrix}$;

(3) 不可逆;(4) $\begin{pmatrix} 1 & -1 & 0 & 0 \\ 0 & 1 & -1 & 0 \\ 0 & 0 & 1 & -1 \\ 0 & 0 & 0 & 1 \end{pmatrix}$.

3.(1) $\begin{pmatrix} 2 & -2 \\ 0 & 1 \end{pmatrix}$;(2) $\begin{pmatrix} -5 & 4 & -2 \\ -4 & 5 & -2 \\ -9 & 7 & -4 \end{pmatrix}$;(3) $\begin{pmatrix} 1 & 1 \\ \frac{1}{4} & 0 \end{pmatrix}$.

4.(1) $\frac{32}{3}$;(2)9;(3)81.

5. $\frac{1}{6^{n+1}}$.

<B>

1. $\frac{16}{125}$.

3. $\begin{pmatrix} 2 & 0 & -1 \\ 1 & 4 & 0 \\ 0 & 2 & 2 \end{pmatrix}$.

习题 2.4

<A>

1.(1),(3),(4)

2.(1)C;(2)C;(3)A.

4.(1) $\begin{pmatrix} 1 & 0 \\ 0 & 1 \end{pmatrix}$;(2) $\begin{pmatrix} 1 & 0 \\ 0 & 1 \\ 0 & 0 \end{pmatrix}$;(3) $\begin{pmatrix} 1 & 0 & 0 \\ 0 & 1 & 0 \\ 0 & 0 & 0 \end{pmatrix}$;(4) $\begin{pmatrix} 1 & 0 & 0 & 0 \\ 0 & 1 & 0 & 0 \\ 0 & 0 & 1 & 0 \\ 0 & 0 & 0 & 0 \end{pmatrix}$.

<B>

1.(1) $\frac{1}{ad-bc}\begin{pmatrix} d & -c \\ -b & a \end{pmatrix}$;(2) $\begin{pmatrix} 1 & -2 & 1 & 0 \\ 0 & 1 & -2 & 1 \\ 0 & 0 & 1 & -2 \\ 0 & 0 & 0 & 1 \end{pmatrix}$;(3) $\begin{pmatrix} 1 & 1 & 2 \\ 3 & 0 & -2 \\ 2 & 1 & 1 \end{pmatrix}$;

(4) 不可逆.

2. (1) $\begin{pmatrix} \frac{11}{6} & \frac{1}{2} & 1 \\ \frac{1}{6} & -\frac{1}{2} & 0 \\ \frac{2}{3} & 1 & 0 \end{pmatrix}$；(2) $\begin{pmatrix} 6 & -5 \\ 9 & -16 \\ -\frac{7}{2} & \frac{13}{2} \end{pmatrix}$；(3) $\begin{pmatrix} 9 \\ -14 \\ -6 \end{pmatrix}$.

3. $\begin{pmatrix} 5 & -2 & -2 \\ 4 & -3 & -2 \\ -2 & 2 & 3 \end{pmatrix}$.

4. $\begin{pmatrix} 1 & 1 & 1 \\ 2 & 5 & 8 \\ 1 & 2 & 3 \end{pmatrix}$

习题 2.5

< A >

2. (1)2；(2)4；(3)3；(4)2.

3. $\lambda = 1$.

< B >

1. $a = -1, b = -2$.

2. (1) $a = 1, b = -1$ 时，$r(\boldsymbol{A}) = 2$；(2) $a = 1, b \neq -1$ 时，$r(\boldsymbol{A}) = 3$；(3) $a \neq 1$ 时，$r(\boldsymbol{A}) = 4$.

3. 4.

习题 2.6

< A >

1. (1) $\begin{pmatrix} -2 & 1 \\ 1 & -2 \\ 3 & -2 \end{pmatrix}$；(2) $\begin{pmatrix} 3 & 0 & -2 \\ 5 & -1 & -2 \\ 0 & 3 & 2 \end{pmatrix}$；(3) $\begin{pmatrix} a & 0 & ac & 0 \\ 0 & a & 0 & ac \\ b+1 & 0 & c+bd & 0 \\ 0 & b+1 & 0 & c+bd \end{pmatrix}$.

2. (1) $\begin{pmatrix} 1 & -1 & 0 & 0 \\ -1 & 2 & 0 & 0 \\ 0 & 0 & 3 & -5 \\ 0 & 0 & -1 & 2 \end{pmatrix}$；(2) $\begin{pmatrix} \frac{1}{4} & 0 & 0 & 0 & 0 \\ 0 & -1 & 2 & 0 & 0 \\ 0 & 1 & -1 & 0 & 0 \\ 0 & 0 & 0 & 2 & -1 \\ 0 & 0 & 0 & -5 & 3 \end{pmatrix}$；

(3) $\begin{pmatrix} 1 & 0 & 0 & 0 \\ -\frac{1}{2} & \frac{1}{2} & 0 & 0 \\ -\frac{1}{2} & -\frac{1}{6} & \frac{1}{3} & 0 \\ \frac{1}{8} & -\frac{5}{24} & -\frac{1}{12} & \frac{1}{4} \end{pmatrix}$.

<B>

1. -8.

2. (1) $(-100)^8$；(2) $\begin{pmatrix} \frac{3}{25} & \frac{4}{25} & 0 & 0 \\ \frac{4}{25} & -\frac{3}{25} & 0 & 0 \\ 0 & 0 & \frac{1}{2} & 0 \\ 0 & 0 & -\frac{1}{2} & \frac{1}{2} \end{pmatrix}$.

第2章总习题

一、选择题

1	2	3	4	5	6	7	8	9	10	11
×	×	×	×	×	×	×	×	√	×	√

二、选择题

1	2	3	4	5	6	7	8	9
D	C	D	C	B	B	C	B	C

三、填空题

1. 10；2. $\begin{pmatrix} 3 & 2 & 1 \\ 6 & 4 & 2 \\ 9 & 6 & 3 \end{pmatrix}$；3. $\begin{pmatrix} 1 & 0 \\ n\lambda & 1 \end{pmatrix}$；4. $\begin{pmatrix} 20 & 16 \\ 16 & 20 \end{pmatrix}$；5. $\frac{1}{18}\begin{pmatrix} 1 & 2 & 3 \\ 0 & 3 & 2 \\ 0 & 0 & 6 \end{pmatrix}$；

6. $-\frac{1}{3}$；7. $\begin{pmatrix} \frac{1}{3} & 0 & 0 \\ 0 & 8 & -3 \\ 0 & -5 & 2 \end{pmatrix}$；8. $\frac{9}{4}$.

四、计算题

1.(1) $\begin{pmatrix} -1 & 3 & 1 & 5 \\ 8 & 2 & 8 & 2 \\ 3 & 7 & 9 & 13 \end{pmatrix}$;(2) $\begin{pmatrix} 3 & 1 & 1 & -1 \\ -4 & 0 & -4 & 0 \\ -1 & -3 & -3 & 5 \end{pmatrix}$.

2.(1) $\begin{pmatrix} 35 \\ 6 \\ 49 \end{pmatrix}$;(2)(7,3);

(3)$a_{11}x_1^2+(a_{12}+a_{21})x_1x_2+(a_{13}+a_{31})x_1x_3+a_{22}x_2^2+(a_{23}+a_{32})x_2x_3+a_{33}x_3^2$;

(4) $\begin{pmatrix} 0 & 0 & 0 \\ -3 & -6 & -9 \\ -6 & -12 & -18 \end{pmatrix}$.

3.(1) $\begin{pmatrix} -9 & 0 & 6 \\ -6 & 0 & 0 \\ -6 & 0 & 9 \end{pmatrix}$;(2) $\begin{pmatrix} 0 & 0 & 6 \\ -3 & 0 & 0 \\ -6 & 0 & 0 \end{pmatrix}$.

4.(1)-27;(2)-3;(3)-3.

5.(1) $\begin{pmatrix} 1 & 0 & 0 \\ -\frac{1}{2} & \frac{1}{2} & 0 \\ 0 & -\frac{1}{3} & \frac{1}{3} \end{pmatrix}$;(2) $\begin{pmatrix} 1 & -4 & -3 \\ 1 & -5 & -3 \\ -1 & 6 & 4 \end{pmatrix}$;

(3) $\begin{pmatrix} 22 & -6 & -26 & 17 \\ -17 & 5 & 20 & -13 \\ -1 & 0 & 2 & -1 \\ 4 & -1 & -5 & 3 \end{pmatrix}$;(4) $\begin{pmatrix} 0 & 0 & \cdots & 0 & \frac{1}{a_n} \\ \frac{1}{a_1} & 0 & \cdots & 0 & 0 \\ 0 & \frac{1}{a_2} & \cdots & 0 & 0 \\ \vdots & \vdots & & \vdots & \vdots \\ 0 & 0 & \cdots & \frac{1}{a_{n-1}} & 0 \end{pmatrix}$.

6. $\begin{pmatrix} 0 & 3 & 3 \\ -1 & 2 & 3 \\ 1 & 1 & 0 \end{pmatrix}$.

7. $\begin{pmatrix} 0 & 3 & 3 \\ -1 & 2 & 3 \\ 1 & 1 & 0 \end{pmatrix}$.

8. $\begin{pmatrix} 9 & -3 \\ 8 & -2 \\ 7 & -3 \end{pmatrix}$.

9. (1)3；(2)2.

10. (1)$\begin{pmatrix} 7 & -7 \\ -12 & -4 \\ -1 & 6 \end{pmatrix}$；(2)2.

习题 3.1

<A>

1. (1)$\boldsymbol{A}=\begin{pmatrix} 2 & -1 & 3 & -1 \\ 3 & 2 & -1 & 2 \\ 0 & 1 & 3 & 2 \\ 5 & 0 & -3 & 0 \end{pmatrix}$，$\overline{\boldsymbol{A}}=\left(\begin{array}{cccc:c} 2 & -1 & 3 & -1 & 5 \\ 3 & 2 & -1 & 2 & 3 \\ 0 & 1 & 3 & 2 & 0 \\ 5 & 0 & -3 & 0 & -2 \end{array}\right)$；

(2)$\boldsymbol{A}=\begin{pmatrix} 2 & -2 & 1 & -1 \\ 1 & 1 & 4 & 2 \\ 1 & 1 & -2 & -5 \\ 4 & -9 & -1 & 1 \end{pmatrix}$，$\overline{\boldsymbol{A}}=\left(\begin{array}{cccc:c} 2 & -2 & 1 & -1 & 4 \\ 1 & 1 & 4 & 2 & -5 \\ 1 & 1 & -2 & -5 & 13 \\ 4 & -9 & -1 & 1 & -6 \end{array}\right)$.

2. (1)$x_1=-2c, x_2=c, x_3=0(c\in\mathbf{R})$；

(2)$x_1=x_2=x_3=0$；

(3)$x_1=c_1, x_2=c_2, x_3=0, x_4=c_1+2c_2(c_1,c_2\in\mathbf{R})$.

3. (1) 无解；

(2)$x_1=c_1, x_2=c_2, x_3=2c_1+c_2-1, x_4=0(c_1,c_2\in\mathbf{R})$；

(3)$x_1=1, x_2=2, x_3=1$.

4. C.

<B>

1. 当 $a=1$ 时，$x_1=c_1, x_2=c_2, x_3=-(c_1+c_2)(c_1,c_2\in\mathbf{R})$；

当 $a=-2$ 时，$x_1=x_2=x_3=c(c\in\mathbf{R})$.

2. 当 $\lambda\neq 1$ 且 $\lambda\neq -2$ 时，方程组有唯一解；

当 $\lambda=-2$ 时，方程组无解；

当 $\lambda=1$ 时，方程组有无穷多解：$x_1=c_1, x_2=c_2, x_3=1-c_1-c_2(c_1, c_2\in\mathbf{R})$.

3. 当 $a\neq 1$ 时，方程组有唯一解；

当 $a=1, b\neq -1$ 时，方程组无解；

当 $a=1, b=-1$ 时，方程组有无穷多解：$x_1=-1+c_1+c_2, x_2=1-2c_1-2c_2, x_3=c_1, x_4=c_2(c_1, c_2\in\mathbf{R})$.

习题 3.2

< A >

1. (1)$(2,-12,3)^{\mathrm{T}}$；(2)$(11,10,6)^{\mathrm{T}}$.

2. (1)$\boldsymbol{\xi}=(4,5,-3,-2)^{\mathrm{T}}$；(2)$\boldsymbol{\eta}=(-\frac{9}{2},-\frac{13}{2},4,4)^{\mathrm{T}}$.

3. (1)$\boldsymbol{\beta}=-11\boldsymbol{\alpha}_1+14\boldsymbol{\alpha}_2+9\boldsymbol{\alpha}_3$；(2) 不能.

4. (1)$2\boldsymbol{\alpha}_1+5\boldsymbol{\alpha}_2+\boldsymbol{\alpha}_3=\boldsymbol{o}$；(2) 不能.

5. 当 $a\neq 10$ 时，向量组线性无关；

当 $a=10$ 时，向量组线性相关：$2\boldsymbol{\alpha}_1+\boldsymbol{\alpha}_2-\boldsymbol{\alpha}_3=\boldsymbol{o}$.

< B >

1. (1)$b\neq 2$，a 任意；(2)$b=2$，a 任意，$\boldsymbol{\beta}=-\frac{1}{2}\boldsymbol{\alpha}_1+2\boldsymbol{\alpha}_2$.

习题 3.3

< A >

2. (1)$r(\boldsymbol{\alpha}_1,\boldsymbol{\alpha}_2,\boldsymbol{\alpha}_3,\boldsymbol{\alpha}_4)=3$，$\boldsymbol{\alpha}_1,\boldsymbol{\alpha}_2,\boldsymbol{\alpha}_3$ 是一个极大无关组；(2)$r(\boldsymbol{\alpha}_1,\boldsymbol{\alpha}_2,\boldsymbol{\alpha}_3,\boldsymbol{\alpha}_4)=2$，$\boldsymbol{\alpha}_1,\boldsymbol{\alpha}_2$ 是一个极大无关组.

3. (1)$\boldsymbol{\alpha}_1,\boldsymbol{\alpha}_2,\boldsymbol{\alpha}_4$ 是一个极大无关组，$\boldsymbol{\alpha}_3=-\boldsymbol{\alpha}_1-\boldsymbol{\alpha}_2$；

(2)$\boldsymbol{\alpha}_1,\boldsymbol{\alpha}_2$ 是一个极大无关组，$\boldsymbol{\alpha}_3=2\boldsymbol{\alpha}_1-\boldsymbol{\alpha}_2$，$\boldsymbol{\alpha}_4=\boldsymbol{\alpha}_1+3\boldsymbol{\alpha}_2$，$\boldsymbol{\alpha}_5=2\boldsymbol{\alpha}_1+\boldsymbol{\alpha}_2$.

< B >

1. A.

2. B.

习题 3.4

< A >

1. (1) 基础解系：$\boldsymbol{\xi}=(0,2,1,0)^{\mathrm{T}}$，通解：$k\boldsymbol{\xi}(k\in\mathbf{R})$；

(2) 基础解系：$\boldsymbol{\xi}_1 = (-2,0,3,2,3)^{\mathrm{T}}$，$\boldsymbol{\xi}_2 = (0,2,3,2,3)^{\mathrm{T}}$，通解：$k_1\boldsymbol{\xi}_1 + k_2\boldsymbol{\xi}_2(k_1,k_2 \in \mathbf{R})$.

2. (1) 无解；

(2) $k(0,-8,18,1)^{\mathrm{T}} + (0,0,2,0)^{\mathrm{T}}(k \in \mathbf{R})$；

(3) 有唯一解 $\boldsymbol{\eta} = (-1,-1,0,1)^{\mathrm{T}}$；

(4) $\left(\frac{5}{4},-\frac{1}{4},0,0\right)^{\mathrm{T}} + k_1(3,3,2,0)^{\mathrm{T}} + k_2(-3,7,0,4)^{\mathrm{T}}(k_1,k_2 \in \mathbf{R})$.

3. 当 $a = 4, b \neq -1$ 时，方程组无解；当 $a \neq 4$ 且 $a \neq 5, b \in \mathbf{R}$ 时，方程组存在唯一解；当 $a = 4, b = -1$ 或者 $a = 5, b \in \mathbf{R}$ 时，方程组有无穷多解.

＜B＞

2. 方程组的通解：$\boldsymbol{\eta}_0 + k_1(\boldsymbol{\eta}_1 - \boldsymbol{\eta}_0) + \cdots + k_{n-r}(\boldsymbol{\eta}_{n-r} - \boldsymbol{\eta}_0)(k_i \in \mathbf{R}, i = 1,\cdots,n-r)$.

习题 3.5

＜A＞

1. (1) $\boldsymbol{y} = (245,90,175)^{\mathrm{T}}$；(2) $\boldsymbol{z} = (180,150,180)^{\mathrm{T}}$；

(3) $\boldsymbol{A} = \begin{pmatrix} 0.25 & 0.1 & 0.1 \\ 0.2 & 0.2 & 0.1 \\ 0.1 & 0.1 & 0.2 \end{pmatrix}$.

2. (1) $\boldsymbol{A} = \begin{pmatrix} 0.4 & 0.1 & 0.2 \\ 0.1 & 0.4 & 0.1 \\ 0.1 & 0.1 & 0.3 \end{pmatrix}$；(2) $\boldsymbol{x} = (100,200,100)^{\mathrm{T}}$.

＜B＞

1.

部门间流量（产出/投入）		消耗部门			最终产品	总产品
		1	2	3		
生产部门	1	50	40	100	60	250
	2	35	30	80	55	200
	3	40	100	60	120	320
新创造价值		125	30	80		
总投入		250	200	320		

2.

部门间流量（投入＼产出）		消耗部门：煤矿	消耗部门：发电厂	消耗部门：铁路	外界需求	总产品
生产部门	煤矿	0	36 506	15 582	50 000	102 088
	发电厂	25 522	2 808	2 833	25 000	56 163
	铁路	25 522	2 808	0	0	28 330
新创造价值		51 044	14 041	9 915		
总投入		102 088	56 163	28 330		

第3章总习题

一、判断题

1	2	3	4	5	6	7	8
√	√	√	√	√	√	×	×
9	10	11	12	13	14	15	16
×	×	√	×	√	√	×	√

二、选择题

1	2	3
C	D	D

三、填空题

1. $r(\boldsymbol{A}) = r(\boldsymbol{A} \mid \boldsymbol{b}) = n, r(\boldsymbol{A}) = r(\boldsymbol{A} \mid \boldsymbol{b}) < n, r(\boldsymbol{A}) \neq r(\boldsymbol{A} \mid \boldsymbol{b})$；2. 相关；3. 无关；4. $2\boldsymbol{\alpha}_2 + \boldsymbol{\alpha}_3$；5. 相关；6. 无关；7. $m > n$；8. 相等；9. 2；10. $x_1 - x_2$.

四、计算题

1. (1) $\begin{cases} x_1 = -2c_1 + c_2, \\ x_2 = c_1, \\ x_3 = 0, \\ x_4 = c_2 \end{cases}$ $(c_1, c_2 \in \mathbf{R})$；(2) $\begin{cases} x_1 = -1 - 2c, \\ x_2 = 2 + c, \\ x_3 = c \end{cases}$ $(c \in \mathbf{R})$.

2. (1) $\boldsymbol{\alpha}\boldsymbol{\beta}^{\mathrm{T}} = \begin{pmatrix} 1 & \frac{1}{2} & \frac{1}{3} \\ 2 & 1 & \frac{2}{3} \\ 3 & \frac{3}{2} & 1 \end{pmatrix}$, $\boldsymbol{\beta}^{\mathrm{T}}\boldsymbol{\alpha} = 3$；(2) $(\boldsymbol{\alpha}\boldsymbol{\beta}^{\mathrm{T}})^n = 3^{n-1}\begin{pmatrix} 1 & \frac{1}{2} & \frac{1}{3} \\ 2 & 1 & \frac{2}{3} \\ 3 & \frac{3}{2} & 1 \end{pmatrix}$.

3. (1) $r(\mathbf{A})=3$; (2) $\boldsymbol{a}_1,\boldsymbol{a}_2,\boldsymbol{a}_3$; (3) $\boldsymbol{a}_4=2\boldsymbol{a}_1-3\boldsymbol{a}_2$.

4. $r(\boldsymbol{\alpha}_1,\boldsymbol{\alpha}_2,\boldsymbol{\alpha}_3,\boldsymbol{\alpha}_4)=3$，极大无关组为 $\boldsymbol{\alpha}_1,\boldsymbol{\alpha}_2,\boldsymbol{\alpha}_4$；$\boldsymbol{\alpha}_3=2\boldsymbol{\alpha}_1-\boldsymbol{\alpha}_2$.

5. $r(\boldsymbol{\alpha}_1,\boldsymbol{\alpha}_2,\boldsymbol{\alpha}_3,\boldsymbol{\alpha}_4,\boldsymbol{\alpha}_5)=3$. 极大无关组为 $\boldsymbol{\alpha}_1,\boldsymbol{\alpha}_2,\boldsymbol{\alpha}_4$；$\boldsymbol{\alpha}_3=3\boldsymbol{\alpha}_1+\boldsymbol{\alpha}_2$，$\boldsymbol{\alpha}_5=-\boldsymbol{\alpha}_1-\boldsymbol{\alpha}_2+\boldsymbol{\alpha}_4$.

6. $a=1$ 时，有非零解；$(x_1,x_2,x_3)^{\mathrm{T}}=c_1(-1,1,0)^{\mathrm{T}}+c_2(-1,0,1)^{\mathrm{T}}(c_1,c_2\in\mathbf{R})$.

7. $\boldsymbol{\xi}=(9,-4,1)^{\mathrm{T}}$，$(x_1,x_2,x_3)^{\mathrm{T}}=c(9,-4,1)^{\mathrm{T}}(c\in\mathbf{R})$.

8. $\lambda=5,\mu=-3$；$(x_1,x_2,x_3)^{\mathrm{T}}=c(-2,1,1)^{\mathrm{T}}+(-1,1,0)^{\mathrm{T}}(c\in\mathbf{R})$.

9. $\lambda=1$；$(x_1,x_2,x_3)^{\mathrm{T}}=c_1(-1,1,0)^{\mathrm{T}}+c_2(-1,0,1)^{\mathrm{T}}+(-2,0,0)^{\mathrm{T}}(c_1,c_2\in\mathbf{R})$.

10. (1) $a\neq-2$ 且 $b\neq1$；(2) $a=-2,b\neq1$；(3) $a=-2,b=1$，$(x_1,x_2,x_3)^{\mathrm{T}}=c(1,0,1)^{\mathrm{T}}+(\frac{3}{5},-\frac{1}{5},0)^{\mathrm{T}}(c\in\mathbf{R})$.

习题 4.1

1. (1) $\lambda_1=4,c_1\begin{pmatrix}1\\1\end{pmatrix}(c_1\neq0)$；$\lambda_2=-2,c_2\begin{pmatrix}1\\-5\end{pmatrix}(c_2\neq0)$.

(2) $\lambda_1=\lambda_2=1,c_1\begin{pmatrix}3\\-6\\20\end{pmatrix}(c_1\neq0)$；$\lambda_3=-2,c_2\begin{pmatrix}0\\0\\1\end{pmatrix}(c_2\neq0)$.

(3) $\lambda_1=2,c_1\begin{pmatrix}0\\0\\1\end{pmatrix}(c_1\neq0)$；$\lambda_2=\lambda_3=1,c_2\begin{pmatrix}1\\2\\-1\end{pmatrix}(c_2\neq0)$.

(4) $\lambda_1=-1,c_1\begin{pmatrix}-1\\1\\1\end{pmatrix}(c_1\neq0)$；$\lambda_2=\lambda_3=2,c_2\begin{pmatrix}-2\\1\\0\end{pmatrix}+c_3\begin{pmatrix}0\\0\\1\end{pmatrix}$ (c_2,c_3 不全为零).

2. $t=1$.

3. $a=7$；对应于3的特征向量为 $\boldsymbol{\xi}=k_1\boldsymbol{\eta}_2+k_2\boldsymbol{\eta}_2$，其中 $\boldsymbol{\eta}_1=\begin{pmatrix}1\\-1\\0\end{pmatrix}$，$\boldsymbol{\eta}_2=\begin{pmatrix}1\\0\\4\end{pmatrix}$，且 k_1,k_2 不全为零；对应于12的特征向量为 $\boldsymbol{\xi}=k\boldsymbol{\eta}$，其中 $\boldsymbol{\eta}=\begin{pmatrix}-1\\-1\\1\end{pmatrix}(k\neq0)$.

4. 特征值为 $-1,-4,3$；$|\boldsymbol{B}|=12$.

＜B＞

1. (1) $\lambda_1=\lambda_2=0, c_1\begin{pmatrix}1\\3\\2\end{pmatrix}(c_1\neq 0)$；$\lambda_3=1, c_2\begin{pmatrix}1\\1\\1\end{pmatrix}(c_2\neq 0)$.

(2) $\lambda_1=-2, c_1\begin{pmatrix}-1\\1\\1\\1\end{pmatrix}(c_1\neq 0)$；$\lambda_2=\lambda_3=\lambda_4=2, c_2\begin{pmatrix}1\\1\\0\\0\end{pmatrix}+c_3\begin{pmatrix}1\\0\\1\\0\end{pmatrix}+c_4\begin{pmatrix}1\\0\\0\\1\end{pmatrix}$ (c_2, c_3, c_4 不全为零).

2. $k=2$.

3. $k=1$ 或 -2.

6. $\frac{4}{3}$.

习题 4.2

＜A＞

1. $x=4, y=5$.

2. (1) 可对角化，$\boldsymbol{\Lambda}=\begin{pmatrix}1&0&0\\0&2&0\\0&0&2\end{pmatrix}$，$\boldsymbol{P}=\begin{pmatrix}1&1&1\\1&1&0\\1&0&-3\end{pmatrix}$；

(2) 可对角化，$\boldsymbol{\Lambda}=\begin{pmatrix}2&0&0\\0&5&0\\0&0&-1\end{pmatrix}$，$\boldsymbol{P}=\begin{pmatrix}\frac{2}{3}&\frac{2}{3}&\frac{1}{3}\\\frac{1}{3}&-\frac{2}{3}&\frac{2}{3}\\-\frac{2}{3}&\frac{1}{3}&\frac{2}{3}\end{pmatrix}$；

(3) 不能对角化；

(4) 可对角化，$\boldsymbol{\Lambda}=\begin{pmatrix}1&0&0\\0&2&0\\0&0&-1\end{pmatrix}$，$\boldsymbol{P}=\begin{pmatrix}1&1&-2\\1&0&0\\1&1&1\end{pmatrix}$.

3. $\boldsymbol{A}=\frac{1}{3}\begin{pmatrix}-1&0&2\\0&1&2\\2&2&0\end{pmatrix}$.

4. $\dfrac{1}{6}\times 2^{2008}\begin{pmatrix}5\times 2^{2008}+1 & 2^{2008}-1\\ 5\times 2^{2008}-5 & 2^{2008}+5\end{pmatrix}$.

<B>

1. (1) $x=0, y=-2$；(2) $\boldsymbol{P}=\begin{pmatrix}0 & 0 & 1\\ 2 & 1 & 0\\ -1 & 1 & -1\end{pmatrix}$.

3. (1) $-2\begin{pmatrix}1 & 1\\ 1 & 1\end{pmatrix}$；(2) $2\begin{pmatrix}1 & 1 & -2\\ 1 & 1 & -2\\ -2 & -2 & 4\end{pmatrix}$.

习题 4.3

<A>

1. (1) -12； (2) $1/2$.

2. (1) $\left(\dfrac{2}{\sqrt{30}}, 0, -\dfrac{5}{\sqrt{30}}, -\dfrac{1}{\sqrt{30}}\right)^{\mathrm{T}}$；(2) $\left(-\dfrac{3}{5}, \dfrac{4}{5}, 0, 0\right)$.

3. (1) $\begin{pmatrix}1\\ 2\\ 2\\ -1\end{pmatrix}, \begin{pmatrix}2\\ 3\\ -3\\ 2\end{pmatrix}, \begin{pmatrix}2\\ -1\\ -1\\ -2\end{pmatrix}$；(2) $\begin{pmatrix}1\\ -2\\ 2\end{pmatrix}, \begin{pmatrix}-\frac{2}{3}\\ -\frac{2}{3}\\ -\frac{1}{3}\end{pmatrix}, \begin{pmatrix}6\\ -3\\ -6\end{pmatrix}$.

4. (1) $\boldsymbol{Q}=\dfrac{1}{3}\begin{pmatrix}2 & -2 & -1\\ 2 & 1 & 2\\ 1 & 2 & -2\end{pmatrix}, \boldsymbol{\Lambda}=\begin{pmatrix}-1 & & \\ & 2 & \\ & & 5\end{pmatrix}$；

(2) $\boldsymbol{Q}=\dfrac{\sqrt{6}}{6}\begin{pmatrix}\sqrt{2} & -\sqrt{3} & -1\\ \sqrt{2} & \sqrt{3} & -1\\ \sqrt{2} & 0 & 2\end{pmatrix}, \boldsymbol{\Lambda}=\begin{pmatrix}8 & & \\ & 2 & \\ & & 2\end{pmatrix}$.

5. $\boldsymbol{Q}=\begin{pmatrix}\frac{1}{3} & \frac{2}{3} & \frac{2}{3}\\ \frac{2}{3} & \frac{1}{3} & -\frac{2}{3}\\ \frac{2}{3} & -\frac{2}{3} & \frac{1}{3}\end{pmatrix}, \boldsymbol{B}=\begin{pmatrix}-2 & & \\ & 1 & \\ & & 4\end{pmatrix}$.

6. $\boldsymbol{Q}=\frac{\sqrt{2}}{2}\begin{pmatrix}1&0&1\\0&\sqrt{2}&0\\-1&0&1\end{pmatrix}$, $\boldsymbol{\Lambda}=\begin{pmatrix}0&&\\&2&\\&&2\end{pmatrix}$, $\boldsymbol{A}^{10}=\begin{pmatrix}2^9&0&2^9\\0&2^{10}&0\\2^9&0&2^9\end{pmatrix}$.

<B>

1. $\boldsymbol{Q}=\begin{pmatrix}\frac{1}{\sqrt{2}}&0&\frac{1}{\sqrt{2}}\\0&1&0\\-\frac{1}{\sqrt{2}}&0&\frac{1}{\sqrt{2}}\end{pmatrix}$, $\boldsymbol{\Lambda}=\begin{pmatrix}-1&&\\&1&\\&&1\end{pmatrix}$,

$$\boldsymbol{A}^n=\boldsymbol{Q}\boldsymbol{\Lambda}^n\boldsymbol{Q}^{\mathrm{T}}=\begin{pmatrix}\frac{(-1)^n+1}{2}&0&\frac{(-1)^{n+1}+1}{2}\\0&1&0\\\frac{(-1)^{n+1}+1}{2}&0&\frac{(-1)^n+1}{2}\end{pmatrix}.$$

第 4 章总习题

一、判断题

1	2	3	4	5	6	7
√	√	√	×	√	√	×

二、填空题

1	2	3	4	5
$3\lambda_0^3-\lambda_0^2+8\lambda_0-1$	6	0	-2	± 1

三、计算题

1. (1) $\lambda_1=2, k_1\begin{pmatrix}1\\-1\end{pmatrix}(k_1\neq 0)$; $\lambda_2=3, k_2\begin{pmatrix}1\\-2\end{pmatrix}(k_2\neq 0)$.

(2) $\lambda_1=7, k_1\begin{pmatrix}1\\1\end{pmatrix}(k_1\neq 0)$; $\lambda_2=-2, k_2\begin{pmatrix}-4\\5\end{pmatrix}(k_2\neq 0)$.

(3) $\lambda_1=-1, k_1\begin{pmatrix}1\\-1\\0\end{pmatrix}(k_1\neq 0)$; $\lambda_2=9, k_2\begin{pmatrix}1\\1\\2\end{pmatrix}(k_2\neq 0)$; $\lambda_3=0, k_3\begin{pmatrix}1\\1\\-1\end{pmatrix}(k_3\neq 0)$.

(4)$\lambda_1=\lambda_2=\lambda_3=-1,k\begin{pmatrix}1\\1\\-1\end{pmatrix}(k\neq 0)$.

2. (1)$\lambda_1=4,k_1\begin{pmatrix}1\\1\end{pmatrix}(k_1\neq 0)$;$\lambda_2=-2,k_2\begin{pmatrix}1\\-5\end{pmatrix}(k_2\neq 0)$;(2)$2^{100}\begin{pmatrix}1\\-5\end{pmatrix}$.

3. (1)4,9,16;(2)2,$\frac{3}{2}$,$\frac{4}{3}$;(3)3,$\frac{3}{4}$,$\frac{1}{3}$;(4)6,3,2.

4. (1) 相似,$\boldsymbol{P}=\boldsymbol{E},\boldsymbol{D}=\begin{pmatrix}a&&\\&a&\\&&a\end{pmatrix}$;(2) 不相似.

5. $\frac{1}{3}\begin{pmatrix}5^{100}+2&5^{100}-1&5^{100}-1\\5^{100}-1&5^{100}+2&5^{100}-1\\5^{100}-1&5^{100}-1&5^{100}+2\end{pmatrix}$.

6. $\frac{1}{2}\begin{pmatrix}1&-1&-3\\0&2&0\\-3&-3&1\end{pmatrix}$.

习题 5.1

<A>

1. (1)$\boldsymbol{A}=\begin{pmatrix}2&\frac{1}{2}&1&0\\\frac{1}{2}&0&0&2\\1&0&1&0\\0&2&0&5\end{pmatrix}$;

(2)$f=2xy+xz-xw-2yz-2yw+6zw$;

(3)3.

2. (1)$f=(x_1,x_2,x_3)\begin{pmatrix}1&2&1\\2&4&2\\1&2&1\end{pmatrix}\begin{pmatrix}x_1\\x_2\\x_3\end{pmatrix}$;

(2) $f=(x_1,x_2,x_3,x_4)\begin{pmatrix}0&1&0&-1\\1&0&-1&0\\0&-1&0&1\\-1&0&1&0\end{pmatrix}\begin{pmatrix}x_1\\x_2\\x_3\\x_4\end{pmatrix}$;

(3) $f=(x,y,z)\begin{pmatrix}1&-1&-2\\-1&1&-2\\-2&-2&-7\end{pmatrix}\begin{pmatrix}x\\y\\z\end{pmatrix}$.

< B >

1. D.
2. A.
3. $f=x_1^2+x_2^2+\cdots+x_n^2-2x_1x_2-2x_2x_3-\cdots-2x_{n-1}x_n$.

习题 5.2

< A >

1. (1) 可逆线性变换为 $\begin{cases}x_1=y_1-y_2+2y_3,\\x_2=y_2-y_3,\\x_3=y_3,\end{cases}$ 标准形为 $f=y_1^2+y_2^2-2y_3^2$;

(2) 可逆线性变换为 $\begin{cases}x_1=y_1+y_2-y_3,\\x_2=y_1-y_2-y_3,\\x_3=y_3,\end{cases}$ 标准形为 $f=y_1^2-y_2^2-y_3^2$;

(3) 可逆线性变换为 $\begin{cases}x_1=y_1-3y_2-\frac{5}{2}y_3-\frac{4}{9}y_4,\\x_2=y_2+\frac{3}{2}y_3+\frac{2}{3}y_4,\\x_3=y_3+\frac{7}{9}y_4,\\x_4=y_4,\end{cases}$ 标准形为 $f=y_1^2-4y_2^2+9y_3^2-\frac{49}{9}y_4^2$.

2. (1) $\boldsymbol{C}=\begin{pmatrix}1&2&0\\0&1&\frac{1}{2}\\0&0&1\end{pmatrix}$, $f=-y_1^2+4y_2^2-y_3^2$;

(2) $\boldsymbol{C}=\begin{pmatrix}1 & -\frac{1}{2} & 3\\ 0 & \frac{1}{2} & -1\\ 0 & 0 & 1\end{pmatrix}$, $f=y_1^2-\frac{1}{4}y_2^2+3y_3^2$.

3. (1) 正交变换为 $\begin{pmatrix}x_1\\x_2\\x_3\end{pmatrix}=\frac{\sqrt{2}}{2}\begin{pmatrix}\sqrt{2} & 0 & 0\\ 0 & 1 & 1\\ 0 & 1 & -1\end{pmatrix}\begin{pmatrix}y_1\\y_2\\y_3\end{pmatrix}$，标准形 $f=2y_1^2+5y_2^2+y_3^2$；

(2) 正交变换为 $\begin{pmatrix}x_1\\x_2\\x_3\end{pmatrix}=\frac{1}{6}\begin{pmatrix}3\sqrt{2} & \sqrt{2} & 4\\ 0 & -4\sqrt{2} & 2\\ -3\sqrt{2} & \sqrt{2} & 4\end{pmatrix}\begin{pmatrix}y_1\\y_2\\y_3\end{pmatrix}$，标准形 $f=5y_1^2+5y_2^2-4y_3^2$.

<B>

1. (1) $a=3$；

(2) 正交变换为 $\begin{pmatrix}x_1\\x_2\\x_3\end{pmatrix}=\frac{\sqrt{6}}{6}\begin{pmatrix}-1 & \sqrt{3} & \sqrt{2}\\ 1 & \sqrt{3} & -\sqrt{2}\\ 2 & 0 & \sqrt{2}\end{pmatrix}\begin{pmatrix}y_1\\y_2\\y_3\end{pmatrix}$，标准形 $f=4y_2^2+9y_3^2$.

2. (1) $a=1, b=2$；

(2) 经正交变换 $\boldsymbol{x}=\boldsymbol{C}\boldsymbol{y}=\begin{pmatrix}0 & \frac{2}{\sqrt{5}} & \frac{1}{\sqrt{5}}\\ 1 & 0 & 0\\ 0 & \frac{1}{\sqrt{5}} & -\frac{2}{\sqrt{5}}\end{pmatrix}\begin{pmatrix}y_1\\y_2\\y_3\end{pmatrix}$ 化为标准形 $2y_1^2+2y_2^2-3y_3^2$.

3. $a=3, b=1, \boldsymbol{P}=\begin{pmatrix}-\frac{1}{\sqrt{2}} & \frac{1}{\sqrt{3}} & \frac{1}{\sqrt{6}}\\ 0 & -\frac{1}{\sqrt{3}} & \frac{2}{\sqrt{6}}\\ \frac{1}{\sqrt{2}} & \frac{1}{\sqrt{3}} & \frac{1}{\sqrt{6}}\end{pmatrix}$.

习题 5.3

＜A＞

1.(1) 正定;(2) 正定.

2.(1)$t \in \left(-\frac{4}{5},0\right)$;(2)$t$ 不存在.

＜B＞

1.(1)$\boldsymbol{A}$ 的特征值为 0,-2,-2;(2)$k>2$.

第 5 章总习题

1.$\boldsymbol{A}=\begin{pmatrix}1&2&3\\2&4&6\\3&6&8\end{pmatrix}$,二次型的秩为 2.

2.$\boldsymbol{x}=\boldsymbol{C}\boldsymbol{y}=\begin{pmatrix}1&0&0\\0&1&-\frac{1}{3}\\0&0&1\end{pmatrix}\begin{pmatrix}y_1\\y_2\\y_3\end{pmatrix}$,$f=4y_1^2+3y_2^2+\frac{8}{3}y_3^2$.

3.$\boldsymbol{x}=\boldsymbol{C}\boldsymbol{y}=\begin{pmatrix}1&-1&-2\\1&0&-1\\0&0&1\end{pmatrix}\begin{pmatrix}y_1\\y_2\\y_3\end{pmatrix}$,$f=y_1^2-y_2^2$.

4.经正交变换 $\boldsymbol{x}=\boldsymbol{C}\boldsymbol{y}=\begin{pmatrix}\frac{2}{\sqrt{5}}&-\frac{2}{3\sqrt{5}}&\frac{1}{3}\\\frac{1}{\sqrt{5}}&\frac{4}{3\sqrt{5}}&-\frac{2}{3}\\0&\frac{5}{3\sqrt{5}}&\frac{2}{3}\end{pmatrix}\begin{pmatrix}y_1\\y_2\\y_3\end{pmatrix}$化为标准形 $f=0y_1^2+0y_2^2+9y_3^2$.

5.$a=2$,经正交变换 $\begin{pmatrix}x_1\\x_2\\x_3\end{pmatrix}=\frac{\sqrt{2}}{2}\begin{pmatrix}0&\sqrt{2}&0\\1&0&1\\-1&0&1\end{pmatrix}\begin{pmatrix}y_1\\y_2\\y_3\end{pmatrix}$化为标准形 $y_1^2+2y_2^2+5y_3^2$.

7.$a_1a_2\cdots a_n\neq(-1)^n$.

8. (1)$\boldsymbol{T}=\begin{pmatrix}-\frac{1}{\sqrt{2}} & -\frac{1}{\sqrt{6}} & \frac{1}{\sqrt{3}}\\ \frac{1}{\sqrt{2}} & -\frac{1}{\sqrt{6}} & \frac{1}{\sqrt{3}}\\ 0 & \frac{2}{\sqrt{6}} & \frac{1}{\sqrt{3}}\end{pmatrix}$;(2) 秩为 2,惯性指数 $p=2$.

2007—2016 年硕士研究生入学考试(数学三)试题线性代数部分

一、填空题

1. 1. 提示:$\boldsymbol{A}^3=\begin{pmatrix}0&0&0&1\\0&0&0&0\\0&0&0&0\\0&0&0&0\end{pmatrix}$.

2. 3. 提示:$\boldsymbol{A}=\boldsymbol{P}^{-1}\begin{pmatrix}1&0&0\\0&2&0\\0&0&2\end{pmatrix}\boldsymbol{P}$.

3. $\frac{9}{4}$. 提示:相似矩阵具有相同的特征值或迹.

4. 3. 提示:$\boldsymbol{A}+\boldsymbol{B}^{-1}=\boldsymbol{A}(\boldsymbol{B}+\boldsymbol{A}^{-1})\boldsymbol{B}^{-1}$.

5. $f(y_1,y_2,y_3)=3y_1^2$. 提示:矩阵 $\boldsymbol{A}$ 的特征值为 3 和 0.

6. -27. 提示:$|\boldsymbol{A}^*|=9$, $|\boldsymbol{B}|=-3$.

7. -1. 提示:$\boldsymbol{A}^*=-\boldsymbol{A}^{\mathrm{T}}$, $|\boldsymbol{A}\cdot\boldsymbol{A}^*|=|\boldsymbol{A}|^3$.

8. $[-2,2]$.

9. 21. 提示:$\boldsymbol{B}$ 的特征值为 3,7,1,则 $|\boldsymbol{B}|=21$.

10. 2. 提示:二次型的秩即对应的矩阵的秩,亦即标准形中平方项的项数,于是利用初等变换或配方法均可得到答案.

二、选择题

1. A. 提示:特例法.

2. B. 提示:矩阵 $\boldsymbol{A}$ 的特征值为 3(二重) 和 0,矩阵 $\boldsymbol{B}$ 的特征值为 1(二重) 和 0,故不相似.

3. C. 提示:特例法.

4. D. 提示:利用矩阵的惯性指数.

5. B. 提示:利用 $\boldsymbol{AA}^*=|\boldsymbol{A}|\boldsymbol{E}$ 或特例法.

6. B. 提示：$\boldsymbol{Q}=\boldsymbol{P}\begin{pmatrix}1&0&0\\1&1&0\\0&0&1\end{pmatrix}$.

7. A.

8. D. 提示：设 $\boldsymbol{A}\sim\boldsymbol{B}$，则 $\boldsymbol{B}^2+\boldsymbol{B}=\boldsymbol{O}$.

9. D. 提示：$\boldsymbol{E}=\boldsymbol{P}_2\boldsymbol{A}\boldsymbol{P}_1\Rightarrow\boldsymbol{A}=\boldsymbol{P}_2^{-1}\boldsymbol{P}_1^{-1}$.

10. C. 提示：由已知可得，$\boldsymbol{\eta}_2-\boldsymbol{\eta}_1$，$\boldsymbol{\eta}_3-\boldsymbol{\eta}_1$ 为该方程导出组的基础解系，故 $r(\boldsymbol{A})=1$.

11. C

12. B. 提示：$\boldsymbol{Q}=\boldsymbol{P}\begin{pmatrix}1&0&0\\1&1&0\\0&0&1\end{pmatrix}$.

13. B. 提示：分块矩阵的乘法.

14. B. 提示：相似矩阵具有相同的特征值.

15. B.

16. A.

17. D. 提示：由 $r(\boldsymbol{A})=r(\boldsymbol{A}\,\vdots\,\boldsymbol{b})<3$，故 $a=1$ 或 $a=2$，同时 $d=1$ 或 $d=2$.

18. A. 提示：$\boldsymbol{P}^{\mathrm{T}}\boldsymbol{A}\boldsymbol{P}=\begin{pmatrix}2&0&0\\0&1&0\\0&0&-1\end{pmatrix}$，又因为 $\boldsymbol{Q}=\boldsymbol{P}\begin{pmatrix}1&0&0\\0&0&1\\0&-1&0\end{pmatrix}=\boldsymbol{P}\boldsymbol{C}$. 故

$$\boldsymbol{Q}^{\mathrm{T}}\boldsymbol{A}\boldsymbol{Q}=\boldsymbol{C}^{\mathrm{T}}(\boldsymbol{P}^{\mathrm{T}}\boldsymbol{A}\boldsymbol{P})\boldsymbol{C}=\begin{pmatrix}2&0&0\\0&-1&0\\0&0&1\end{pmatrix}.$$

19. D. 提示：利用矩阵 $\boldsymbol{A}$ 与 $\boldsymbol{B}$ 等价的充要条件：$r(\boldsymbol{A})=r(\boldsymbol{B})$ 即可.

20. B. 提示：要确定基础解系含向量的个数，实际上只要确定未知数的个数和系数矩阵的秩.

三、解答题

1. 因为方程组(1)、(2) 有公共解，即由方程组(1)、(2) 组成的方程组

$$\begin{cases}x_1+x_2+x_3=0,\\x_1+2x_2+ax_3=0,\\x_1+4x_2+a^2x_3=0,\\x_1+2x_2+x_3=a-1\end{cases}\tag{3}$$

有解，即矩阵 $\begin{pmatrix}1&1&1&0\\1&2&a&0\\1&4&a^2&0\\1&2&1&a-1\end{pmatrix}\to\begin{pmatrix}1&1&1&0\\0&1&a-1&0\\0&0&1-a&a-1\\0&0&a^2-3a+2&0\end{pmatrix}$，方程组(3) 有解的充要条件为 $a=1$ 或 $a=2$.

当 $a=1$ 时，方程组(3) 等价于方程组(1)，即此时的公共解为方程组(1) 的解. 解得方程组(1) 的基础解系为 $\boldsymbol{\xi}=(1,0,-1)^{\mathrm{T}}$，此时的公共解为：$\boldsymbol{x}=k\boldsymbol{\xi}(k=1,2,\cdots)$.

当 $a=2$ 时，方程组(3) 的唯一的公共解为 $\boldsymbol{x}=(0,1,-1)^{\mathrm{T}}$.

2. (1) 容易验证 $\boldsymbol{A}^n\boldsymbol{\alpha}_1=\lambda_1^n\boldsymbol{\alpha}_1(n=1,2,3,\cdots)$，于是

$$\boldsymbol{B}\boldsymbol{\alpha}_1=(\boldsymbol{A}^5-4\boldsymbol{A}^3+\boldsymbol{E})\boldsymbol{\alpha}_1=(\lambda_1^5-4\lambda_1^3+1)\boldsymbol{\alpha}_1=-2\boldsymbol{\alpha}_1,$$

$\boldsymbol{\alpha}_1$ 是矩阵 $\boldsymbol{B}$ 的特征向量.

所以矩阵 $\boldsymbol{B}$ 的全部特征值为 $-2,1,1$.

前面已经求得 $\boldsymbol{\alpha}_1$ 为矩阵 $\boldsymbol{B}$ 的属于 -2 的特征向量，而矩阵 $\boldsymbol{A}$ 为实对称矩阵，$\boldsymbol{B}$ 也是实对称矩阵，于是属于不同的特征值的特征向量正交，设矩阵 $\boldsymbol{B}$ 的属于 1 的特征向量为 $(x_1,x_2,x_3)^{\mathrm{T}}$，所以有方程如下：

$$x_1-x_2+x_3=0.$$

于是求得矩阵 $\boldsymbol{B}$ 的属于 1 的特征向量为 $\boldsymbol{\alpha}_2=(-1,0,1)^{\mathrm{T}}$，$\boldsymbol{\alpha}_3=(1,1,0)^{\mathrm{T}}$，因而，矩阵 $\boldsymbol{B}$ 属于 $\mu=-2$ 的特征向量是 $k_1(1,-1,1)^{\mathrm{T}}$，其中 k_1 是不为零的任意常数.

矩阵 $\boldsymbol{B}$ 属于 $\mu=1$ 的特征向量是 $k_2(1,1,0)^{\mathrm{T}}+k_3(-1,0,1)^{\mathrm{T}}$，其中 k_2,k_3 是不全为零的任意常数.

(2) 令 $\boldsymbol{P}=(\boldsymbol{\alpha}_1,\boldsymbol{\alpha}_2,\boldsymbol{\alpha}_3)=\begin{pmatrix}1&-1&1\\-1&0&1\\1&1&0\end{pmatrix}$，则 $\boldsymbol{P}^{-1}\boldsymbol{B}\boldsymbol{P}=\begin{pmatrix}-2&&\\&1&\\&&1\end{pmatrix}$，所以

$$\boldsymbol{B}=\boldsymbol{P}\begin{pmatrix}-2&&\\&1&\\&&1\end{pmatrix}\boldsymbol{P}^{-1}$$

$$=\begin{pmatrix}1&-1&1\\-1&0&1\\1&1&0\end{pmatrix}\begin{pmatrix}-2&&\\&1&\\&&1\end{pmatrix}\begin{pmatrix}1&-1&1\\-1&0&1\\1&1&0\end{pmatrix}^{-1}=\begin{pmatrix}0&1&-1\\1&0&1\\-1&1&0\end{pmatrix}.$$

3. (1) 记 $D_n=|\boldsymbol{A}|$，下面用数学归纳法证明 $D_n=(n+1)a^n$.

当 $n=1$ 时，$D_1=2a$，结论成立.

当 $n=2$ 时，$D_2=\begin{vmatrix}2a&1\\a^2&2a\end{vmatrix}=3a^2$，结论成立.

假设结论对小于 n 的情况成立. 将 D_n 按第 1 行展开得

$$D_n=2aD_{n-1}-\begin{vmatrix}a^2&1&&&&\\0&2a&1&&&\\&a^2&2a&1&&\\&&\ddots&\ddots&\ddots&\\&&&&&1\\&&&&a^2&2a\end{vmatrix}$$

$$=2aD_{n-1}-a^2D_{n-2}=2ana^{n-1}-a^2(n-1)a^{n-2}=(n+1)a^n,$$

故 $|\boldsymbol{A}|=(n+1)a^n$.

(2) 因为方程组有唯一解，所以由 $\boldsymbol{Ax}=\boldsymbol{b}$ 知 $|\boldsymbol{A}|\neq0$，又 $|\boldsymbol{A}|=(n+1)a^n$，故 $a\neq0$.

由克莱姆法则，将 D_n 的第 1 列换成 $\boldsymbol{b}$，得行列式为

$$\begin{vmatrix}1&1&&&&\\0&2a&1&&&\\&a^2&2a&&&\\&&\ddots&\ddots&\ddots&\\&&&&&1\\&&&&a^2&2a\end{vmatrix}_{n\times n}=\begin{vmatrix}2a&1&&&&\\a^2&2a&1&&&\\&a^2&2a&&&\\&&\ddots&\ddots&\ddots&\\&&&&&1\\&&&&a^2&2a\end{vmatrix}_{(n-1)\times(n-1)}$$

$$=D_{n-1}=na^{n-1},$$

所以 $x_1=\dfrac{D_{n-1}}{D_n}=\dfrac{n}{(n+1)a}$.

(3) 方程组有无穷多解，由 $|\boldsymbol{A}|=0$，有 $a=0$，则方程组为

$$\begin{pmatrix}0&1&&&\\&0&1&&\\&&\ddots&\ddots&\\&&&0&1\\&&&&0\end{pmatrix}\begin{pmatrix}x_1\\x_2\\\vdots\\x_{n-1}\\x_n\end{pmatrix}=\begin{pmatrix}1\\0\\\vdots\\0\\0\end{pmatrix},$$

此时方程组系数矩阵的秩和增广矩阵的秩均为 $n-1$，所以方程组有无穷多解，其通解为

$$k(1,0,0,\cdots,0)^{\mathrm{T}}+(0,1,0,\cdots,0)^{\mathrm{T}}（k\ 为任意常数）.$$

4.(1) 设存在数 k_1,k_2,k_3，使得

$$k_1\boldsymbol{\alpha}_1+k_2\boldsymbol{\alpha}_2+k_3\boldsymbol{\alpha}_3=\mathbf{0},\tag{1}$$

用 $\boldsymbol{A}$ 左乘式(1) 的两边并由 $\boldsymbol{A}\boldsymbol{\alpha}_1=-\boldsymbol{\alpha}_1,\boldsymbol{A}\boldsymbol{\alpha}_2=\boldsymbol{\alpha}_2$ 得

$$-k_1\boldsymbol{\alpha}_1+(k_2+k_3)\boldsymbol{\alpha}_2+k_3\boldsymbol{\alpha}_3=\mathbf{0},\tag{2}$$

式(1) − 式(2) 得

$$2k_1\boldsymbol{\alpha}_1-k_3\boldsymbol{\alpha}_2=\mathbf{0}.\tag{3}$$

因为 $\boldsymbol{\alpha}_1,\boldsymbol{\alpha}_2$ 是 $\boldsymbol{A}$ 的属于不同特征值的特征向量，所以 $\boldsymbol{\alpha}_1,\boldsymbol{\alpha}_2$ 线性无关，从而 $k_1=k_3=0$，代入式(1) 得 $k_2\boldsymbol{\alpha}_2=\mathbf{0}$，又由于 $\boldsymbol{\alpha}_2\neq\mathbf{0}$，所以 $k_2=0$，故 $\boldsymbol{\alpha}_1,\boldsymbol{\alpha}_2,\boldsymbol{\alpha}_3$ 线性无关.

(2) 记 $\boldsymbol{P}=(\boldsymbol{\alpha}_1,\boldsymbol{\alpha}_2,\boldsymbol{\alpha}_3)$，则 $\boldsymbol{P}$ 可逆，

$$\boldsymbol{AP}=\boldsymbol{A}(\boldsymbol{\alpha}_1,\boldsymbol{\alpha}_2,\boldsymbol{\alpha}_3)=(\boldsymbol{A}\boldsymbol{\alpha}_1,\boldsymbol{A}\boldsymbol{\alpha}_2,\boldsymbol{A}\boldsymbol{\alpha}_3)=(-\boldsymbol{\alpha}_1,\boldsymbol{\alpha}_2,\boldsymbol{\alpha}_2+\boldsymbol{\alpha}_3)$$

$$=(\boldsymbol{\alpha}_1,\boldsymbol{\alpha}_2,\boldsymbol{\alpha}_3)\begin{pmatrix}-1&0&0\\0&1&1\\0&0&1\end{pmatrix}=\boldsymbol{P}\begin{pmatrix}-1&0&0\\0&1&1\\0&0&1\end{pmatrix},$$

所以，

$$\boldsymbol{P}^{-1}\boldsymbol{AP}=\begin{pmatrix}-1&0&0\\0&1&1\\0&0&1\end{pmatrix}.$$

5.(1) 解方程 $\boldsymbol{A}\boldsymbol{\xi}_2=\boldsymbol{\xi}_1$，

$$(\boldsymbol{A}\ \vdots\ \boldsymbol{\xi}_1)=\left(\begin{array}{ccc:c}1&-1&-1&-1\\-1&1&1&1\\0&-4&-2&-2\end{array}\right)\to\left(\begin{array}{ccc:c}1&-1&-1&-1\\0&0&0&0\\0&2&1&1\end{array}\right)$$

$$\to\left(\begin{array}{ccc:c}1&-1&-1&-1\\0&2&1&1\\0&0&0&0\end{array}\right),$$

$r(\boldsymbol{A})=2$，故有一个自由变量，令 $x_3=2$，由 $\boldsymbol{Ax}=\mathbf{0}$ 解得，$x_2=-1,x_1=1$.

求特解，令 $x_1=x_2=0$，得 $x_3=1$.

故 $\boldsymbol{\xi}_2=k_1\begin{pmatrix}1\\-1\\2\end{pmatrix}+\begin{pmatrix}0\\0\\1\end{pmatrix}$，其中 k_1 为任意常数.

解方程 $\boldsymbol{A}^2\boldsymbol{\xi}_3=\boldsymbol{\xi}_1$，

$$\boldsymbol{A}^2=\begin{pmatrix}2&2&0\\-2&-2&0\\4&4&0\end{pmatrix},$$

$$(\boldsymbol{A}^2 \mid \boldsymbol{\xi}_1)=\begin{pmatrix}2 & 2 & 0 & -1\\ -2 & -2 & 0 & 1\\ 4 & 4 & 0 & -2\end{pmatrix}\rightarrow\begin{pmatrix}1 & 1 & 0 & -\frac{1}{2}\\ 0 & 0 & 0 & 0\\ 0 & 0 & 0 & 0\end{pmatrix}.$$

故有两个自由变量，令 $x_2=-1,x_3=0$，由 $\boldsymbol{A}^2\boldsymbol{x}=\boldsymbol{0}$ 得 $x_1=1$；令 $x_2=0$，$x_3=1$，由 $\boldsymbol{A}^2\boldsymbol{x}=\boldsymbol{0}$ 得 $x_1=1$.

求特解 $\boldsymbol{\eta}_2=\begin{pmatrix}-\frac{1}{2}\\ 0\\ 0\end{pmatrix}$，故 $\boldsymbol{\xi}_3=k_2\begin{pmatrix}1\\ -1\\ 0\end{pmatrix}+k_3\begin{pmatrix}0\\ 0\\ 1\end{pmatrix}+\begin{pmatrix}-\frac{1}{2}\\ 0\\ 0\end{pmatrix}$，其中 k_2,k_3 为任意常数.

(2) 证明：

由于 $\begin{vmatrix}-1 & k_1 & k_2-\frac{1}{2}\\ 1 & -k_1 & -k_2\\ -2 & 2k_1+1 & k_3\end{vmatrix}=-\frac{1}{2}\neq 0$，故 $\boldsymbol{\xi}_1,\boldsymbol{\xi}_2,\boldsymbol{\xi}_3$ 线性无关.

6. (1) $\boldsymbol{A}=\begin{pmatrix}a & 0 & 1\\ 0 & a & -1\\ 1 & -1 & a-1\end{pmatrix}$，

$$\begin{aligned}|\lambda\boldsymbol{E}-\boldsymbol{A}|&=\begin{vmatrix}\lambda-a & 0 & -1\\ 0 & \lambda-a & 1\\ -1 & 1 & \lambda-a+1\end{vmatrix}\\ &=(\lambda-a)\begin{vmatrix}\lambda-a & 1\\ 1 & \lambda-a+1\end{vmatrix}-\begin{vmatrix}0 & \lambda-a\\ -1 & 1\end{vmatrix}\\ &=(\lambda-a)(\lambda-a+2)(\lambda-a-1),\end{aligned}$$

所以，$\lambda_1=a,\lambda_2=a-2,\lambda_3=a+1$.

(2) 若规范形为 $y_1^2+y_2^2$，说明有两个特征值为正，一个为 0，则：

① 若 $\lambda_1=a=0$，则 $\lambda_2=-2<0,\lambda_3=1$，不符合题意；

② 若 $\lambda_2=0$，即 $a=2$，则 $\lambda_1=2>0,\lambda_3=3>0$，符合题意；

③ 若 $\lambda_3=0$，即 $a=-1$，则 $\lambda_1=-1<0$，$\lambda_2=-3<0$，不符合题意.

综上所述，故 $a=2$.

7. 解：写出增广矩阵

$$(\boldsymbol{A} \mid \boldsymbol{b})\begin{pmatrix}\lambda & 1 & 1 & a\\ 0 & \lambda-1 & 0 & 1\\ 1 & 1 & \lambda & 1\end{pmatrix}$$

初等行变换得

$$\left(\begin{array}{ccc:c}\lambda & 1 & 1 & a \\ 0 & \lambda-1 & 1-\lambda^2 & a-\lambda \\ 0 & 0 & 1-\lambda^2 & 1+a-\lambda\end{array}\right).$$

由题意解得 $\lambda=-1, a=-2$.

将 λ, a 代入，得通解为 $\left(\frac{3}{2}+k, -\frac{1}{2}, k\right)^{\mathrm{T}}$，其中 k 为任意常数.

8. 由题意，$\frac{1}{\sqrt{6}}(1,2,1)^{\mathrm{T}}$ 为 $\boldsymbol{A}$ 的一个特征向量，于是

$$\boldsymbol{A}\begin{pmatrix}\frac{1}{\sqrt{6}}\\ \frac{2}{\sqrt{6}}\\ \frac{1}{\sqrt{6}}\end{pmatrix}=\begin{pmatrix}0 & -1 & 4\\ -1 & 3 & a\\ 4 & a & 0\end{pmatrix}\begin{pmatrix}\frac{1}{\sqrt{6}}\\ \frac{2}{\sqrt{6}}\\ \frac{1}{\sqrt{6}}\end{pmatrix}=\lambda_1\begin{pmatrix}\frac{1}{\sqrt{6}}\\ \frac{2}{\sqrt{6}}\\ \frac{1}{\sqrt{6}}\end{pmatrix},$$

解得 $a=-1, \lambda_1=2$.

由于 $\boldsymbol{A}$ 的特征多项式为 $|\lambda\boldsymbol{E}-\boldsymbol{A}|=(\lambda-2)(\lambda-5)(\lambda+4)$，所以 $\boldsymbol{A}$ 的特征值为 $\lambda_1=2, \lambda_2=5, \lambda_3=-4$.

求得属于特征值 $\lambda_2=5$ 的一个单位特征向量为 $\frac{1}{\sqrt{3}}(1,-1,1)^{\mathrm{T}}$；

求得属于特征值 $\lambda_3=-4$ 的一个单位特征向量为 $\frac{1}{\sqrt{2}}(-1,0,1)^{\mathrm{T}}$.

令 $\boldsymbol{Q}=\begin{pmatrix}\frac{1}{\sqrt{6}} & \frac{1}{\sqrt{3}} & \frac{-1}{\sqrt{2}}\\ \frac{2}{\sqrt{6}} & \frac{-1}{\sqrt{3}} & 0\\ \frac{1}{\sqrt{6}} & \frac{1}{\sqrt{3}} & \frac{1}{\sqrt{2}}\end{pmatrix}$，则有 $\boldsymbol{Q}^{\mathrm{T}}\boldsymbol{A}\boldsymbol{Q}=\begin{pmatrix}2 & & \\ & 5 & \\ & & -4\end{pmatrix}$，故 $\boldsymbol{Q}$ 为所求矩阵.

9. (1) 因为 $|\boldsymbol{\alpha}_1,\boldsymbol{\alpha}_2,\boldsymbol{\alpha}_3|=\begin{vmatrix}1 & 0 & 1\\ 0 & 1 & 3\\ 1 & 1 & 5\end{vmatrix}=1\neq 0$，而 $\boldsymbol{\alpha}_1,\boldsymbol{\alpha}_2,\boldsymbol{\alpha}_3$ 不能由 $\boldsymbol{\beta}_1,\boldsymbol{\beta}_2,\boldsymbol{\beta}_3$ 线性表示，故 $\boldsymbol{\beta}_1,\boldsymbol{\beta}_2,\boldsymbol{\beta}_3$ 的秩小于 $\boldsymbol{\alpha}_1,\boldsymbol{\alpha}_2,\boldsymbol{\alpha}_3$ 的秩. 从而 $|\boldsymbol{\beta}_1,\boldsymbol{\beta}_2,\boldsymbol{\beta}_3|=\begin{vmatrix}1 & 1 & 1\\ a & 2 & 3\\ 1 & 3 & 5\end{vmatrix}=-2a+2=0$，故 $a=1$.

(2) $(\boldsymbol{\beta}_1,\boldsymbol{\beta}_2,\boldsymbol{\beta}_3)=(\boldsymbol{\alpha}_1,\boldsymbol{\alpha}_2,\boldsymbol{\alpha}_3)\begin{pmatrix}2&1&0\\4&2&0\\-1&0&1\end{pmatrix}$,

即 $$\boldsymbol{\beta}_1=2\boldsymbol{\alpha}_1+4\boldsymbol{\alpha}_2-\boldsymbol{\alpha}_3,\boldsymbol{\beta}_2=\boldsymbol{\alpha}_1+2\boldsymbol{\alpha}_2,\boldsymbol{\beta}_3=\boldsymbol{\alpha}_3.$$

10. (1) $\boldsymbol{A}\begin{pmatrix}1\\0\\-1\end{pmatrix}=\begin{pmatrix}-1\\0\\1\end{pmatrix}=-\begin{pmatrix}1\\0\\-1\end{pmatrix}$, $\boldsymbol{A}\begin{pmatrix}1\\0\\1\end{pmatrix}=\begin{pmatrix}1\\0\\1\end{pmatrix}$，所以 $\boldsymbol{A}$ 的特征值 $\lambda_1=-1$，$\lambda_2=1$，对应的特征向量为 $\boldsymbol{\alpha}_1=\begin{pmatrix}1\\0\\-1\end{pmatrix}$, $\boldsymbol{\alpha}_2=\begin{pmatrix}1\\0\\1\end{pmatrix}$.

又因为 $r(\boldsymbol{A})=2$，故 $|\boldsymbol{A}|=0$，从而另一特征值为：$\lambda_3=0$.

设 $\lambda_3=0$ 对应的特征向量为 $\boldsymbol{\alpha}_3=\begin{pmatrix}x_1\\x_2\\x_3\end{pmatrix}$，$\boldsymbol{\alpha}_3$ 分别与 $\boldsymbol{\alpha}_1,\boldsymbol{\alpha}_2$ 正交，从而 $\boldsymbol{\alpha}_3=\begin{pmatrix}0\\1\\0\end{pmatrix}$.

(2) 令 $\boldsymbol{Q}=\begin{pmatrix}\frac{1}{\sqrt{2}}&\frac{1}{\sqrt{2}}&0\\0&0&1\\-\frac{1}{\sqrt{2}}&\frac{1}{\sqrt{2}}&0\end{pmatrix}$，则 $\boldsymbol{Q}^{\mathrm{T}}\boldsymbol{A}\boldsymbol{Q}=\begin{pmatrix}-1&0&0\\0&1&0\\0&0&0\end{pmatrix}$,

$$\boldsymbol{A}=\boldsymbol{Q}\begin{pmatrix}-1&0&0\\0&1&0\\0&0&0\end{pmatrix}\boldsymbol{Q}^{\mathrm{T}}=\begin{pmatrix}0&0&1\\0&0&0\\1&0&0\end{pmatrix}.$$

11. (1) $|\boldsymbol{A}|=1+(-1)^5a\cdot a^3=1-a^4$.

(2) 当 $a=-1$ 时，$\boldsymbol{Ax}=\boldsymbol{\beta}$ 有无穷多个解.

当 $a=-1$ 时，

$$\overline{\boldsymbol{A}}=\left(\begin{array}{cccc:c}1&-1&0&0&1\\0&1&-1&0&-1\\0&0&1&-1&0\\-1&0&0&1&0\end{array}\right)\to\left(\begin{array}{cccc:c}1&0&0&-1&0\\0&1&0&-1&-1\\0&0&1&-1&0\\0&0&0&0&0\end{array}\right),$$

通解为 $\boldsymbol{x}=c\begin{pmatrix}1\\1\\1\\1\end{pmatrix}+\begin{pmatrix}0\\-1\\0\\0\end{pmatrix}$（$c$ 为任意实数）.

12.(1)$\boldsymbol{A}^{\mathrm{T}}\boldsymbol{A}=\begin{pmatrix}1&0&-1&0\\0&1&0&a\\1&1&a&-1\end{pmatrix}\begin{pmatrix}1&0&1\\0&1&1\\-1&0&a\\0&a&-1\end{pmatrix}=\begin{pmatrix}2&0&1-a\\0&1+a^2&1-a\\1-a&1-a&3+a^2\end{pmatrix}$.

因为 $\boldsymbol{x}^{\mathrm{T}}(\boldsymbol{A}^{\mathrm{T}}\boldsymbol{A})\boldsymbol{x}$ 秩为 2，$r(\boldsymbol{A}^{\mathrm{T}}\boldsymbol{A})=2$（也可以利用 $r(\boldsymbol{A}^{\mathrm{T}}\boldsymbol{A})=r(\boldsymbol{A})=2$）
$\Rightarrow|\boldsymbol{A}^{\mathrm{T}}\boldsymbol{A}|=0\Rightarrow a=-1$ （因为 $|\boldsymbol{A}^{\mathrm{T}}\boldsymbol{A}|=(a^2+3)(a+1)^2$）.

(2) 令 $\boldsymbol{A}^{\mathrm{T}}\boldsymbol{A}=\boldsymbol{B}=\begin{pmatrix}2&0&2\\0&2&2\\2&2&4\end{pmatrix}$，由

$$|\lambda\boldsymbol{E}-\boldsymbol{B}|=\begin{vmatrix}\lambda-2&0&-2\\0&\lambda-2&-2\\-2&-2&\lambda-4\end{vmatrix}=\lambda(\lambda-2)(\lambda-6)=0,$$

解 $\lambda_1=0,\lambda_2=2,\lambda_3=6$.

当 $\lambda=0$ 时，由 $(0\boldsymbol{E}-\boldsymbol{A})\boldsymbol{x}=\boldsymbol{0}$ 即 $\boldsymbol{A}\boldsymbol{x}=\boldsymbol{0}$，得 $\boldsymbol{\xi}_1=\begin{pmatrix}-1\\-1\\1\end{pmatrix}$.

当 $\lambda=2$ 时，由 $(2\boldsymbol{E}-\boldsymbol{A})\boldsymbol{x}=\boldsymbol{0}\Rightarrow\boldsymbol{\xi}_2=\begin{pmatrix}-1\\1\\0\end{pmatrix}$.

当 $\lambda=6$ 时，由 $(6\boldsymbol{E}-\boldsymbol{A})\boldsymbol{x}=\boldsymbol{0}\Rightarrow\boldsymbol{\xi}_3=\begin{pmatrix}1\\1\\2\end{pmatrix}$.

取 $\boldsymbol{r}_1=\dfrac{1}{\sqrt{3}}\begin{pmatrix}-1\\-1\\1\end{pmatrix},\boldsymbol{r}_2=\dfrac{1}{\sqrt{2}}\begin{pmatrix}-1\\1\\0\end{pmatrix},\boldsymbol{r}_3=\dfrac{1}{\sqrt{6}}\begin{pmatrix}1\\1\\2\end{pmatrix}$.

令
$$Q=\begin{pmatrix}-\frac{1}{\sqrt{3}} & -\frac{1}{\sqrt{2}} & \frac{1}{\sqrt{6}}\\ -\frac{1}{\sqrt{3}} & \frac{1}{\sqrt{2}} & \frac{1}{\sqrt{6}}\\ \frac{1}{\sqrt{3}} & 0 & \frac{2}{\sqrt{6}}\end{pmatrix},$$

则 $f=\boldsymbol{x}^{\mathrm{T}}\boldsymbol{B}\boldsymbol{x}\xlongequal{\boldsymbol{x}=\boldsymbol{Q}\boldsymbol{y}}2y_2^2+6y_3^2$.

13. 显然由 $\boldsymbol{AC}-\boldsymbol{CA}=\boldsymbol{B}$ 可知，如果 $\boldsymbol{C}$ 存在，则必须是 2 阶的方阵. 设 $\boldsymbol{C}=\begin{pmatrix}x_1 & x_2\\ x_3 & x_4\end{pmatrix}$，则 $\boldsymbol{AC}-\boldsymbol{CA}=\boldsymbol{B}$ 变形为 $\begin{pmatrix}-x_2+ax_3 & -ax_1+x_2+ax_4\\ x_1-x_3-x_4 & x_2-ax_3\end{pmatrix}=\begin{pmatrix}0 & 1\\ 1 & b\end{pmatrix}$，即得到线性方程组$\begin{cases}-x_2+ax_3=0,\\ -ax_1+x_2+ax_4=1,\\ x_1-x_3-x_4=1,\\ x_2-ax_3=b.\end{cases}$要使 $\boldsymbol{C}$ 存在，此线性方程组必须有解，于是对方程组的增广矩阵进行初等行变换如下：

$$(\boldsymbol{A}\mid\boldsymbol{b})=\left(\begin{array}{cccc|c}0 & -1 & a & 0 & 0\\ -a & 1 & 0 & a & 1\\ 1 & 0 & -1 & -1 & 1\\ 0 & 1 & -a & 0 & b\end{array}\right)\to\left(\begin{array}{cccc|c}1 & 0 & -1 & -1 & 1\\ 0 & 1 & -a & 0 & 0\\ 0 & 0 & 0 & 0 & 1+a\\ 0 & 0 & 0 & 0 & b-1-a\end{array}\right).$$

所以，当 $a=-1,b=0$ 时，线性方程组有解，即存在矩阵 $\boldsymbol{C}$，使得 $\boldsymbol{AC}-\boldsymbol{CA}=\boldsymbol{B}$.

此时，
$$(\boldsymbol{A}\mid\boldsymbol{b})\to\left(\begin{array}{cccc|c}1 & 0 & -1 & -1 & 1\\ 0 & 1 & 1 & 0 & 0\\ 0 & 0 & 0 & 0 & 0\\ 0 & 0 & 0 & 0 & 0\end{array}\right),$$

所以方程组的通解为 $\boldsymbol{x}=\begin{pmatrix}x_1\\ x_2\\ x_3\\ x_4\end{pmatrix}=\begin{pmatrix}1\\ 0\\ 0\\ 0\end{pmatrix}+C_1\begin{pmatrix}1\\ -1\\ 1\\ 0\end{pmatrix}+C_2\begin{pmatrix}1\\ 0\\ 0\\ 1\end{pmatrix}$，也就是满足 $\boldsymbol{AC}-\boldsymbol{CA}=\boldsymbol{B}$ 的矩阵 $\boldsymbol{C}$ 为 $\boldsymbol{C}=\begin{pmatrix}1+C_1+C_2 & -C_1\\ C_1 & C_2\end{pmatrix}$，其中 C_1,C_2 为任意常数.

14. 证明：(1)

$$f(x_1,x_2,x_3)=2(a_1x_1+a_2x_2+a_3x_3)^2+(b_1x_1+b_2x_2+b_3x_3)^2$$

$$=2(x_1,x_2,x_3)\begin{pmatrix}a_1\\a_2\\a_3\end{pmatrix}(a_1,a_2,a_3)\begin{pmatrix}x_1\\x_2\\x_3\end{pmatrix}$$

$$+(x_1,x_2,x_3)\begin{pmatrix}b_1\\b_2\\b_3\end{pmatrix}(b_1,b_2,b_3)\begin{pmatrix}x_1\\x_2\\x_3\end{pmatrix}$$

$$=(x_1,x_2,x_3)(2\boldsymbol{\alpha}\boldsymbol{\alpha}^{\mathrm{T}})\begin{pmatrix}x_1\\x_2\\x_3\end{pmatrix}+(x_1,x_2,x_3)(\boldsymbol{\beta}\boldsymbol{\beta}^{\mathrm{T}})\begin{pmatrix}x_1\\x_2\\x_3\end{pmatrix}$$

$$=(x_1,x_2,x_3)(2\boldsymbol{\alpha}\boldsymbol{\alpha}^{\mathrm{T}}+\boldsymbol{\beta}\boldsymbol{\beta}^{\mathrm{T}})\begin{pmatrix}x_1\\x_2\\x_3\end{pmatrix},$$

所以二次型 f 对应的矩阵为 $2\boldsymbol{\alpha}\boldsymbol{\alpha}^{\mathrm{T}}+\boldsymbol{\beta}\boldsymbol{\beta}^{\mathrm{T}}$.

(2) 设 $\boldsymbol{A}=2\boldsymbol{\alpha}\boldsymbol{\alpha}^{\mathrm{T}}+\boldsymbol{\beta}\boldsymbol{\beta}^{\mathrm{T}}$，由于 $|\boldsymbol{\alpha}|=1,\boldsymbol{\beta}^{\mathrm{T}}\boldsymbol{\alpha}=\boldsymbol{0}$，则 $\boldsymbol{A}\boldsymbol{\alpha}=(2\boldsymbol{\alpha}\boldsymbol{\alpha}^{\mathrm{T}}+\boldsymbol{\beta}\boldsymbol{\beta}^{\mathrm{T}})\boldsymbol{\alpha}=2\boldsymbol{\alpha}\,|\boldsymbol{\alpha}|^2+\boldsymbol{\beta}\boldsymbol{\beta}^{\mathrm{T}}\boldsymbol{\alpha}=2\boldsymbol{\alpha}$，所以 $\boldsymbol{\alpha}$ 为矩阵对应特征值 $\lambda_1=2$ 的特征向量；

$\boldsymbol{A}\boldsymbol{\beta}=(2\boldsymbol{\alpha}\boldsymbol{\alpha}^{\mathrm{T}}+\boldsymbol{\beta}\boldsymbol{\beta}^{\mathrm{T}})\boldsymbol{\beta}=2\boldsymbol{\alpha}\boldsymbol{\alpha}^{\mathrm{T}}\boldsymbol{\beta}+\boldsymbol{\beta}\,|\boldsymbol{\beta}|^2=\boldsymbol{\beta}$，所以 $\boldsymbol{\beta}$ 为矩阵对应特征值 $\lambda_2=1$ 的特征向量；

而矩阵 $\boldsymbol{A}$ 的秩 $r(\boldsymbol{A})=r(2\boldsymbol{\alpha}\boldsymbol{\alpha}^{\mathrm{T}}+\boldsymbol{\beta}\boldsymbol{\beta}^{\mathrm{T}})\leqslant r(2\boldsymbol{\alpha}\boldsymbol{\alpha}^{\mathrm{T}})+r(\boldsymbol{\beta}\boldsymbol{\beta}^{\mathrm{T}})=2$，所以 $\lambda_3=0$ 也是矩阵 $\boldsymbol{A}$ 的一个特征值.

故 f 在正交变换下的标准形为 $2y_1^2+y_2^2$.

15.(1) $(-1,2,3,1)^{\mathrm{T}}$.

(2) $\boldsymbol{B}=\begin{pmatrix}-k_1+2 & -k_2+6 & -k_3-1\\2k_1-1 & 2k_2-3 & 2k_3+1\\3k_1-1 & 3k_2-4 & 3k_3+1\\k_1 & k_2 & k_3\end{pmatrix}(k_1,k_2,k_3\in\mathbf{R})$.

16.利用相似对角化的充要条件证明.

17.(1) $\boldsymbol{A}^3=\boldsymbol{O}\Rightarrow|\boldsymbol{A}|=0\Rightarrow\begin{vmatrix}a&1&0\\1&a&-1\\0&1&a\end{vmatrix}=\begin{vmatrix}0&1&0\\1-a^2&a&-1\\-a&1&a\end{vmatrix}=a^3=0$

$\Rightarrow a=0$.

(2) 由题意知，

$$\boldsymbol{X}-\boldsymbol{X}\boldsymbol{A}^2-\boldsymbol{A}\boldsymbol{X}+\boldsymbol{A}\boldsymbol{X}\boldsymbol{A}^2=\boldsymbol{E}\Rightarrow\boldsymbol{X}(\boldsymbol{E}-\boldsymbol{A}^2)-\boldsymbol{A}\boldsymbol{X}(\boldsymbol{E}-\boldsymbol{A}^2)=\boldsymbol{E}$$

$$\Rightarrow(\boldsymbol{E}-\boldsymbol{A})\boldsymbol{X}(\boldsymbol{E}-\boldsymbol{A}^2)=\boldsymbol{E}\Rightarrow\boldsymbol{X}=(\boldsymbol{E}-\boldsymbol{A})^{-1}(\boldsymbol{E}-\boldsymbol{A}^2)^{-1}$$

$$=[(\boldsymbol{E}-\boldsymbol{A}^2)(\boldsymbol{E}-\boldsymbol{A})]^{-1}$$

$$\Rightarrow\boldsymbol{X}=(\boldsymbol{E}-\boldsymbol{A}^2-\boldsymbol{A})^{-1},$$

$$\boldsymbol{E}-\boldsymbol{A}^2-\boldsymbol{A}=\begin{pmatrix}0&-1&1\\-1&1&1\\-1&-1&2\end{pmatrix},$$

$$\left(\begin{array}{ccc:ccc}0&-1&1&1&0&0\\-1&1&1&0&1&0\\-1&-1&2&0&0&1\end{array}\right)\to\left(\begin{array}{ccc:ccc}1&-1&-1&0&-1&0\\0&-1&1&1&0&0\\-1&-1&2&0&0&1\end{array}\right)$$

$$\to\left(\begin{array}{ccc:ccc}1&-1&-1&0&-1&0\\0&1&-1&-1&0&0\\0&-2&1&0&-1&1\end{array}\right)\to\left(\begin{array}{ccc:ccc}1&-1&-1&0&-1&0\\0&1&-1&-1&0&0\\0&0&-1&-2&-1&1\end{array}\right)$$

$$\to\left(\begin{array}{ccc:ccc}1&-1&0&2&0&-1\\0&1&0&1&1&-1\\0&0&1&2&1&-1\end{array}\right)\to\left(\begin{array}{ccc:ccc}1&0&0&3&1&-2\\0&1&0&1&1&-1\\0&0&1&2&1&-1\end{array}\right)$$

所以 $$\boldsymbol{X}=\begin{pmatrix}3&1&-2\\1&1&-1\\2&1&-1\end{pmatrix}.$$

18.(1)$\boldsymbol{A}\sim\boldsymbol{B}\Rightarrow\mathrm{tr}(\boldsymbol{A})=\mathrm{tr}(\boldsymbol{B})\Rightarrow3+a=1+b+1$,

$$|\boldsymbol{A}|=|\boldsymbol{B}|\Rightarrow\begin{vmatrix}0&2&-3\\-1&3&-3\\1&-2&a\end{vmatrix}=\begin{vmatrix}1&-2&0\\0&b&0\\0&3&1\end{vmatrix},$$

所以，$$\begin{cases}a-b=-1,\\2a-b=3,\end{cases}\Rightarrow\begin{cases}a=4,\\b=5.\end{cases}$$

(2)$$\boldsymbol{A}=\begin{pmatrix}0&2&-3\\-1&3&-3\\1&-2&4\end{pmatrix}=\begin{pmatrix}1&0&0\\0&1&0\\0&0&1\end{pmatrix}+\begin{pmatrix}-1&2&-3\\-1&2&-3\\1&-2&3\end{pmatrix}=\boldsymbol{E}+\boldsymbol{C},$$

$$\boldsymbol{C}=\begin{pmatrix}-1&2&-3\\-1&2&-3\\1&-2&3\end{pmatrix}=\begin{pmatrix}-1\\-1\\1\end{pmatrix}(1\quad-2\quad3).$$

$\boldsymbol{C}$的特征值$\lambda_1=\lambda_2=0,\lambda_3=4$.

$\lambda=0$时，$(0\boldsymbol{E}-\boldsymbol{C})\boldsymbol{x}=\boldsymbol{0}$的基础解系为$\boldsymbol{\xi}_1=(2,1,0)^{\mathrm{T}},\boldsymbol{\xi}_2=(-3,0,1)^{\mathrm{T}}$;

$\lambda=4$ 时，$(4\boldsymbol{E}-\boldsymbol{C})\boldsymbol{x}=\boldsymbol{0}$ 的基础解系为 $\boldsymbol{\xi}_3=(-1,-1,1)^{\mathrm{T}}$.

$\boldsymbol{A}$ 的特征值 $\lambda_{\boldsymbol{A}}=1+\lambda_C \Rightarrow 1,1,5$.

令 $\boldsymbol{P}=(\boldsymbol{\xi}_1,\boldsymbol{\xi}_2,\boldsymbol{\xi}_3)=\begin{pmatrix}2&-3&-1\\1&0&-1\\0&1&1\end{pmatrix}$，所以 $\boldsymbol{P}^{-1}\boldsymbol{A}\boldsymbol{P}=\begin{pmatrix}1&&\\&1&\\&&5\end{pmatrix}$.

19. 设有数 k_1,k_2,k_3，使得

$$k_1\boldsymbol{\alpha}_1+k_2\boldsymbol{\alpha}_2+k_3\boldsymbol{\alpha}_3=\boldsymbol{\beta}, \qquad (*)$$

记 $\boldsymbol{A}=(\boldsymbol{\alpha}_1,\boldsymbol{\alpha}_2,\boldsymbol{\alpha}_3)$，对矩阵 $(\boldsymbol{A},\boldsymbol{\beta})$ 施以初等行变换，有

$$(\boldsymbol{A},\boldsymbol{\beta})=\begin{pmatrix}1&1&-1&1\\2&a+2&-b-2&3\\0&-3a&a+2b&-3\end{pmatrix}\rightarrow\begin{pmatrix}1&1&-1&1\\0&a&-b&1\\0&0&a-b&0\end{pmatrix}.$$

(1) 当 $a=0$ 时，有

$$(\boldsymbol{A},\boldsymbol{\beta})\rightarrow\begin{pmatrix}1&1&-1&1\\0&0&-b&1\\0&0&0&-1\end{pmatrix},$$

可知 $r(\boldsymbol{A})\neq r(\boldsymbol{A},\boldsymbol{\beta})$. 故方程组$(*)$无解，$\boldsymbol{\beta}$ 不能由 $\boldsymbol{\alpha}_1,\boldsymbol{\alpha}_2,\boldsymbol{\alpha}_3$ 线性表示.

(2) 当 $a\neq 0$，且 $a\neq b$ 时，有

$$(\boldsymbol{A},\boldsymbol{\beta})\rightarrow\begin{pmatrix}1&1&-1&1\\0&a&-b&1\\0&0&a-b&0\end{pmatrix}\rightarrow\begin{pmatrix}1&0&0&1-\dfrac{1}{a}\\0&1&0&\dfrac{1}{a}\\0&0&1&0\end{pmatrix},$$

$r(\boldsymbol{A})=r(\boldsymbol{A},\boldsymbol{\beta})=3$，方程组$(*)$有唯一解：

$$k_1=1-\frac{1}{a},\quad k_2=\frac{1}{a},\quad k_3=0.$$

此时 $\boldsymbol{\beta}$ 可由 $\boldsymbol{\alpha}_1,\boldsymbol{\alpha}_2,\boldsymbol{\alpha}_3$ 唯一地线性表示，其表示式为 $\boldsymbol{\beta}=(1-\frac{1}{a})\boldsymbol{\alpha}_1+\frac{1}{a}\boldsymbol{\alpha}_2$.

(3) 当 $a=b\neq 0$ 时，对矩阵 $(\boldsymbol{A},\boldsymbol{\beta})$ 施以初等行变换，有

$$(\boldsymbol{A},\boldsymbol{\beta})\rightarrow\begin{pmatrix}1&1&-1&1\\0&a&-b&1\\0&0&a-b&0\end{pmatrix}\rightarrow\begin{pmatrix}1&0&0&1-\dfrac{1}{a}\\0&1&-1&\dfrac{1}{a}\\0&0&0&0\end{pmatrix},$$

$r(\boldsymbol{A})=r(\boldsymbol{A},\boldsymbol{\beta})=2$，方程组$(*)$有无穷多解，其全部解为

$$k_1=1-\frac{1}{a},\quad k_2=\frac{1}{a}+c,\quad k_3=c\ ,$$

其中 c 为任意常数.

$\boldsymbol{\beta}$ 可由 $\boldsymbol{\alpha}_1,\boldsymbol{\alpha}_2,\boldsymbol{\alpha}_3$ 线性表示，但表示式不唯一，其表示式为

$$\boldsymbol{\beta}=(1-\frac{1}{a})\boldsymbol{\alpha}_1+(\frac{1}{a}+c)\boldsymbol{\alpha}_2+c\boldsymbol{\alpha}_3.$$

20.(1) 当 $b\neq 0$ 时，

$$|\lambda\boldsymbol{E}-\boldsymbol{A}|=\begin{vmatrix}\lambda-1 & -b & \cdots & -b\\ -b & \lambda-1 & \cdots & -b\\ \vdots & \vdots & & \vdots\\ -b & -b & \cdots & \lambda-1\end{vmatrix}=[\lambda-1-(n-1)b][\lambda-(1-b)]^{n-1},$$

得 $\boldsymbol{A}$ 的特征值为 $\lambda_1=1+(n-1)b,\lambda_2=\cdots=\lambda_n=1-b$.

对 $\lambda_1=1+(n-1)b$，

$$\lambda_1\boldsymbol{E}-\boldsymbol{A}=\begin{pmatrix}(n-1)b & -b & \cdots & -b\\ -b & (n-1)b & \cdots & -b\\ \vdots & \vdots & & \vdots\\ -b & -b & \cdots & (n-1)b\end{pmatrix}\rightarrow\begin{pmatrix}1 & 0 & \cdots & 0 & -1\\ 0 & 1 & \cdots & 0 & -1\\ \vdots & \vdots & & \vdots & \vdots\\ 0 & 0 & \cdots & 1 & -1\\ 0 & 0 & 0 & \cdots & 0\end{pmatrix},$$

解得 $\boldsymbol{\xi}_1=(1,1,1,\cdots,1)^{\mathrm{T}}$，所以 $\boldsymbol{A}$ 的属于 λ_1 的全部特征向量为

$$k\boldsymbol{\xi}_1=k\,(1,1,1,\cdots,1)^{\mathrm{T}}(k\text{ 为任意不为零的常数}).$$

对 $\lambda_2=1-b$，

$$\lambda_2\boldsymbol{E}-\boldsymbol{A}=\begin{pmatrix}-b & -b & \cdots & -b\\ -b & -b & \cdots & -b\\ \vdots & \vdots & & \vdots\\ -b & -b & \cdots & -b\end{pmatrix}\rightarrow\begin{pmatrix}1 & 1 & \cdots & 1\\ 0 & 0 & \cdots & 0\\ \vdots & \vdots & & \vdots\\ 0 & 0 & \cdots & 0\end{pmatrix},$$

得基础解系为

$$\boldsymbol{\xi}_2=(1,-1,0,\cdots,0)^{\mathrm{T}},\boldsymbol{\xi}_3=(1,0,-1,\cdots,0)^{\mathrm{T}},\cdots,\boldsymbol{\xi}_n=(1,0,0,\cdots,-1)^{\mathrm{T}}.$$

故 $\boldsymbol{A}$ 的属于 λ_2 的全部特征向量为

$$k_2\boldsymbol{\xi}_2+k_3\boldsymbol{\xi}_3+\cdots+k_n\boldsymbol{\xi}_n(k_2,k_3,\cdots,k_n\text{ 是不全为零的常数}).$$

当 $b=0$ 时，

$$|\lambda\boldsymbol{E}-\boldsymbol{A}|=\begin{vmatrix}\lambda-1 & 0 & \cdots & 0\\ 0 & \lambda-1 & \cdots & 0\\ \vdots & \vdots & & \vdots\\ 0 & 0 & \cdots & \lambda-1\end{vmatrix}=(\lambda-1)^n,$$

特征值为 $\lambda_1=\cdots=\lambda_n=1$，任意非零列向量均为特征向量.

(2) 当 $b\neq 0$ 时，$\boldsymbol{A}$ 有 n 个线性无关的特征向量，令 $\boldsymbol{P}=(\xi_1,\xi_2,\cdots,\xi_n)$，则

$$\boldsymbol{P}^{-1}\boldsymbol{A}\boldsymbol{P}=\begin{pmatrix}1+(n-1)b & & & \\ & 1-b & & \\ & & \ddots & \\ & & & 1-b\end{pmatrix}.$$

当 $b=0$ 时，$\boldsymbol{A}=\boldsymbol{E}$，对任意可逆矩阵 $\boldsymbol{P}$，均有

$$\boldsymbol{P}^{-1}\boldsymbol{A}\boldsymbol{P}=\boldsymbol{E}.$$

参 考 文 献

[1] 北京大学数学系几何与代数教研室前代数小组.高等代数[M].3 版.北京:高等教育出版社,2003.

[2] 吴赣昌.线性代数[M]. 简明版.北京:中国人民大学出版社,2006.

[3] 赵树嫄.线性代数[M]. 4 版.北京:中国人民大学出版社,2011.

[4] 邓宗琦.数学家辞典[M].武汉:湖北教育出版社,1990.

[5] 戴斌祥.线性代数[M].北京:北京邮电大学出版社,2010.